La psychométrie

Psychologie du Travail et Ressources Humaines
Collection dirigée par Bernard Gangloff

La collection *Psychologie du Travail et Ressources Humaines* diffuse tout ouvrage traitant des conduites humaines dans les organisations. Sont ainsi concernés : la formation, l'orientation et le recrutement, l'ergonomie, la communication, l'audit social, l'aménagement du temps de travail, la gestion des ressources humaines, etc.

Tout type de travail susceptible de faire évoluer la connaissance et la réflexion dans ces domaines trouve ici naturellement sa place : présentation de méthodes et de résultats d'interventions, recherches expérimentales ou cliniques, analyses théoriques ou actes de congrès.

Co-responsable de la collection, l'Association Internationale de Psychologie du Travail de Langue Française assure l'expertise des ouvrages retenus pour publication.

DÉJÀ PARUS

Annamaria DI FABIO, Claude LEMOINE, Vincenzo MAJER, Pierre SALENGROS, *Autour du travail. Accès à l'emploi, formation, équilibre travail-famille*, 2016.

Annamaria DI FABIO, Claude LEMOINE, Vincenzo MAJER, Pierre SALENGROS, *Facteurs de la santé au travail : du mal-être au bien-être*, 2016.

Annamaria DI FABIO, Claude LEMOINE, Vincenzo MAJER, Pierre SALENGROS, *Effets et modes d'organisation au travail*, 2016.

Annamaria DI FABIO, Claude LEMOINE, Vincenzo MAJER, Pierre SALENGROS, *Conseil et orientation pour le travail*, 2016.

Robert Ngueutsa, René Mokounkolo, Narcisse Achi et Abdelkarim Belhaj (dir.) (2014), *Psychologie du travail et développement des pays du Sud.*

Sabine Pohl et Olivier Klein (dir.) (2014), *Stéréotypes et préjugés au travail. Des processus aux conséquences.*

Jacqueline Vacherand-Revel, Michel Dubois, Marc-Eric Bobillier Chaumon, Dongo Rémi Kouabenan et Philippe Sarnin (2014). *Changements organisationnels et technologiques : nouvelles pratiques de travail et innovations managériales.*

Dongo Rémi Kouabenan, Michel Dubois, Marc-Eric Bobillier Chaumon, Philippe Sarnin et Jacqueline Vacherand-Revel (2013). *Conditions de travail, évaluation des risques et management de la sécurité.*

Anne-MarieCostalat-Founeau (2013). *Dynamique identitaire, action et changement.*

Robert et Denise Simonnet Guyot

La psychométrie

Évaluation et pronostic par les tests de psychométrie

L'Harmattan

5-7, rue de l'Ecole-Polytechnique, 75005 Paris

http://www.harmattan.fr
diffusion.harmattan@wanadoo.fr

ISBN : 978-2-343-10167-5
EAN : 9782343101675

A Gaston Guyot
(1879 – 1943)

« Il existe une science de l'être en tant qu'être »
Aristote

La compréhension d'un test est liée à sa connaissance
Victor Kouteynikof

Préambule

L'origine de ce document provient d'une demande de nombreux psychologues qui souhaitent, à la suite de la création du Musée de Lille par Jean Cnudde, voir réaliser l'histoire des nombreux tests qui ont jalonné le XXème siècle. Pour ce faire, ils ont demandé aux directeurs, Denise Simonnet-Guyot et Robert Simonnet, des Etablissements d'applications psychotechniques (EAP) de rechercher dans leurs archives tous les documents ayant trait à la production, à l'édition et à la diffusion de ceux-ci en présentant, dans la mesure du possible, des photos les concernant aux différentes époques du XXème siècle.

Le travail n'a pas été facile ; il a fallu commencer par trier et classer tous ces tests par domaine psychologique évalué (A, B, C, D, E, F, G, H, K), pour lesquels ils avaient été conçus par les auteurs, qui sous-tendent leurs caractères fondamentaux, et rassembler dans chaque domaine tous les tests spécifiques à cette famille.

Ensuite, après avoir rassemblé ces tests dans les domaines psychologiques, il a fallu répertorier et classer chacun d'eux dans trois secteurs (X, Y, Z) afférents aux techniques élaborées pour leur utilisation (passation du test). L'utilisation d'appareils, dénommée « instrument » (Z). L'utilisation d'objets divers, dénommée « manipulatif » (Y). L'utilisation de papier et d'un crayon, dénommée « papier/crayon » (X)

Puis il a fallu, pour une meilleure compréhension de leur emploi, les classer dans des catégories (I, II, III), qui réunissent, soit un secteur (X), soit deux secteurs (Y et X) ou (Z et Y).

Cette triple classification, domaines, secteurs, catégories, régit l'organisation et le déroulement de cet ouvrage et permet de pouvoir les présenter d'une façon rationnelle afin que ce document puisse être, à la fois, historique et pédagogique.

Exemple : la catégorie II rassemble des tests qui sont classés dans le secteur Y (manipulatif) et le secteur X (papier-crayon), et qui concernent deux domaines psychologiques évalués ; C (affectivités) et A (cognitif).

Le souci principal fut donc de discriminer, en fonction de certains critères, les domaines psychologiques pour lesquels chacun d'eux avait été conçu, et dans lequel il exerce une évaluation adéquate. Les domaines qui furent retenus sont ceux ayant trait à certaines facultés psychologiques, comme les réactions psychomotrices, les coordinations psychomotrices, la motricité, le développement intellectuel, ou moteur, ou affectif, la personnalité, l'acquisition des connaissances, l'intelligence (cognitif), les intérêts, la motivation, la volonté (conatif), ou ceux concernant des aptitudes psychophysiologiques, comme la vitesse de perception, et enfin ceux qui sont plus spécifiques comme la résolution d'une difficulté, qu'elle soit psychologique ou autre.

Les tests ayant eu des durées d'utilisation variables dans le temps, il a fallu rechercher, principalement pour les instruments (Z), les documents liés à des progrès technologiques, relatifs aux quatre périodes suivantes : la période utilisant les techniques mécaniques et électriques jusqu'à environ 1935 ; la période électrotechnique ou électromécanique, environ de 1935 à 1960 ; la période électronique, environ de 1960 à 1970 ; la période électronique utilisant de la mémoire vive, à partir de 1970 ; la période utilisant l'informatique à partir de 1985.

Il est intéressant de noter, même si cela n'est pas perçu sur les photographies, que chaque utilisation d'une nouvelle technologie demande une nouvelle validation du nouveau test, afin de confirmer que la modification n'altère pas les caractéristiques voulues et constatées par l'auteur du test lors de sa première diffusion.

Après 150 ans d'utilisation, les méthodes psychologiques dans les multiples domaines et les nombreuses applications ont engendré un grand nombre de tests qui forment un riche patrimoine qu'il importait de sauvegarder. C'est chose faite, grâce à l'initiative de quatre organismes ci-après décrits.

1. Musée de Lille

En France, la mémoire de la psychologie expérimentale a trouvé refuge, grâce à Jean Cnudde, au musée d'histoire naturelle de Lille dans une collection riche de plus de 400 instruments, fruit de son initiative isolée datant d'une vingtaine d'années.

Photo 1

Photo 2

Par comparaison, aux U.S.A., elle est conservée dans une section spécialisée de l'Université d'Akron, dans l'Ohio.

C'est une institution officielle qui dispose de plus de 6 000 appareils, qui a débuté il y a plus de 40 années. Elle s'applique uniquement à l'histoire de la psychologie américaine.

On trouve dans ce musée de Lille des « tests instruments » (Z) qui sont utilisés dans les différents domaines psychologiques évalués. On remarque sur la photo 1 le test du « Tourneur » de Lahy qui côtoie des tests de dextérité manuelle.

Photo 3 **Photo 4**

Sur la photo 2 on aperçoit le célèbre test du « Double Labyrinthe » de Bonnardel dont le principe, unique en son genre, donnait une évaluation sous la forme d'une note P qui, ajoutée à la note R du test des « Réactions Complexes », corrèle très positivement avec la réussite dans les postes de sécurité.

A côté des « tests instruments » (Z), on trouve aussi toute la gamme des « tests manipulatifs » (Y), comme « l'échelle métrique de l'intelligence » de Binet et Simon, destinée à identifier les déficiences mentales et à calculer un âge mental ainsi qu'un quotient intellectuel.

Sur la photo 3, on remarque aussi certains tests d'habileté manuelle, et de « développement de la pensée logique » de Piaget. Toutes ces mesures de l'homme sont utilisées plus particulièrement dans le cadre de l'orientation scolaire et professionnelle.

Cette collection fut rassemblée par Cnudde, ancien directeur du CIO de Lille. Les tests exposés furent construits au cours du XXème siècle et illustrent fort bien les débuts de la psychologie expérimentale et les applications qui suivirent tout au long du siècle, tant en orientation qu'en sélection professionnelles.

Sur la photo 4, on distingue Cnudde, au premier plan, ainsi que Robert et Denise Simonnet-Guyot, tous deux, successivement, directeurs/gérants des EAP, société qui élabora et construisit, sous le contrôle d'éminents auteurs psychologues, de nombreux tests.

2. La testothèque de L'INETOP

Créé en 1928 par Piéron, l'Institut national d'orientation professionnelle est devenu l'Institut national d'étude du travail et d'orientation professionnelle (INETOP) en 1939. Outre la formation initiale des conseillers d'orientation psychologues du ministère de l'Education nationale, l'INETOP propose deux masters et des stages de formation continue aux professionnels de l'orientation des jeunes et des adultes. On retrouve, sur la photo 6, le professeur Piéron, fondateur de l'Institut, en compagnie du professeur Bonnardel, auteur de nombreux tests, dont celui de la photo 5. Par le nombre de ses recherches, de ses études et des validations, Bonnardel a élevé la psychologie du travail dite « Psychologie Appliquée », au rang de science. Son ouvrage, publié en 1943, « l'adaptation de l'homme à son travail » fera date.

Photo 6

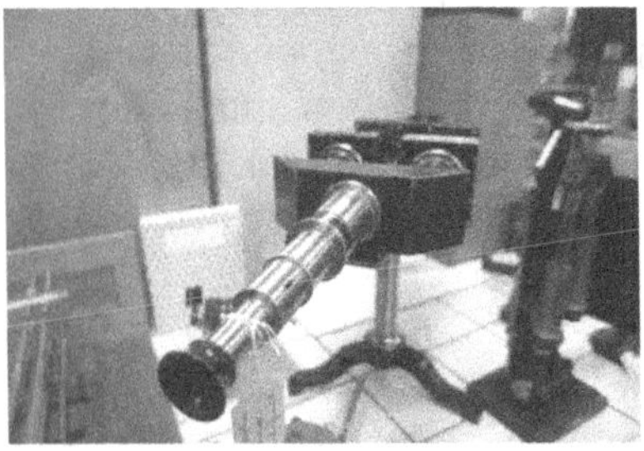

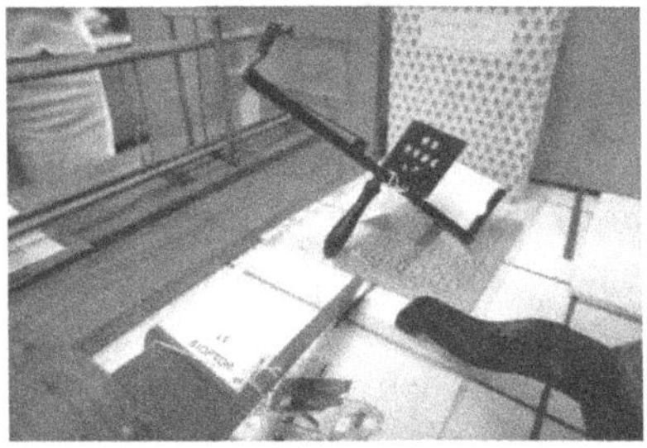

Photo 7 **Photo 8**

Tous les tests de Bonnardel et ceux des autres auteurs, comme Lahy, Kouteynikoff, Goguelin, Fraisse, Binet et Simon, Zazzo, et bien d'autres, utilisés à l'INETOP, ont été conservés par Rémi Guerrier et Jean-Jacques Carriquiriborde qui ont agrandi cette collection grâce aux dons de nombreux CIOs de France. Afin de préserver et valoriser cette collection patrimoniale, le don en a été fait au Musée des tests au sein du Musée d'Histoire Naturelle de la ville de Lille.

L'INETOP ayant été dépositaire d'un fonds important d'appareils utilisés à la SNCF, ceux-ci ont également pu être donnés au Musée de Lille. L'Institut n'a conservé qu'une cinquantaine d'objets exposés en salle Henri Piéron, photos 7 et 8. En plus d'une bibliothèque disposant d'un fonds conséquent en psychologie et psychométrie, l'INETOP a constitué une testothèque où sont répertoriés et conservés quelque 1300 tests essentiellement « papier crayon ».

3. Musée du centre historique de Sainte Anne

En France, la mémoire de la psychologie a aussi trouvé sa place au musée du Centre hospitalier Sainte-Anne, créé en 1990, dans une collection riche de nombreux instruments. Le musée se veut d'être un organisme vivant qui ne se satisfait pas de la collection, mais être également un centre historique vers lequel se dirigent des historiens, des médecins, des chercheurs de France et de l'étranger. Photo 9 (cerveau d'étude).

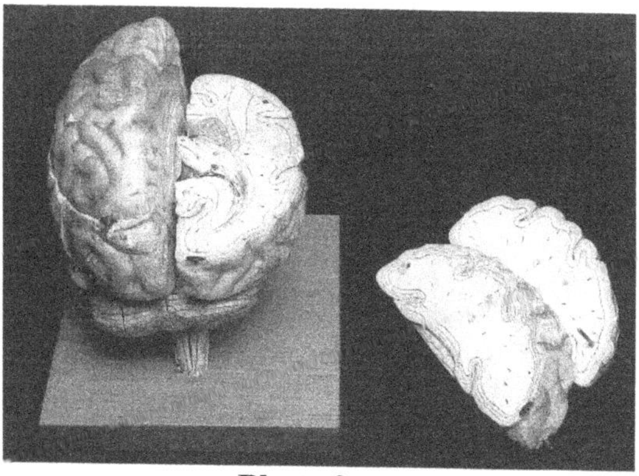

Photo 9

Photo 10

L'asile Sainte-Anne a reçu son premier patient le 1er mai 1867. Depuis lors, la médecine et la science ont connu à Sainte-Anne une activité extraordinaire dont les avancées se sont étendues au plan international dans les domaines de la psychiatrie adulte et infantile, de la neurologie, de la neurochirurgie, de l'anesthésie-réanimation, de la neuroradiologie, de la psychologie, de la psychotechnique et de nombreuses sciences et disciplines médicales annexes.

Parmi les « tests instruments » qui ont été utilisés dans les différents domaines psychologiques, on remarque sur la photo 10 le test de réactions psychomotrices « d'Attention Diffusée » de Lahy, utilisé vers 1920, provenant du laboratoire de psychologie du docteur Toulouse.

Photo 11

A côté de tests de réactions psychomotrices, on trouve aussi des tests psychomoteurs, comme le « Tourneur » de Lahy et Guyot, destiné à évaluer la dissociation de mouvements des mains, photo 11. Toutes ces mesures de l'homme sont utilisées, plus particulièrement, dans le cadre de l'Orientation scolaire et professionnelle (OSP) et de la sélection professionnelle.

Le musée appartient au patrimoine du centre hospitalier Sainte-Anne. Il comporte plusieurs unités dont l'unité de psychotechnique et de psychologie.

Les tests exposés furent construits au cours du XXème siècle et illustrent fort bien les débuts de la psychologie expérimentale et les applications qui suivirent tout au long du siècle.

Au début de l'occupation, les autorités allemandes firent main basse sur toutes sortes d'archives, tant publiques que privées, dont celles du laboratoire de psychologie expérimentale, à Sainte-Anne, dont Lahy était le directeur et mises à l'abri dans des pays d'Europe centrale. Saisies par les Soviétiques lors de leur avancée vers l'Ouest, elles furent transportées à Moscou. En 1993, les archives officielles furent rapatriées en France, au musée du centre hospitalier Sainte-Anne.

4. Musée des archives de la SNCF

La mémoire de la psychologie a aussi trouvé sa place parmi les archives de la SNCF au Mans.

Créé en 1995, le Centre des archives historiques de l'entreprise comprend un département réservé à la psychologie et aux tests de psychométrie. Ceux-ci proviennent des différents laboratoires de psychologie de la SNCF qui étaient répartis dans toutes les régions de France. Ce centre (25 kms linéaires de documents) conserve un patrimoine d'intérêt général. Il est ouvert au public et fréquenté par des historiens et des chercheurs de France et de l'étranger.

Photo 13

Photo 12

Parmi les « tests instruments » qui ont été utilisés au début du XXème siècle dans le cadre d'évaluation des différents domaines psychologiques, on remarque sur la photo 12 le test évaluant les temps de réactions psychomotrices simples. A côté de tests de réactions psychomotrices, on trouve aussi des tests psychomoteurs, d'aptitudes aux raisonnements qui dirigent l'apprentissage des mouvements de dissociation, comme le test du « Tourneur » de Lahy et Guyot, photo 13. Toutes ces mesures de l'homme sont utilisées dans le cadre de la sélection et de la formation professionnelles.

De nombreux documents concernant les études de validation, ou autres, réalisées sur les résultats obtenus lors d'examens d'embauches ou de promotion, sont archivés et devraient pouvoir être à l'origine de nouvelles recherches par de futurs chercheurs dans le domaine de la connaissance humaine.

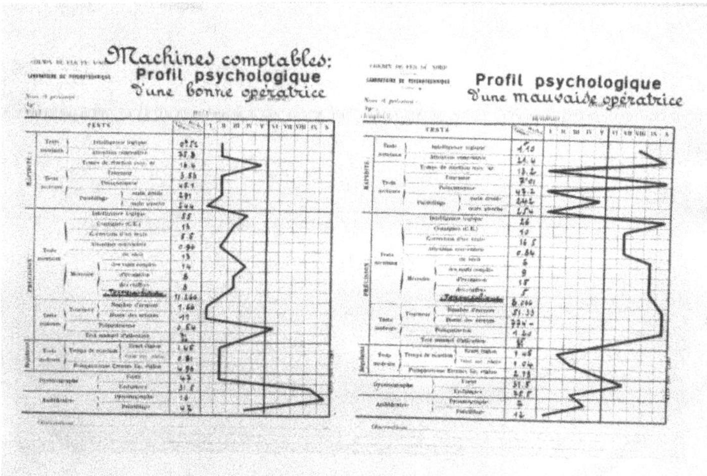

Sur le tableau de la page précédente, les résultats de deux candidats à un poste de machines comptables, l'un favorable par des exigences réussies dans les critères analytiques professionnels qu'elles mesurent (profil de gauche), l'autre défavorable à cause d'exigences non atteintes dans les mêmes critères (profil de droite).

Photo 14

La photo 14 remémore les réunions ayant donné naissance au département de psychologie et de psychométrie de ce musée. Robert et Denise Simonnet-Guyot, des EAP, présentent le test de coordinations psychomotrices « Oméga » de Bonnardel.

Chapitre 1

Psychologie appliquée aux activités humaines

La psychologie est née de la rencontre des psychologues et de la philosophie. Au même titre qu'il y a plusieurs physiques et plusieurs chimies à l'intérieur des corps unitaires de connaissances de la physique ou de la chimie, il y a plusieurs psychologies à l'intérieur du corps unitaire de connaissances de la psychologie : la psychologie de l'enfant, la psychologie scolaire, la psychologie des adultes, la psychologie pathologique, la psychologie industrielle, la psychologie du sport,... et beaucoup d'autres.

Il faut noter qu'à côté du corps de connaissances que constituent les mathématiques théoriques, il existe les mathématiques appliquées. Pour la psychologie, il en est de même : il existe la psychologie industrielle, qui est concrétisée par la psychologie appliquée au travail. La psychologie appliquée au travail inclut notamment l'analyse du travail, la psychotechnique (connaissance des capacités individuelles liées à des domaines psychologiques bien définis), le choix pour retenir les personnes selon des critères précis (sélection), les conseils dans les formations à suivre (orientation professionnelle), l'enseignement pour avoir les connaissances relatives à un métier (formation).

Pendant le premier quart du XXème siècle, les travaux et les recherches réalisés dans la monde du travail se sont efforcés de donner des instruments, appelés tests psychotechniques, puis tests de psychométrie, permettant principalement d'aiguiller, au mieux, vers les différentes tâches, tous les candidats qui se présentaient dans les entreprises. Chaque test avait pour but d'évaluer le mieux possible les capacités de chacun d'eux. L'habitude fut prise de grouper les applications sous les rubriques de sélection professionnelle pour les adultes à la recherche d'un emploi, et d'orientation professionnelle pour les adolescents recherchant une voie scolaire débouchant sur un métier ou une profession.

Il existe des tests papier-crayon (X), des tests manipulatifs (Y), et des tests instruments (Z). Un exemple de tests utilisant des instruments (Z) est la Batterie Factorielle Standard de Bonnardel, qui a permis à l'auteur de mettre en évidence des catégories d'examens pouvant couvrir des domaines psychologiques spécifiques. Ses travaux l'ont amené à établir des techniques utilisables pour les niveaux les plus divers de l'illettré, aux ingénieurs et aux cadres.

1. Critères et exigences humaines d'un travail

Les différences individuelles dans l'exécution du travail sont à l'origine des études sur ce qui est appelé critère de réussite professionnelle. Il est donc nécessaire de disposer d'un indice des performances relatives des individus entre eux. Certains critères sont objectifs, en ce qu'ils reposent sur des faits quantifiables, d'autres sont subjectifs parce qu'ils reposent sur des jugements d'individus.

Les critères sont le résultat de la transposition de la description du travail à l'ensemble des qualités et des aptitudes qui sont requises de l'homme pour qu'il puisse l'exercer (exigences humaines). Par critère ou qualité, il faut entendre toute caractéristique, toute capacité, toute valeur que doit posséder le titulaire de la fonction pour pouvoir l'accomplir.

En réalité, recherche des critères et détermination des exigences s'opèrent simultanément. Quantifier un critère, c'est, entre autres, définir le niveau qu'il faut atteindre dans le critère. L'exigence ne peut pas être quantifiable d'une façon précise, mais les exigences d'un poste de travail peuvent être hiérarchisées ou présentées sous forme d'un profil.

La norme choisie doit être aussi fidèle que possible, c'est-à-dire qu'elle doit être en rapport avec le concept dont le critère ultime devrait être représentatif. Une fois choisie la norme qui servira à apprécier le travail des personnes à leur poste, il faut encore établir la valeur du critère pour chaque individu en fonction de cette norme.

Le critère, qui doit servir d'indice du travail d'un individu, doit être un indice stable, cette stabilité ou constance des performances est appelée fidélité du critère. Un coefficient de corrélation indique la bonne fidélité de performance.

Après avoir sélectionné des critères appropriés, les tests choisis donneront rapidement et avec précision des renseignements sur les qualités, les aptitudes et les intérêts des candidats, renseignements toujours difficilement disponibles autrement.

Il faut mettre au point des épreuves standardisées, étalonnées (comme les essais professionnels), mais chacune représentative d'un critère isolé et telle que l'on connaisse la concordance entre la réussite dans l'épreuve et la possibilité d'atteindre un certain niveau dans le critère. Si la concordance est forte (la corrélation est grande) entre les résultats dans l'épreuve et les résultats dans le critère, l'épreuve devient un instrument de mesure de la réussite ultérieure de l'individu dans le critère.

Lorsque l'on connaît la liste des critères et des exigences d'un poste de travail, si l'on dispose des épreuves suffisamment valides et fidèles pour apprécier le niveau d'un individu dans chacun des critères, il est possible de comparer le niveau de l'individu dans chacun des critères d'après la ou les épreuves avec l'exigence du poste pour le même critère et savoir s'il est capable de tenir le poste, sans qu'il ait besoin d'être formé à ce poste, ni qu'il le connaisse.

On appelle tests de telles épreuves qui permettent d'effectuer une mesure. Le domaine d'application des tests est la psychométrie. Certaines épreuves ne permettent pas d'atteindre une mesure directe, mais l'interprétation, selon des règles précises, des réponses données peut donner des informations permettant d'apprécier un critère.

Le travail étant un tout structuré, il est donc plus qu'un ensemble d'exigences, l'individu étant aussi un tout structuré donc différent d'un ensemble de réussites dans des tests, il y aura donc une limite d'efficacité de la méthode des tests si efficaces soient-ils, il restera au psychologue à simuler la réalité au niveau d'un critère pour mettre en jeu un raisonnement analogique permettant d'émettre des hypothèses afin de détecter la capacité à satisfaire une exigence.

2. Les tests et les batteries de tests

2.1. Les tests

Etymologiquement, le test est une épreuve dont les modalités d'administration des consignes, de passation, de correction et de cotation ont été standardisées. Il permet de mesurer, de repérer ou simplement d'apprécier chez un individu une caractéristique sensorielle, sensori-motrice, psychomotrice, mentale, tempéramentale, caractérielle ou affective. Il permet de situer le sujet dans une échelle, dite étalonnage, qui a été calculée à partir des résultats des autres membres de la classe sociale, économique, professionnelle ou culturelle à laquelle il appartient, ce qui permettra par exemple de dire d'un manœuvre de la région parisienne que, pour l'intelligence, il se situe entre le 30ème et le 40ème sujet sur 100 (dans le 3ème décide) de la population de référence. Il vise l'appréciation des capacités ou aptitudes, les performances d'un individu. Cet individu est ensuite replacé dans un étalonnage établi sur une population à laquelle il appartient. L'aptitude est une disposition naturelle, innée, qui se développera plus ou moins selon le milieu, et sera plus ou moins favorable. Les potentialités, c'est la valeur maximale qu'aurait pu prendre la capacité si la disposition naturelle avait trouvé, dans le milieu, les possibilités optimales d'épanouissement.

Les étapes successives de la création d'un test sont les suivantes :

a) Définition précise du critère que l'on veut mesurer.

b) Rechercher les moyens pour mesurer, repérer ou apprécier par une performance la réussite dans le critère.

c) Validation du test : 1) diagnostic : le test doit permettre de mesurer le critère par la vérification sur des populations reconnues « bonnes » et « moins bonnes » dans le critère. 2) pronostic de réussite : utilisation du test sur des populations et vérification des classements donnés par les résultats des « bons » et « moins bons » obtenus dans la profession par des experts de celle-ci.

d) Stabilisation du test : dès sa validation, le test doit être stabilisé par des modalités de passation, de correction, du calcul de la notation, et d'une présentation immuable.

e) Fidèle : passé deux fois de suite par la même population, après une certaine durée d'intervalle ; la corrélation doit être élevée (plus de 80).

Homogène ; calcul de la liaison existante entre les questions paires et impaires, le niveau du coefficient de corrélation obtenu est une indication d'homogénéité.

f) Sensible : il doit bien distinguer les individus les uns des autres.

Avant sa diffusion, le test doit être étalonné sur des populations très différentes afin de fournir au psychologue des points de repère pour les premiers examens. Ce ne sont que des étalonnages indicatifs qui doivent être remplacés par des étalonnages représentatifs de chaque population de référence des candidats examinés.

2.2. Les batteries de tests (de façon à former un ensemble)

La batterie de tests est une combinaison de tests. Aucun test n'est capable de mesurer à lui tout seul toutes les aptitudes et habiletés requises par un emploi. Même le poste le plus simple devient complexe, si l'on veut bien considérer l'ensemble des qualités et aptitudes requises, pour qu'un employé puisse bien exécuter son travail. Toutes les dispositions pour un métier sont avant tout une synthèse des capacités indispensables à la réussite. Cette observation rend utile et même nécessaire l'emploi d'une batterie de tests.

Les batteries factorielles sont des tests composites, destinés à mettre en évidence une constellation de facteurs mentaux qui fut obtenue, scientifiquement, par de nombreuses analyses factorielles. Les principales batteries factorielles ayant fait l'objet d'études et recherches sont celles de Spearman, de Thurstone, de Bonnardel, de Kouteynikoff, et la Batterie Générale d'Aptitude (BGA) ou (GATB aux U.S.A.) et d'autres.

Batterie factorielle de Spearman.

Spearman a mis en évidence que la matrice de corrélation est expliquée par un facteur général (G) et un facteur spécifique (S) propre à chaque test.

Si l'on fait passer à un groupe de personnes une batterie de tests comprenant des épreuves de perception, d'attention, de mémoire, d'apprentissage, et d'intelligence et que l'on calcule toutes les corrélations liant ces tests deux à deux, on obtient une matrice de corrélation. L'analyse de celle-ci par des méthodes d'analyse factorielle permet de mettre en évidence l'existence d'un facteur général souvent lié au facteur G entre tous ces tests.

Batterie factorielle de Thurstone.

Cette batterie de tests d'aptitudes mentales dites « primaires » par Thurstone comporte 5 sub-tests pour mesurer 5 des 8 facteurs de groupe que l'auteur avait décelés par analyse factorielle :

- Facteur G (R) : raisonnement ; résolution de problème.
- Facteur V : verbal ; saisir la signification exacte d'un texte.
- Facteur N : numérique; manier aisément les chiffres.
- Facteur S : spatial ; représentation d'un espace à 2 ou 3 dimensions.
- Facteur P : perceptif ; saisir rapidement les détails.
- Facteur Q : attention.

Batterie factorielle – BGA

La Batterie Générale d'Aptitudes (BGA) utilise les 6 facteurs tels que Thurstone les avait définis ; G, V, N, S, P, Q, auxquels furent ajoutés 2 facteurs supplémentaires F (intelligence pratique) et W (fluidité verbale).

La Batterie Factorielle Standard de Bonnardel.

En mettant au point cette batterie de tests à partir de l'ensemble des recherches antérieures de l'auteur, il a été imposé de donner un instrument permettant d'évaluer le mieux possible les capacités accessibles aux épreuves psychométriques les plus importantes, tant pour l'orientation des jeunes que pour la promotion et l'emploi le plus rationnel des hommes. Les travaux dans les établissements scolaires et dans l'industrie permirent d'établir des techniques utilisables pour les niveaux les plus divers de l'illettré, de l'ouvrier étranger ignorant la langue française, aux ingénieurs et aux cadres, en passant par la maîtrise, les techniciens, les employés de bureau. Il fut établi deux catégories d'examen dont tous les éléments sont rassemblés ci-dessous.

Examen A (durée moyenne 2 h 30) : tâches manuelles et techniques.

Cet examen est uniquement composé de tests de performances (Y et Z)

IPO : Intelligence pratique au niveau ouvrier.

D : Dextérité, rapidité manuelle.

P : Précision dans le maniement des mécanismes et soin dans le travail.

R : Vigilance, rapidité et exactitude de réactions.

Chacune de ces notes est établie à partir de plusieurs épreuves afin d'éliminer le plus possible, d'une part, le facteur spécifique à chacune d'entre elles et, d'autre part, les fluctuations de l'examiné. La durée de chaque épreuve est réduite dans toute la mesure compatible avec l'obtention de résultats suffisamment stables.

Note IPO (Intelligence Pratique), établie sur le résultat de 5 tests de performance (durée moyenne : 35mn) : BOD (photo 15), B31.32 (photo 16), B43 (photo 17), B101 (photo 18), B22 (photo 19).

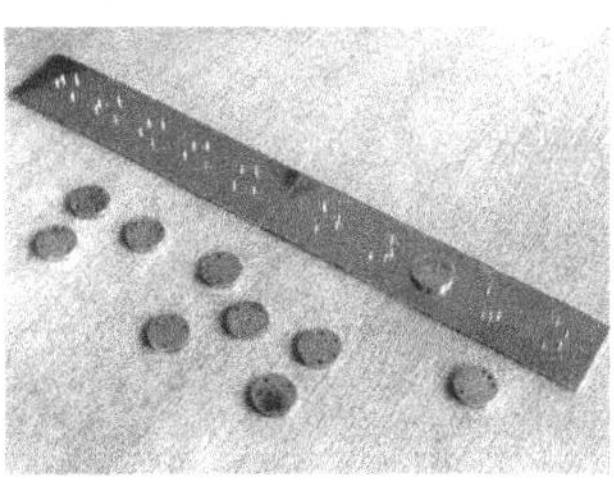

Photo 15

Photo 16

Photo 17 **Photo 18** **Photo 19**

Note D (Dextérité), établie avec 4 tests de performance (Ecrous, Boulons, Tiges, Chevilles) (durée moyenne : 5 minutes 30) : DTB (Photo 20).

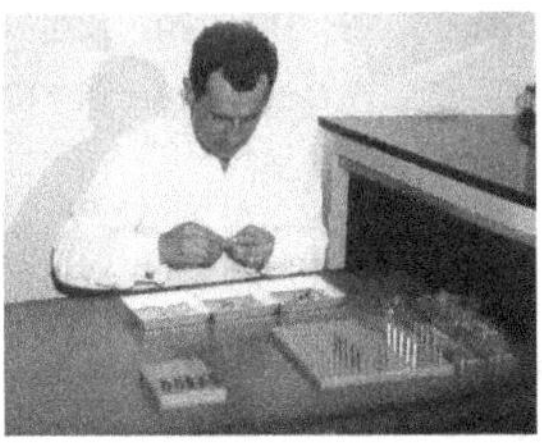

Photo 20

Note P (Précision), établie avec 3 tests de performance (durée totale moyenne : 25 minutes) : tests Omega (Photo 21), Sinusoïde (Photo 22), Double Labyrinthe (Photo 23).

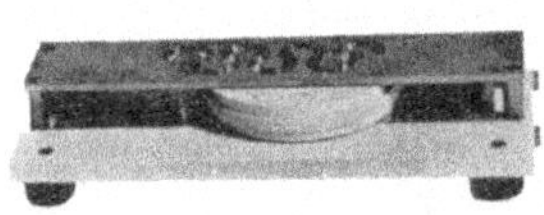
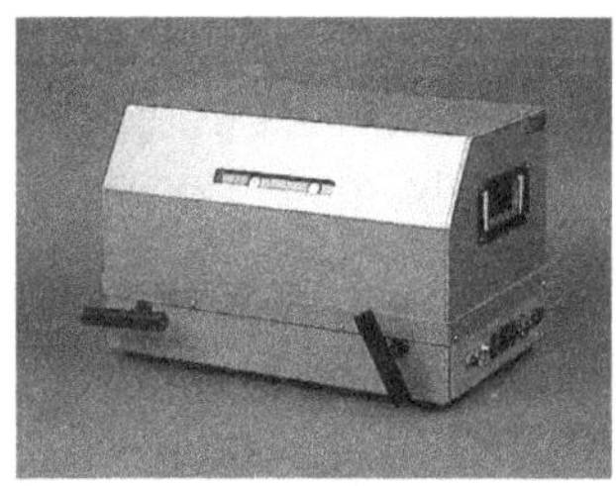

Photo 21 **Photo 22** **Photo 23**

Note R (Vigilance et Réactions), établie avec 2 tests de performance (durée totale moyenne 1 heure) : Double Labyrinthe (B19) (photo 24), Réactions Complexes (RCB) (photo 25), puis (BRCX) (photo 26).

Cette dernière partie de l'examen A (note R) peut être réservée aux postes comportant des risques, appelée « poste de sécurité » (surveillance d'opérations, conduite de véhicules, de ponts-roulants, d'engins de levage.)

Photo 24

Note R. Test des réactions complexes - RCB (face opérateur).

NOTE R. Test des réactions complexes - RCB (face candidat).

Photo 26

Photo 25

Toutes les notes sont obtenues au moyen de barèmes, à partir des résultats bruts dans les épreuves. Elles ont été standardisées sur une large population industrielle dans une échelle sur une moyenne égale à 10, chaque point de part et d'autre de cette moyenne correspondant à ¼ d'écart-type (tétronage).

Il est préconisé que tout candidat se présentant à l'embauche comme ouvrier, obtenant dans cet examen une note IPO supérieure à 13 (note supérieure à 1 écart-type à la moyenne) et les autres notes étant supérieures à la moyenne 10, passe immédiatement l'examen B, afin d'établir, dès l'embauche, ses possibilités de perfectionnement et de promotion.

Examen B **:** (durée moyenne 4 h 30) : niveaux ingénieurs et cadres.

Ce deuxième examen (B) concerne tous les jeunes en cours d'orientation professionnelle ainsi que toutes les catégories de personnel, y compris les ingénieurs et les cadres. Il a été établi pour permettre d'estimer un très large éventail de capacités.

PI - Potentiel intellectuel, correspondant à la notion des facteurs « g » de Spearman, et « G » de Thurstone, et « Raisonnement » de Guilford.

V - Connaissance de la langue française et compréhension verbale.

IPC - Intelligence concrète (pratique) au niveau collaborateur.

CPM. - Célérité perceptive et mentale groupant les facteurs « P » de Thurstone et « P » et « Q » de la BGA (travaux routiniers de bureau).

CA - Calcul, rapidité dans la résolution d'opérations arithmétiques et de problèmes.

OR - Orthographe.

Note PI (Potentiel Intellectuel), établie au moyen de 3 tests différents comportant chacun des séries d'items de difficultés progressives (durée totale : 1 h 10) : Tests B53, BV9, BLS4.

L'expérience a montré que pour une meilleure estimation au moyen de tels tests de puissance – surtout pour les niveaux les plus élevés – il était préférable d'établir la note en ne considérant que les deux meilleurs résultats (note A obtenue sur les barèmes de cotation), afin d'éviter dans certains cas l'influence sur la note P.I. d'une défaillance éventuelle du candidat à un moment donné dans un des tests de cette nature.

A noter aussi que la compréhension du test BLS4 peut être difficile pour les niveaux relativement faibles. Il est préférable de ne l'utiliser que pour les candidats d'un niveau supérieur.

Note V (Compréhension Verbale), établie au moyen de 3 tests différents (durée : 40') **:** BV8, BV50 (ou test parallèle BV51), BV16.

Note IPC (Intelligence Concrète), établie avec 4 tests de performance (les seuls dans cette catégorie (niveau « collaborateur ») (durée totale moyenne : 30') : B22, B43, B101, B20.

Note CPM (Célérité Mentale), établie au moyen de 5 tests différents (ce sont des tests où interviennent essentiellement à la fois la rapidité et la précision dans des tâches intellectuellement simples) (durée totale : 19'). Tests BV4, BG3 (ou BG9), BG10, B2C, BCV. Cinq tests sont utilisés pour cette note CPM, étant donné les fluctuations parfois assez importantes des sujets dans de telles catégories d'épreuves. Ici on recherche un rendement moyen.

Note CA (Calcul, résolution de problèmes), établie avec 3 tests (durée totale : 134) : BAD15, BMU16, BPB17.

Note OR (Orthographe), établie avec 2 tests (Durée totale 25') : BOR18, BOR19.

Toutes ces notes sont obtenues au moyen de barèmes à partir des résultats bruts dans les diverses épreuves, étant donné que :

- d'une part, en vue de leur utilisation pratique, ces notes doivent s'appliquer à des sujets très divers par leur formation et permettre de les comparer,

-d'autre part, il est difficile d'admettre que les capacités de l'ensemble des sujets des divers groupes se répartissent de façon gaussienne, cela du seul fait de l'influence des écarts dus aux différences de scolarité de base dans ces divers groupes, la solution la plus simple est l'utilisation d'un étalonnage de notes allant de 1 à 20 en les répartissant de façon que l'écart quartile des différents groupes se rapproche le plus possible de 2 et les médianes des groupes extrêmes s'axant sur 13 pour le groupe d'ingénieurs et 4 pour un groupe important de candidats apprentis. Cette solution s'est montrée particulièrement satisfaisante du point de vue pratique, en particulier pour l'utilisation compréhensive de telles notations par les enseignants et les directions du personnel dans les entreprises.

Les études concernant l'élaboration et la validation de cette « Batterie Factorielle Standard » furent réalisées sur une population de plus de 100 000 personnes, de l'entreprise automobile Peugeot de Sochaux.

3. Prévention des accidents avec les batteries de tests Lahy et Bonnardel

L'exposé chronologique des études concernant les deux batteries de sécurité (prévention des accidents) a pour but de mettre en évidence les contraintes qui furent à l'origine de leur création.

Pour la première, il fut demandé à Lahy, psychologue, par les Organismes de transport en commun de la région parisienne, dans les années 1924/1925, d'élaborer des tests afin de réduire le nombre d'accidents provoqués par certains conducteurs.

Pour la seconde, Bonnardel, docteur en médecine et psychologue, médecin du travail des usines Peugeot de Sochaux, est sollicité par cette entreprise, dans les années 1945/1946, pour créer un laboratoire de psychologie. Il accepta sous réserve de pouvoir publier ses recherches, elles le furent dans la revue du « Travail humain ». Ces études aboutiront à la publication de la « Batterie Factorielle Standard » d'où est extraite la « Batterie de sécurité ».

La création des batteries Lahy et Bonnardel, à un quart de siècle d'écart, et dans des conditions de travail différentes, mais avec toujours le même critère de recherche ; la réduction des accidents, laisse apparaître une grande similitude des facteurs psychologiques mis en évidence : l'attention diffusée et la dissociation des mouvements pour Lahy, la vigilance et la coordination des mouvements pour Bonnardel, auxquelles il ajoute le facteur d'intelligence pratique (ou concrète) qui sera pour lui un élément rédhibitoire en dessous d'un certain seuil, pour ce poste de travail, ce que confirmeront ultérieurement Schlegel et Wittersheim, psychologues dans une Caisse régionale d'assurance maladie (CRAM).

Mais la grande différence entre ces deux batteries de tests proviendra des avancées technologiques importantes en 25 ans, qui permettront aux tests qui constituent ces batteries un encombrement beaucoup moins important et une fiabilité meilleure. Il est aussi à noter que si la batterie Lahy fut moins utilisée à partir de 1950 au profit de la batterie Bonnardel, elle restera, néanmoins toujours d'actualité.

La description complète de la batterie Bonnardel est l'objet du chapitre 2 de cet ouvrage.

3.1. Explicatif

L'amélioration de la sécurité passe par le dépistage des causes du danger, c'est-à-dire des situations accidentelles. Il est alors possible de les éliminer ou de protéger l'homme (ce qui relève de l'ingénieur sécurité pour toutes les causes matérielles et du psychologue pour toutes les causes non matérielles), d'enseigner des méthodes de travail sûres (ce qui relève des interventions conjointes de l'organisateur, de l'ingénieur de sécurité et du psychologue).

Les contextes variés dans lesquels ont été abordés les problèmes relevant de la sécurité ont favorisé un certain nombre d'idées, d'observations, de méthodes qui ont donné naissance à des tests variés pour une application pratique dans des directions prometteuses au niveau de la recherche. Parallèlement aux efforts concrets de praticiens en vue de prévenir les accidents, les controverses sur l'interprétation à donner aux résultats permirent d'améliorer qualitativement les tests qui furent retenus.

3.2. Hypothèse d'une prédisposition individuelle aux accidents

Les recherches sur les variables humaines et leur rapport avec les accidents, les enquêtes statistiques de Greenwood et Moods en 1919 sur les ouvrières d'une fabrique de munitions, vérifièrent une observation de Mare (1916) qui signalait la relation qui lie, chez le même individu, ses accidents ultérieurs aux accidents qui les précèdent avec des corrélations de .37 à .72. De nombreux auteurs reconnurent les mêmes caractéristiques de la répartition des accidents dans les transports : Schmitt (1926) dans les chemins de fer, Slocombe et Bingham (1937) dans les chemins de fer, les tramways et les autobus, où la moitié des accidents étaient imputés à un cinquième des agents. Parallèlement, une liaison était vérifiée entre état de santé et accidents : Farmer et Chambers (1926), Laugier, Monnin et Weinberg (1937), ceux-ci trouvant une corrélation de .53 entre maladies et accidents graves et .41 entre nombre d'accidents déclarés et nombre de maladies déclarées.

3.3. Résultats pratiques obtenus par la psychologie du travail

En 1939, Bonnardel établit expérimentalement une batterie de tests de prévention des accidents pour des ouvriers d'usine. En sélectionnant au-dessus du 4ème centile, il économise 50% des journées d'absence par suite d'accident. En 1949, une nouvelle expérimentation sur la validité de l'examen psychométrique passé à l'embauche (donc avant l'accident) constate que les sujets classés par la Batterie Bonnardel dans les 10% inférieurs ont ensemble 41% des jours d'absence pour cause d'accidents.

3.4. Validité du pronostic

Les études effectuées dans les milieux de travail les plus divers, par un examen psychotechnique de sécurité complet, menées par un psychologue compétent, confirment la réduction de moitié du nombre des accidents par la détection d'un faible pourcentage des sujets particulièrement vulnérables.

3.5. L'examen de prévention des accidents de Lahy (Photo 27)

A l'origine, vers 1924, la batterie de sécurité de Lahy se composait de tests du domaine de la motricité (Pointage PTD), du domaine de la psychomotricité (Tourneur TOT et Traçage MCL), du domaine des réactions psychomotrices (Attention Concentrée (MA) et Attention Diffusée (AD)). Au cours des années, à la suite de nombreuses études, une sélection des tests fut réalisée et, vers 1940, il ne restait plus que les tests de coordination psychomotrice (Tourneur TO), d'Attention Concentrée (MA) et d'Attention Diffusée (AD), auxquels fut ajouté un test du domaine cognitif d'intelligence pratique (G52) ou note IPS (B101-B43-BOD).

2° – BATTERIE de TESTS "SÉCURITÉ" de J.M. LAHY

La batterie de tests "sécurité" Lahy se compose d'épreuves permettant l'examen suivant.

Intelligence pratique · Apprentissage – Tests : B101 ou G52 – Attention diffusée (AD)
Coordination dissociation des mouvements – Tests : Tourneur (TOT) Traçage (MCL)
Attention concentrée – Test : MA
Attention Diffusée – Test : AD

intelligence pratique · G52 ou B101 — Tourneur · TOT, Traçage · MCL — Attention concentrée · MA — Attention diffusée · AD

Photo 27

La tendance aux accidents répétés a été établie lors de l'étude d'une population qui a été suivie pendant 10 ans. Après avoir classé les accidentés en 3 catégories, la première rassemble les personnes qui n'avaient pas eu d'accident pendant les 5 premières années, la deuxième catégorie rassemble ceux qui n'avaient eu qu'un accident et la troisième ceux qui avaient eu plusieurs accidents. Après avoir encore attendu 5 ans, des recherches ont été faites sur les mêmes individus pour connaître le nombre d'accidents pendant ces 5 dernières années. Il a été démontré que le groupe des individus qui n'avait pas eu d'accident est le groupe qui en a eu le moins, viennent ensuite, par ordre, le groupe qui n'avait eu qu'un accident, puis le groupe qui en avait eu plusieurs.

Le test du domaine cognitif a été ajouté à la batterie à la suite d'expériences qui eurent lieu entre 1933 et 1938 qui concluaient, non à une liaison, mais au fait qu'il existait peu d'individus d'un niveau d'intelligence même moyen parmi les gens très souvent accidentés.

Le graphique ci-dessous démontre qu'entre 1923 et 1933, le nombre d'autobus et de tramways était en augmentation de 34% et que le nombre d'accidents pendant cette période a été en diminution de 33% grâce à l'utilisation de la Batterie Sécurité de Lahy.

Pendant cette même période, le nombre des autres véhicules automobiles en circulation en France était en augmentation de 200%, alors que le nombre d'accidents était en augmentation de 145%. Cette population n'ayant pas été soumise à l'examen de sécurité.

Il est intéressant de savoir qu'un des tests du domaine de réaction psychomotrice de cette batterie, le test d'Attention Diffusée (AD), est un des éléments essentiels de celle-ci. L'auteur décrit les réactions du candidat lors de l'examen en disant que « le choix qu'il fait parmi plusieurs excitations n'est qu'une partie de l'acte mental qui est mesuré par ce test. La situation où se trouve le sujet qui conduit un véhicule est un complexe formé d'excitations visuelles et auditives qui s'enchevêtrent et se succèdent à des cadences irrégulières. Il doit choisir entre ces excitations et répondre à ces sollicitations par des réactions de ses différents membres sur lesquels s'exerce aussi un choix ». L'attention appelée « diffusée » représente un état complexe unifié, un phénomène global, une structure psychologique.

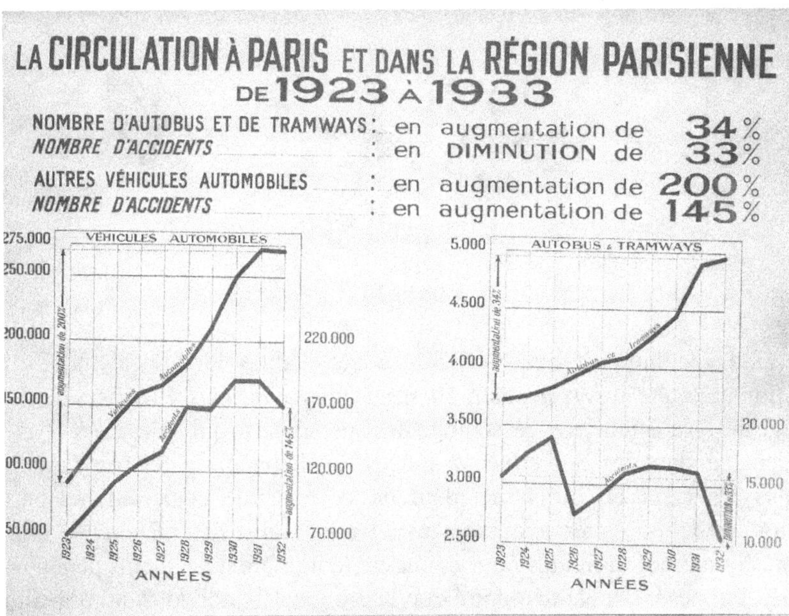

Il en résulte que lorsqu'on compare les résultats d'un groupe de 150 conducteurs (poid-lourd) professionnels en fonction dans un même service à ceux de candidats conducteurs de transports en commun : 90% des professionnels qui se sont classés dans le décile inférieur de l'étalonnage des candidats sont considérés comme médiocres conducteurs par plusieurs de leurs supérieurs.

3.6. L'examen de prévention des accidents de Bonnardel (Photo 28)

Directeur du laboratoire de psychologie des usines Peugeot à Sochaux à partir de 1946, Bonnardel est à l'origine de la création d'un ensemble de tests qu'il a organisé à partir des tous les postes de travail de cette grande entreprise.

C'est de cet ensemble de tests dénommé la « Batterie Factorielle Standard », composée de l'examen A et de l'examen qu'est extraite la « Batterie Sécurité Bonnardel ».

Cette Batterie rassemble des tests du domaine cognitif (tests d'intelligence concrète B101, B43, BOD), des tests du domaine de la psychomotricité (tests de coordination psychomotrice OMB, SNB et B19) et du domaine des réactions psychomotrices (test des Réactions Complexes RCB). Cette « Batterie Sécurité » est décrite en détail dans le chapitre suivant.

Comme le montre le document ci-dessous, le test de coordination manuelle en rythme imposé est utilisé pour établir la note P (précision) et la note R (vigilance).

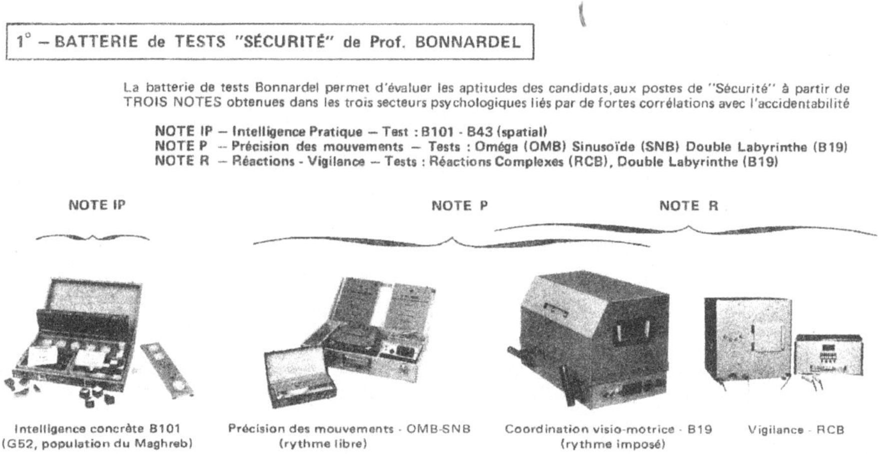

Photo 28

Bibliographie

Simonnet R,Guyot D, 2008, *Un siècle de psychométrie et psychologie*, Editions L'Harmattan.

Huteau M, 1994, *Les techniques psychologiques d'évaluation des personnes*, Editions EAP.

Gangloff B, 1994, *La sélection par les tests*, Editions EAP.

Bonnardel R, 1983, *Intelligence concrète et psychométrie,* Editions EAP.

Witterheim J.C, 1980, *La prévention des accidents par les méthodes psychologiques*, Editions EAP.

Bonnardel R, 1943, *L'adaptation de l'homme à son travail*, Editions PUF.

Chapitre 2

Les techniques psychologiques de la prévention des accidents, la batterie factorielle « sécurité »

R. Bonnardel et R. Simonnet

1. Introduction

L'homme, en développant le machinisme industriel, a multiplié ce qu'il a appelé ses « esclaves mécaniques » : image assez parlante d'une équipe de robots asservis aux décisions et au contrôle d'un conducteur de machine. Les moyens d'action considérablement augmentés ne sont plus toujours à la mesure des capacités de contrôle de l'individu moyen. L'accélération des processus de travail, la puissance croissante des actions en cours, la simultanéité d'opérations diverses rendent la fausse manœuvre plus fréquente et plus grave. Aux dommages matériels de plus en plus coûteux au fur et à mesure du développement technique, s'ajoutent les accidents de personnes aux tragiques conséquences.

Un faisceau de raisons, matérielles et humanitaires, milita en faveur de recherches : parallèlement à une amélioration du matériel, des études systématiques furent entreprises sur le facteur humain chargé huit fois sur dix de la responsabilité des accidents. C'est dans les transports en commun, où le risque est partagé par les usagers, que l'urgence d'une solution était socialement la plus vivement ressentie. Voilà pourquoi la sécurité a été l'objet d'un grand nombre de recherches qui ont abouti à plus de sûreté mais aussi d'efficience dans le travail, et auxquelles les psychologues côtoyant médecins et ingénieurs ont apporté une contribution non négligeable.

2. Historique

Les premiers auteurs qui, par l'étude des dossiers d'accidents, se sont penchés sur leur genèse, n'ont pas craint d'utiliser toutes les richesses du vocabulaire. Sans en faire une revue exhaustive, on peut citer comme échantillonnage d'après Frois (1929) et Marbe (1929) : la maladresse, la distraction, l'inattention, l'insuffisance professionnelle, l'absence de sang-froid, le manque de discernement, le manque de prévoyance, la conscience insuffisante du devoir professionnel, le manque de prudence, le manque d'esprit de décision, d'observation, d'information, de réflexion, de promptitude d'esprit, etc.

Le moins qu'on puisse dire c'est que, reprenant pour les facteurs d'accidents la remarque humoristique de Hart citée par Spearman (1932) pour l'ensemble des processus intellectuels : « Il faut renoncer à discuter sur le mot et commencer à affronter les faits. Le tournoi intellectuel est terminé ; il est temps de planter quelques graines ». Mais, même si le sol est favorable, encore faut-il que les graines possèdent des facultés germinatives suffisamment vigoureuses et que le jardinier maîtrise les pratiques culturales. Cela ne semble pas avoir été le cas des premières tentatives faites tant en Allemagne que dans les pays anglo-saxons dès les années qui ont suivi la Première Guerre mondiale où les divers essais sur la genèse des accidents furent loin d'être concordants et indiscutables, d'où il résulta imbroglio et désintérêt.

C'est en France avec Lahy que des résultats nets ont été obtenus. Il s'agissait d'agents de chemin de fer, les uns fréquemment accidentés, les autres indemnes, examinés au moyen de matériels réalisés grâce au concours d'un ingénieur, G. Guyot, en reprenant sous un nouvel angle certaines idées techniques des premiers expérimentateurs allemands là où ces derniers avaient, de l'avis général, pratiquement échoué. Dans un mémoire relatant le détail des résultats, Lahy et Pacaud (1936) estiment que « les tâches qui défavorisent toujours les « accidentés » sont celles qui imposent aux réactions du sujet : a) soit un rythme déterminé, b) soit une limite de temps au-delà de laquelle la réaction est entravée par des excitations ultérieures qui se présentent à la suite ». Ces tâches demandent une souplesse de réadaptation qui relèverait d'une plasticité fonctionnelle.

Prenant en main l'ensemble des problèmes d'affectation du personnel d'une des plus grandes entreprises françaises, Bonnardel qui, avec Guyot, avait présenté une série de techniques psychologiques dans la section de biologie du Palais de la découverte de Paris (1936), reprit les questions relatives aux accidents au moyen de techniques personnelles qu'il mit progressivement au point, en contact permanent avec les milieux professionnels. Au décès de Lahy, il devait prendre sa succession à la direction du laboratoire de psychologie appliquée de l'École pratique des hautes études et au professorat à l'Institut de psychologie de l'université de Paris.

Ses recherches le menèrent à distinguer deux ordres de techniques de prévention :

- l'une concernant le personnel de fabrication dans les tâches où les dispositifs matériels de prévention des accidents sont bien étudiés et établis mais cependant où ils restent encore trop fréquents;
- l'autre concernant les postes dits de sécurité, en particulier ceux comportant le maniement d'engins se déplaçant dans le milieu ambiant et dépendant nettement de la sûreté du comportement des conducteurs et de leur « vigilance » (conducteurs de toute catégorie : avions, automobiles, cars, camions, bennes, ponts roulants, grues, matériel de travaux publics, etc.).

Les techniques concernant le personnel de fabrication.

Un premier travail (1939) indiquait que, sur un total de journées d'absence de « fréquemment accidentés » (3 accidents ou plus en 5 ans) de 2 557 journées, 1 245 de ces absences (pratiquement 50 %) étaient dues à des ouvriers se situant dans une note globale d'examen par tests manipulatifs au-dessous du 4ème centile de la population ouvrière (4 derniers sur 100). Les examens d'embauche ayant été rendus systématiques, un travail de 1949 montrait- ce qui était un fait nouveau fondamental - que l'examen permettait de prévoir un certain nombre d'accidents et de déceler à l'avance une partie des ouvriers qui en seraient victimes.

Pour un groupe d'ouvriers « fréquemment accidentés » (3 accidents ou plus en 2 ans), ceux ayant présenté des notes d'examen d'embauche faibles (10 % inférieurs) totalisaient un nombre de journées d'absence dépassant comparativement six fois celui relatif à l'ensemble des candidats examinés dans la même période de temps. De même, pour les ouvriers accidentés au cours des 6 premiers mois de présence dans l'entreprise individuellement, les embauchés à faible note d'examen d'embauche se révèlent trois fois plus atteints que l'ensemble des autres.

En considérant la gamme des plus faibles notes de l'examen d'embauche sur des ouvriers accidentés dans les fonderies au cours d'un trimestre, le pourcentage ramené à l'importance relative des effectifs augmentait pour ces faibles notes d'embauche de 2,5 à 14,4 %.

L'ensemble des analyses successives fut à l'origine de la réalisation d'une batterie de tests définitive (la description et les notations de ces techniques ont fait l'objet du livret A) intéressant non seulement la prévention des accidents, mais aussi l'ensemble des problèmes concernant l'appropriation des hommes à leur travail.

Au cours des années, plus de 100 000 examens d'embauche ont ainsi été réalisés au moyen de ces techniques dans l'entreprise en question. De leurs notations, pour la prévention des accidents, ce sont les notes IPO (intelligence pratique, concrète) et P (précision) qui sont à retenir.

Les techniques concernant les postes de sécurité.

En plus des techniques précédentes, deux techniques spéciales ont été établies pour les postes de sécurité. Ce sont le test du Double Labyrinthe (B19) et le test des Réactions Complexes (RCB).

3. La Batterie factorielle « sécurité »

La dénomination « poste de sécurité » s'applique à un poste de travail susceptible de constituer pour d'autres travailleurs (ou personnes publiques) un risque d'accident à l'occasion d'une insuffisance d'aptitudes ou d'une défaillance subite du travailleur à ce poste.

Parmi les contributions au domaine de la psychologie industrielle, celle de Bonnardel reste incontestablement la plus importante. Directeur de la revue « Le Travail Humain», il est également l'auteur d'un nombre important de tests d'intelligence et d'aptitudes. Sa batterie de sélection pour les conducteurs de véhicules et les emplois de sécurité a toujours été considérée comme une des plus modernes parmi celles utilisées dans l'industrie.

Cette batterie comprend un test d'intelligence concrète, trois tests psychomoteurs et un test de réactions psychomotrices qui sont ; pour l'intelligence concrète ou pratique le test B101, pour la coordination visio-motrice le test Oméga (OMB), pour la précision des mouvements le test Sinusoïde (SNB), pour la poursuite, ou réajustement compensateur le test Double Labyrinthe (B19), pour les réactions complexes ou contrôle émotionnel le test des Réactions Complexes (RCB).

3.1. Tests d'intelligence concrète

Le test B101

Le test B101 (Photo 29) est un test d'intelligence concrète analogue aux cubes de Kohs. La tâche du sujet consiste à reproduire à l'aide de cubes colorés en rouge et blanc des figures géométriques de difficulté progressive. L'épreuve est limitée à dix minutes. La notation est basée sur le nombre de cubes placés dans ce temps. Le test est particulièrement bien adapté au niveau des ouvriers spécialisés et s'avère très classant à tous les âges.

Photo 29

Bonnardel a démontré que, face aux dangers impliquant des prises de décisions, seul le facteur d'intelligence concrète était en cause et que la validité avec une épreuve de type B101 était très bonne en dessous d'un certain seuil. Les sujets peu intelligents n'ont pas la capacité de jugement et de décision pour échapper à certains dangers, ils ne sont pas en mesure de prévoir les risques et sont éventuellement portés à les assumer inconsidérément.

Cas particulier

Dans le cas particulier de certaines populations, Bonnardel recommande d'utiliser le test des disques (BOD) et le test de représentation spatiale (B43) dont les résultats ajoutés à celui du test B101 donnent une NOTE IPO pouvant déterminer le seuil au-dessous duquel tout pronostic ne peut être que négatif.

Test des Disques - BOD (photo 30) : test d'encastrement de disques présentant des trous diversement distribués sur un socle métallique hérissé d'ergots correspondant aux trous des disques

Test spatial - B43 (photo 31) : test de reconstitution de figures géométriques par des pièces en bois préalablement découpées

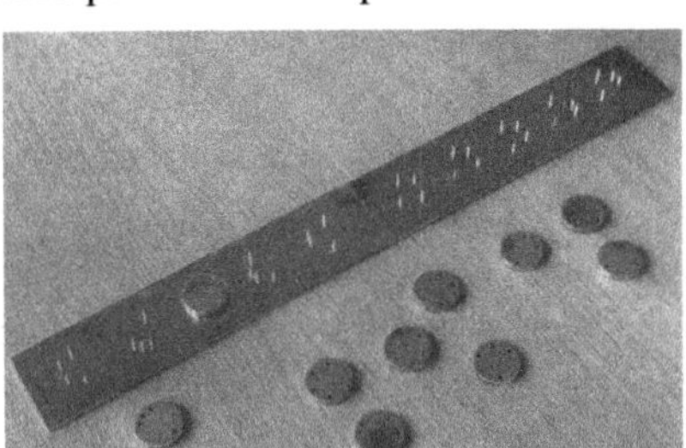

Photo 30

Photo 31

3.2. Tests psychomoteurs

Ces tests sont des épreuves de coordination et de précision des mouvements manuels passés en temps libre d'une part et à cadence imposée d'autre part. Dans le premier type d'épreuves (temps libre), le sujet est confronté au conflit « rapidité-précision ». Il régit lui-même sa vitesse, en disposant de l'information en retour que constitue sa réussite ou ses erreurs. Dans le second type d'épreuves, il suit des yeux le déplacement d'un mobile et doit opérer des compensations nécessaires pour maintenir le mobile à l'intérieur d'un champ spatial défini par un tracé. L'aspect contrôle des mouvements, l'absence d'impulsivité, l'attitude de prévision jouent un rôle important dans ce dernier type d'épreuves.

Test Oméga (OMB) (Photo 32).

Cette épreuve basée sur la coordination visio-motrice fait partie de la batterie des tests de précision dans le maniement de mécanismes complexes. L'appareil comporte une surface métallique percée d'une gorge sinueuse en forme d'oméga dans laquelle évolue un doigt commandé par le sujet au moyen de deux volants. Le sujet doit manœuvrer les volants de façon à parcourir le tracé sans toucher les bords. Le nombre et la durée des erreurs sont enregistrés par des compteurs électriques. L'épreuve est exécutée en temps libre, le sujet règle lui-même la vitesse de son travail. La notation est basée sur la durée totale des erreurs. (Sur la photo 32 le test BOS (Oméga et Sinusoïde avec le compteur des erreurs).

Conçue à partir d'un dispositif ne rappelant pas directement les travaux mécaniques habituels, elle évite que la pratique d'un métier déterminé n'avantage d'une façon particulière certains groupes d'individus. C'est à juste titre qu'on a reproché au test classique du Tourneur de favoriser spécialement les ouvriers ayant déjà travaillé sur une fraiseuse ou un tour.

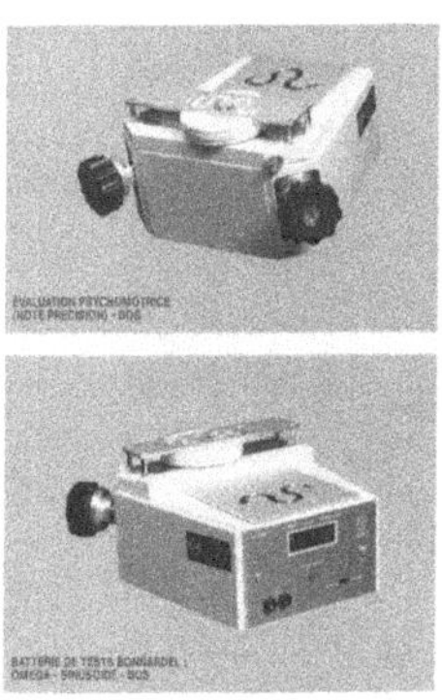

Photo 32

Photo 33

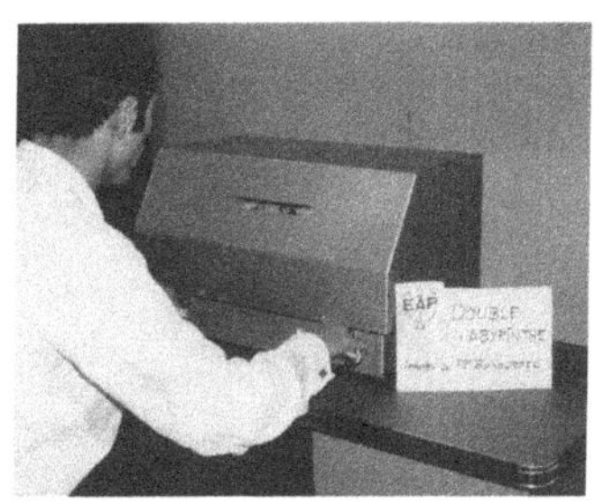

Photo 34

Test Sinusoïde (SNB) (Photo 33).

Epreuve destinée à évaluer la précision des mouvements. Le test comporte deux ergots métalliques cheminant dans la gorge sinueuse d'une plaque métallique. Les deux ergots sont fixés sur un disque de matière isolante. La tâche du sujet consiste à faire progresser les deux ergots d'un bout à l'autre de la gorge en déplaçant le disque à l'aide des deux mains. Alors que le test Oméga s'exécute debout, cette épreuve est passée en position assise. Il est recommandé au sujet de prendre tout son temps. Ici également la notation est basée sur la durée totale des erreurs.

Test du Double Labyrinthe (B19) (Photo 34).

Le test du Double Labyrinthe est une épreuve de coordination bi-manuelle à rythme imposé. L'appareil est essentiellement constitué par un cylindre tournant autour de son axe. Ce cylindre, qui tourne à vitesse constante et dont la révolution s'effectue en trois minutes et demie, présente deux gorges sinueuses de 20 mm de large. Dans chacune d'elles, est situé un ergot de 16 mm de diamètre dont le déplacement parallèle à l'axe du cylindre est commandé au moyen d'une poignée. L'ensemble du mécanisme est enfermé dans un boîtier.

Le sujet observe la progression des gorges sinueuses à· travers une ouverture rectangulaire de 20 cm de long et de 2 cm de large. Son travail consiste à maintenir les ergots au centre des gorges. Tout contact d'un ergot avec l'un des bords des gorges constitue une erreur dont le nombre et la durée sont enregistrés par des compteurs électriques. Le sujet passe cette épreuve deux fois de suite. Comme aux tests Oméga et Sinusoïde, la notation est basée sur la durée totale des erreurs.

Il s'agit d'un des meilleurs tests pour l'examen des conducteurs de véhicules et de ponts roulants.

3.3. Test réactions psychomotrices

Test des Réactions Complexes (RCB).

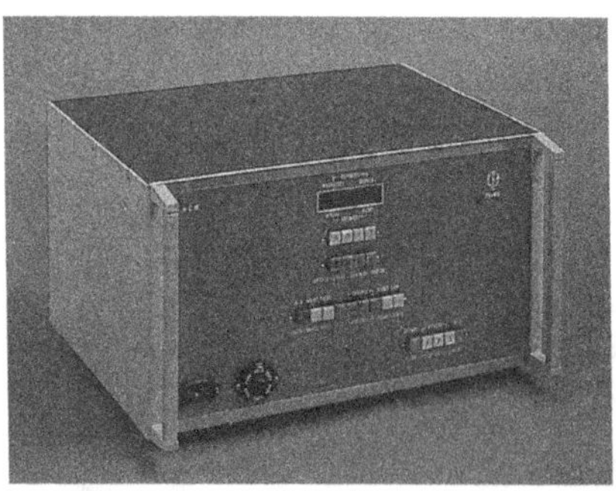

Photo 35

Photo 36

C'est un appareil permettant de nombreuses combinaisons stimuli-réponses, des plus simples aux plus complexes, et possédant un grand pouvoir différenciateur pour des groupes très divers. Bonnardel a conçu cette épreuve pour l'étude de divers phénomènes désignés sous les termes de « learning », « d'inhibition rétroactive », « de persévération », « de rigidité-flexibilité » et « de plasticité fonctionnelle ».

L'appareil se compose, pour le sujet (photo 36, face sujet), d'un dispositif de présentation des stimuli et des organes de réponse (pédales et presselles) et, pour l'opérateur, du pupitre de commande (photo 35, face opérateur).

Cette épreuve remplace avantageusement deux épreuves plus anciennes: le test d'Attention Concentrée et le test d'Attention Diffusée de Lahy. Elle comporte trois sub-tests.

La première épreuve, celle des « signes », correspond à l'ancienne épreuve d'attention concentrée à réactions manuelles. Les lettres ont été remplacées par des signes. Des séries de signes défilent derrière une ouverture située sur la partie droite de l'appareil, devant le sujet. Chaque fois que sur la ligne apparaît un cercle portant une bande horizontale, le sujet doit appuyer sur la presselle avec la main droite : lorsqu'apparaît un cercle avec une bande verticale, il appuie sur la presselle gauche. L'épreuve se passe à trois vitesses différentes. Il y a 44 réponses à donner à chaque vitesse. Le résultat est la somme des différences entre les bonnes et les mauvaises réponses à la seconde et à la troisième vitesses.

La seconde épreuve, celle des « lumières directes », est la plus importante et correspond à l'ancienne épreuve d'attention diffusée. Le sujet est assis en face d'un cadre comportant quatre lampes (deux pour les mains, deux pour les pieds). On lui demande de placer les pieds sur les pédales, les presselles étant toujours tenues en main. Il doit toujours répondre à deux lampes à la fois (main droite - pied droit, main droite - pied gauche, etc.). L'épreuve proprement dite est précédée d'un apprentissage et ne débute que lorsque le sujet est arrivé à suivre sans erreur le rythme de présentation. Cette épreuve se passe également à trois vitesses différentes, chacune comportant 44 stimuli. La troisième vitesse est reprise une seconde fois; pendant cette seconde passation, un avertisseur sonore se fait entendre par intermittence. Le sujet doit répondre comme précédemment, sans se laisser troubler par l'avertisseur sonore. La note est basée sur le total des bonnes réponses aux quatre cycles.

La dernière épreuve, celle des lumières inverses, est originale (il n'existe aucun test analogue). Le sujet répond de la même façon avec les pieds, mais doit inverser les mouvements des mains: lorsque s'allume la lampe supérieure droite, le sujet répond avec la main gauche et inversement. Le test est également précédé d'une phase d'apprentissage. La passation est limitée à la première et à la deuxième vitesses.

4. Analyse des facteurs psychologiques liés à l'accident

(capacités ou aptitudes psychologiques)

Les recherches et les applications poursuivies durant une vingtaine d'années sur le terrain industriel par Bonnardel ont montré qu'un examen au moyen de tests manipulatifs donne les indications les plus significatives pour l'appropriation de l'homme aux multiples tâches des ateliers (série d'études publiées dans la revue « Le Travail Humain » de 1946 à 1966). Le détail de cet examen définitif (tests-consignes-barèmes) fait l'objet du cahier A publié par les EAP. Il répertorie 4 notes dont 3 sont utilisées pour la batterie « sécurité » :

- note IPO (facteur central d'intelligence concrète pratique où se retrouvent plus ou moins représentées toutes les épreuves, quelle que soit leur nature);
- note P (facteur de précision dont l'emploi est fondamental pour les travaux industriels);
- note R (réaction, vigilance, sang-froid, particulièrement importante pour les postes de sécurité) ;
- note D, non utilisée dans la batterie « sécurité », (facteur de dextérité digitale spécialement utile, en particulier pour les tâches féminines):

Le facteur intelligence concrète-pratique : note IPO.

La note IPO est obtenue soit directement à partir des résultats au test B101 (photo37), soit à partir des notes partielles obtenues aux tests B101, B43, BOD (photo 37).

Les études poursuivies dans l'industrie ont montré qu'au niveau « ouvrier manuel » les meilleures épreuves pour déceler un facteur global d'intelligence sont constituées par des tests individuels de performance.

Afin d'éliminer les facteurs spécifiques à chaque épreuve et de réduire l'effet des fluctuations du sujet examiné, Bonnardel a regroupé les résultats à différentes épreuves en une note unique.

Dans le cas particulier de l'utilisation des trois tests (B101, B43, B0D) les résultats obtenus peuvent être considérés comme la meilleure représentation du facteur d'intelligence concrète pratique.

Photo 37

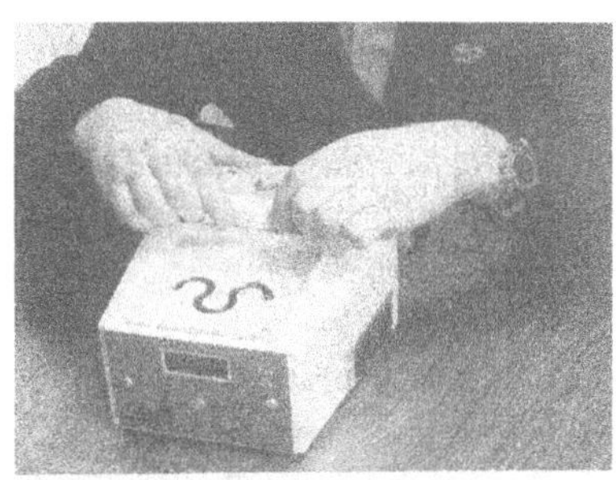

Positions des mains pendant la passation du test SINUSOIDE

Photo 38

Toutes les études publiées par Bonnardel ne laissent aucun doute sur l'importance du facteur intellectuel (IPO) dans les accidents du travail se produisant dans les usines, dans les mines, sur les chantiers et sur les routes. L'insuffisance de ce facteur (IPO) est, à côté des deux autres facteurs précision (P) et vigilance (R), celui qui intervient avec le plus de poids dans les lieux de travail où se rencontrent le plus d'accidents.

Le facteur précision : note P.

La note P est établie à partir des notes partielles obtenues aux épreuves psychomotrices suivantes: Oméga (OMB) (Photo 38), Sinusoïde (SNB) (Photo 33) et Double Labyrinthe (B19) (Photo 34).

Ces tests mettent en jeu de façon primordiale les divers mécanismes de coordination centrale perceptivo-moteurs. Les expériences industrielles ont montré qu'ils visent avec entière efficacité :

- la capacité et le souci de précision dans toutes tâches et en particulier celles comportant l'utilisation de dispositifs mécaniques et de machines;
- le soin et la précaution dans la réalisation du travail;
- enfin - point qui n'était pas envisagé initialement et qui est apparu au cours des recherches: la prudence (ou plutôt chez certains la précipitation et l'imprudence), les résultats de ces tests s'étant montrés liés d'une façon très notable, dans des études sur la sécurité, avec la gravité des accidents du travail des polyaccidentés.

Les tests Sinusoïde et Oméga diffèrent complètement du test du Double Labyrinthe, ce dernier étant à rythme de travail imposé par le déroulement du cylindre, alors que, dans les deux premiers, le rythme étant libre, leur exécution est totalement laissée au gré du candidat, la seule consigne qui lui est donnée est de prendre tout son temps pour éviter les fautes. L'analyse des résultats aux tests «oméga», «sinusoïde» et «double labyrinthe» permet de mettre en évidence des facteurs spécifiques et un facteur commun.

Facteurs spécifiques (graphique ci-contre)

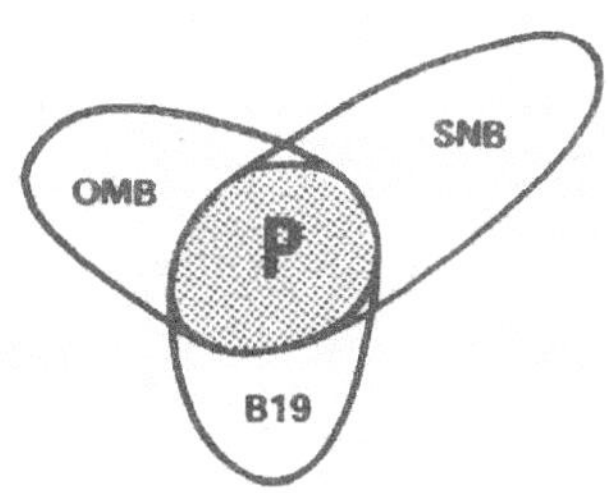

Chacune de ces épreuves comporte un facteur spécifique distinct dont les saturations sont de l'ordre de .50 à .60 et qui dépend des caractéristiques particulières suivantes : SNB-Sinusoïde (rythme libre action directe des mains sur le dispositif), OMB-Oméga (rythme libre action indirecte par intervention d'un mécanisme), B19-Double Labyrinthe (rythme imposé action indirecte par intervention d'un mécanisme). Le facteur commun P aux 3 tests est celui qui est pris en compte lors de l'examen.

Facteurs communs

Ces trois tests se retrouvent dans les facteurs communs IPO (intelligence concrète) et P (précision) de la façon suivante dans des recherches publiées :

a) sur 336 conducteurs, b) sur 1 250 embauchés (tableau ci-après).

Saturations dans les facteurs communs :

		Note **IPO**	Note **D**	Note **P**	Note **R**
Sinusoïde	**A** (336)	**.43**		**.59**	
Sinusoïde	**B** (1250)	**.27**		**.61**	
Oméga	**A**	**.28**		**.68**	
Oméga	**B**	**.23**		**.69**	
B19	**A**	**.37**		**.38**	**.32**
B19	**B**	**.33**		**.37**	**.31**

Ces chiffres montrent l'importance des épreuves dans le facteur P (précision) et leur présence, comme tout autre test, dans le facteur IPO (intelligence concrète), seul le test B19 comporte en plus une saturation dans le facteur R dépendant également d'exécution en rythme imposé.

Les recherches de Schlegel et de Wittersheim (1970) (et celles plus récemment poursuivies par ces auteurs) confirment l'existence d'une certaine liaison entre l'accidentabilité et les épreuves de précision.

Avec les épreuves de IPO et R, les épreuves P de la batterie factorielle permettent donc de participer au mieux à la prévention des accidents en touchant les diverses causes humaines devenues ainsi accessibles : celles concernant les faibles niveaux de certains processus intellectuels (IPO), les défauts de vigilance et de sang-froid (R), ainsi que celles relatives à la maîtrise des mouvements, au contrôle des gestes et des actes, et à la prudence (P).

Le facteur vigilance : note R.

La note R est calculée de façon analogue aux notes IPO et P, à partir des différentes notations du test des Réactions Complexes (RCB) (Photos 35 et 36) ou (BRCX) (photo 40) et du Double Labyrinthe (B19) (Photo 39).

Photo 39

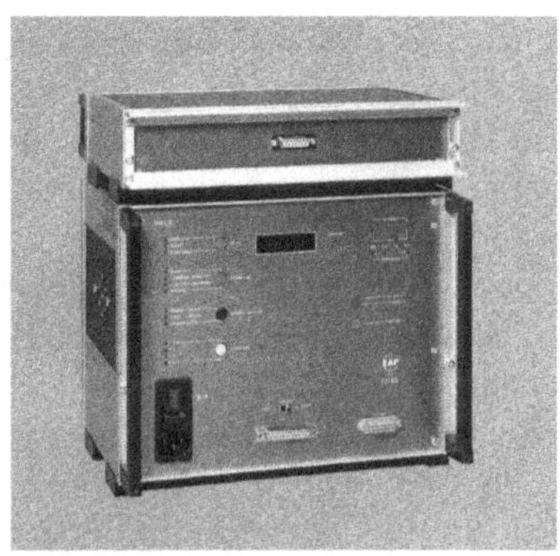

Photo 40

Le tracé des gorges sinueuses du test B19 est établi de façon que le travail, simple au début, devienne progressivement de plus en plus difficile. Le candidat agit d'abord sur une seule poignée à la fois, ensuite il doit les actionner simultanément. De plus, la pente des gorges, faible à l'origine, devient de plus en plus forte, ce qui nécessite un déplacement plus rapide et plus précis des ergots.

Le mouvement du cylindre engendre un travail qui se transforme d'une façon aléatoire, les automatismes ne sont plus possibles. La perception visuelle mise à l'épreuve oriente à chaque instant la démarche mentale qui doit s'adapter constamment à une situation nouvelle imprévisible. La coordination manuelle toujours dominée par le but à atteindre est soumise à une influence directrice. L'importance dans le test du Double Labyrinthe sera la rapidité et la précision avec lesquelles les mouvements s'adapteront aux informations. Ce facteur« d'intégration», où la prise en compte et l'interprétation de plusieurs variables sont indispensables à la production des réponses justes, met en évidence l'importance de l'aspect mental au même titre que l'aspect moteur. Cette épreuve est la seule, parmi toutes les techniques psychomotrices, qui permette la synthèse des facteurs de coordination, de précision des mouvements en rythme imposé et celui de l'attention concentrée en fonction de la perception visuelle continue.

Le test RCB ou BRCX permet de multiples combinaisons capables d'étudier bien des problèmes de psychologie expérimentale et de psychologie différentielle. Un programme a été établi qui couvre, selon une gradation très étudiée, les couples stimuli-réponse les plus intéressants pour fixer le niveau des possibilités de vigilance et de sang-froid des individus, programme s'adressant en particulier à tout personnel auquel est confié un poste de sécurité. L'ensemble des séries de stimuli couvre automatiquement les fréquences les plus lentes au début pour se poursuivre progressivement jusqu'aux limites accessibles aux sujets.

Trois séries différentes s'enchaînent au cours du même examen et concentrent en un temps limité l'ensemble des informations qu'elles apportent en donnant lieu à 3 notes portant chacune sur une des séries (sur la photo 40 le dernier modèle du RCB dénommé BRCX - Voir pages suivantes: les psychotropes).

1 - Dans une situation dangereuse, le premier pas est d'en déceler à temps l'existence. La première série de stimuli - Signes - relève ainsi plus directement des phénomènes de perception centrale. Des signes mêlés à d'autres de même nature doivent être perçus rapidement par une réponse motrice la plus simple.

2 - Vient ensuite la réaction adéquate et immédiate à la situation anormale perçue. La deuxième série - Lumières directes - porte essentiellement sur la coordination motrice centrale : réponse coordonnée des mains et des pieds selon un code déterminé.

3 - La réaction doit rapidement s'adapter à toute modification de la situation dangereuse. La troisième série - Lumières inverses - réclame des réponses coordonnées du même ordre que les précédentes selon un code différent nécessitant de la part du sujet une réorganisation rapide des coordinations motrices précédemment mises en fonction.

Les analyses factorielles ont montré que toute épreuve comportant une manipulation quelconque est plus ou moins notablement présente dans un facteur général d'intelligence pratique (note IPO de la batterie factorielle).

Les notes RCB comme toute autre y sont représentées (l'exemple en est donné dans une publication de 1967 : les saturations de ces notes dans ce facteur se situent de .47 à .57). Par contre, elles apparaissent dans un facteur particulier de vigilance et dans le plan de ces deux facteurs les saturations étaient de .52, .75, et .86.

La démonstration de ce dernier point (1955) a été donnée directement en comparant à un groupe d'apprentis confirmés les résultats donnés par un groupe de footballeurs professionnels (Fig. 1) (il s'agit d'une équipe réputée sur le plan national), professionnels qui utilisent dans leur jeu vigilance et sang-froid pendant toute la durée de leurs matchs et une extrême rapidité de réaction correcte et efficace à toute situation nouvelle se présentant brusquement : peu de différences sont relevées pour la note IPO, d'ailleurs plutôt favorable aux apprentis, et différences montrant la supériorité très importante des footballeurs professionnels. Voici, dans le tableau ci-dessous, quelques chiffres concernant ces différences (t de Student ; P : seuil de signification ; D : coefficient de différenciation).

	T de Student	P seuil signification	D différenciation
1 – Signes (ensemble des 2 séries)	2.72	.01	1.24
2 – Lumières directes, apprentissage	1.45	.02	0.46
(ensemble des 4 séries)	4.03	.01	1.78
3 – Lumières inverses ; apprentissage	1.55	.20	0.44
(ensemble de 2 séries)	5.20	.01	2.08

En ce qui concerne les postes de sécurité, le mémoire princeps de 1954 a donné les résultats de l'ensemble d'un service de transports montrant l'importance des résultats obtenus à partir du test RCB. Rappelons que deux groupes de chauffeurs ont été constitués : l'un concernant ceux exempts d'accidents et notés par leur maîtrise comme d'excellents conducteurs, l'autre relatif au personnel ayant eu 3 accidents ou plus en 3 ans et notés pour la fréquence des incidents les concernant (Fig. 2). Les comparaisons des résultats de ces deux groupes ont donné les chiffres suivants.

	t de Student	P Signification	D différenciation
1 – Signes (ensemble de 2 séries	3.52	.01	2.18
2 – Lumières directes, apprentissage	2.67	.02	1.34
(ensemble de 4 séries)	5.97	.01	3.72
3 – Lumières inverses, apprentissage	1.97	.10	0.38
(ensemble de 2 séries)	5.00	.01	2.86

Ces résultats montrent que les deux groupes sont pratiquement totalement séparés par les notations RCB.

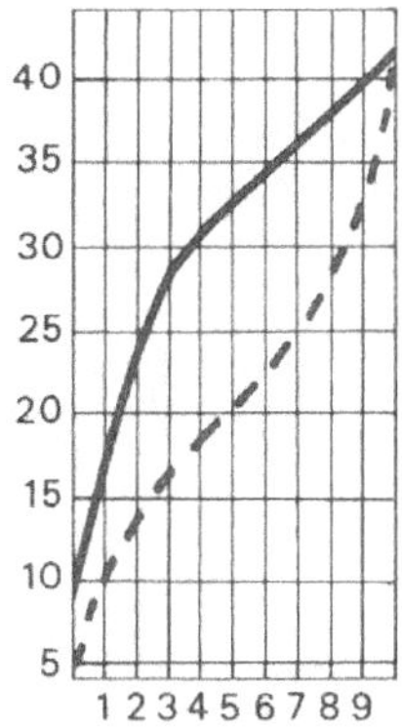

Fig. 1

réactions des mains et des pieds aux stimuli « lumières-directes »

Footballeurs (trait continu)
Apprentis (trait interrompu)

Nombre de bonnes réponses à la 3e vitesse avec intervention de coups de klaxon.

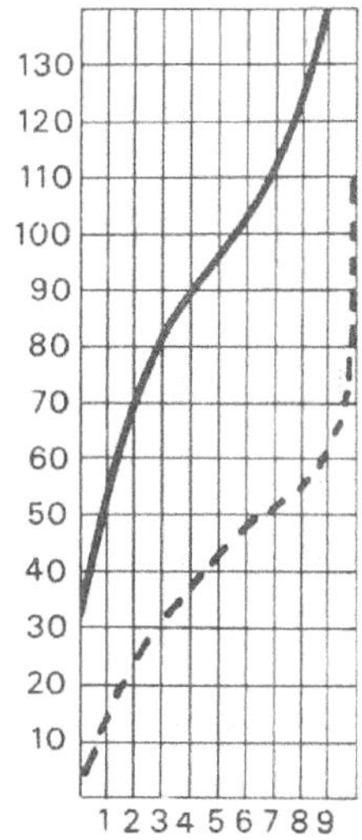

Fig. 2

réactions des mains et des pieds aux stimuli « lumière-directes »

Bons conducteurs (trait continu)
Moins bons conducteurs (trait interrompu)

Sommes des bonnes réponses aux 4 séries de stimuli.

Au cours des années, plus de 10 000 candidats à des postes de sécurité ont été examinés et les résultats contrôlés.

Pour le personnel en place, il est évidemment important de tenir compte particulièrement de l'évolution des résultats en fonction de l'âge. Une étude sur 1 600 cas publiée en 1966 montre l'évolution qui apparaît entre 20 et 60 ans dans les résultats du test RCB, évolution plus importante dans les stimuli aux rythmes les plus rapides. Un résumé en est donné ci-dessous à partir de certaines médianes des réponses correctes.

Signes	Vitesse 1	Vitesse 2	Vitesse 3
20 – 30 ans	40	37.3	32
30 – 40 ans	39.5	36	30
40 – 50 ans	38	34	27
50 – 60 ans	36.2	30.5	22.5

Lumières directes	Vitesse 1	Vitesse 2	Vitesse 3
20 – 30 ans	38	32	23
30 – 40 ans	37.5	30	21
40 – 50 ans	35	25	17
50 – 60 ans	31.5	21	14

Des faits semblables ont été constatés pour les « Lumières inverses ».

Utilisées conjointement, les notes IPO (intelligence concrète), P (précision) et la note spécifique R (réaction) obtenue au moyen des tests RCB (réactions complexes) et B19 (double labyrinthe), constituent le moyen le plus efficace en vue des efforts faits pour limiter au maximum les accidents concernant les postes de sécurité.

5. Utilisation des résultats

Lors du classement des individus, la notion d'une «prédisposition aux accidents» ou d'une « accidentabilité » pour désigner une tendance à avoir des accidents peut être dégagée à partir des notes IPO - P - R.

Note IPO (intelligence pratique) : seuil d'intelligence concrète en dessous duquel il y aura probabilité d'accident.

Note P (coordination précision) : liaison importante entre l'accidentabilité et les faibles résultats aux épreuves en rythmes libres et imposés.

Note R (rapidité-précision) : plasticité fonctionnelle. Facteur le plus significatif où les poly-accidentés réussissent le moins bien quand on leur impose un rythme et une limite au-delà desquels ils ne peuvent plus réagir sans commettre une faute.

Émotivité : (avertisseur sonore) épreuve complémentaire significative chez certains sujets émotifs.

Sur la feuille de notation, les résultats bruts obtenus aux différentes épreuves sont traduits en rangs. Ceux-ci classent le sujet par rapport à un ensemble de sujets de même groupe d'âge que les sujets titulaires ou candidats à des postes de sécurité.

Il est possible d'obtenir le profil d'aptitudes du candidat à partir des 3 notes : intelligence concrète (note IPO), coordination et précision (note P), rapidité et précision des réactions complexes (note R)).

Le pronostic de sécurité est une appréciation par rapport à l'ensemble des postes de travail. Le classement des professions est basé sur des statistiques portant sur plusieurs milliers de travailleurs. Lorsqu'il s'agit d'ouvriers en place ou d'un âge supérieur à 40 ans l'interprétation des résultats doit faire l'objet d'une attention toute particulière.

- Classement « très capable » ou « apte » doit être donné dans le cas de résultat « très bon » et « bon » dans les 3 notes et signifie que le sujet peut occuper tous les postes de sécurité très difficiles (conducteur autocar, locomotrice et autres).
- Classement « capable » ou « apte » doit être donné dans le cas de résultat « bon » et « moyen » dans les 3 notes et signifie que le sujet peut occuper des postes de sécurité difficiles (poids lourds).
- Classement « accidentabilité probable» ou « Apte sous réserves » doit être donné dans le cas de résultat « faible » dans une note et signifie que

le sujet ne devra pas être muté de son poste si aucun critère professionnel ne parle en sa défaveur. Le sujet est à «surveiller» en raison de son niveau de performance limité. Il sera à réexaminer obligatoirement dans le cas d'un changement de matériel.

- Classement « accidentabilité certaine » ou « inapte » résulte d'un résultat « faible » ou « très faible » dans au moins deux notes et signifie que le sujet ne doit pas être affecté à un poste de sécurité.

Ce classement est donné à titre indicatif. Chaque pronostic doit résulter d'une analyse très complète des trois notes obtenues.

Les conclusions des examens psychométriques sont transmises, en général, au médecin du travail qui connaît l'état physique des ouvriers, leur milieu de travail et a l'occasion de suivre leur évolution lors des visites médicales annuelles. Ces conclusions lui apportent une information complémentaire et lui permettent de juger en meilleure connaissance de cause de leur aptitude aux postes de sécurité.

Le bilan psychométrique pratiqué obligatoirement avant l'entrée en fonction pour tous les candidats aux postes de sécurité sera répété en cas d'accident professionnel ou sur suspicion clinique.

6. L'influence des psychotropes

Constatant, en 1978, qu'après les examens d'embauche effectués avec la note R, le nombre d'accidents augmentait rapidement et d'une façon inhabituelle, les psychologues et les médecins du travail des usines Renault, après un examen complémentaire des personnes accidentées, conclurent que ceux-ci utilisaient des psychotropes, soit contre l'insomnie (hypnotiques), soit contre l'anxiété (anxiolytiques), soit contre la dépression (antidépresseurs) ou bien encore consommaient des drogues. L'enquête ayant mis en évidence qu'ils n'utilisaient plus ces psychotropes quelque temps avant l'examen afin de le réussir puis, l'ayant réussi, reprenaient leurs habitudes, il était incontestable que ces drogues étaient à l'origine des accidents de cette population.

Pour déceler leur « état drogué », les études portèrent sur la validation des temps de réaction. Les résultats, statistiquement significatifs, mirent en évidence qu'une différence de plus d'un écart type, par rapport à la moyenne de la population de référence, prouvait une altération du système neurophysiologique due à la prise d'un psychotrope. Dès lors, l'examen des temps de réaction simple fut ajouté à la note R.

A cette époque, avec l'accord de l'auteur, afin d'en réduire le poids, l'encombrement et le coût, et conjointement avec l'insertion du programme des temps de réaction simple, le RCB (photos 35 et 36) sera modifié pour donner ultérieurement le BRCX (photo 40) dont tous les programmes furent entièrement automatisés.

7. La notion d'étalonnage

La note qu'un sujet obtient à un test, appelée « note brute », représente la « production » de ce sujet à l'épreuve qui lui a été proposée mais ne permet pas de situer la valeur de cette production par rapport à ce que l'ensemble des sujets est capable de produire; il faut pour cela connaître, outre le résultat individuel, la distribution des résultats au test de l'ensemble des sujets, ce qui nécessite l'utilisation d'un graphique à deux dimensions (histogramme) où figurent à la fois l'ensemble des notes brutes possibles et les effectifs du groupe de référence ayant obtenu chacune de ces notes brutes.

Ces histogrammes sont peu maniables et particuliers à chacun des tests ; on cherche donc à établir des systèmes de conversion linéaires et universels, ce sont les étalonnages. Cette transformation linéaire d'un schéma bidimensionnel n'est possible que s'il existe entre les deux dimensions un lien défini, c'est-à-dire si la distribution appartient à un type connu : rectangulaire, courbe de Poisson, courbe de Gauss..., parmi ceux-ci le type gaussien dit «normal» est le plus commode; deux paramètres : la moyenne m et l'écart type σ (à l'abscisse du point d'inflexion) suffisent à définir chaque courbe de Gauss; l'équation générale de ces courbes est telle que dans tous les cas 34,2 % des sujets se placent entre (m) et (m + σ), 13,5 % entre (m + σ) et (m + 2 σ) et 2,3 % au-dessus de (m + 2 σ).

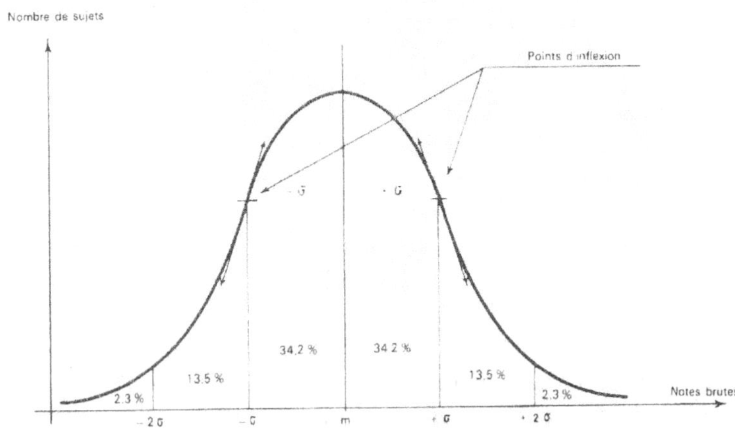

13

A partir de ces données il est facile de déterminer des « classes normalisées ». Ces classes normalisées correspondent aux effectifs inégaux que déterminent sur une courbe de Gauss des fractions égales de son écart-type σ et procèdent à un regroupement des notes brutes. Les classes normalisées les plus couramment utilisées sont les suivantes : 5 classes normalisées (répartition à partir de σ), 7 classes normalisées (répartition à partir de 2/3 σ), 9 classes normalisées (répartition à partir de 1/2 σ).

Notes en 9 classes	1	2	3	4	5	6	7	8	9
Notes en tétrons	1-2-3	4-5	6-7	8-9	10-11	12-13	14-15	16-17	18-19-20

Pour plus de précision les notes IPO, Pet R sont obtenues au moyen de barèmes, à partir des résultats bruts dans chaque épreuve. Elles ont été standardisées sur une population très importante dans une échelle basée sur une moyenne égale à 10. Chaque point de part et d'autre de cette moyenne correspond à 1/4 de l'écart type σ (tétronage). Ces notes en tétrons sont pratiquement le double des notes en 9 classes normalisées et les équivalences sont les suivantes:

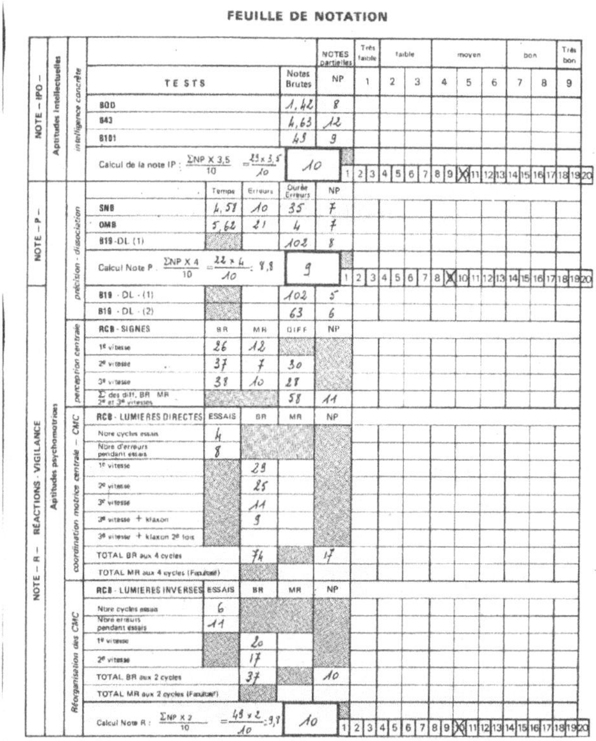
FEUILLE DE NOTATION

Section	TESTS			Notes Brutes	NP (NOTES partielles)
NOTE – IPO – / Aptitudes intellectuelles / intelligence concrète	BOD			1,42	8
	B43			4,63	12
	B101			43	9
	Calcul de la note IP : $\frac{\Sigma NP \times 3,5}{10} = \frac{25 \times 3,5}{10}$				10
NOTE – P – / précision - dissociation		Temps	Erreurs	Durée Erreurs	NP
	SNB	4,58	10	35	7
	OMB	5,62	21	4	7
	B19-DL (1)			102	8
	Calcul Note P : $\frac{\Sigma NP \times 4}{10} = \frac{22 \times 4}{10} = 8,8$				9
NOTE – R – RÉACTIONS · VIGILANCE / Aptitudes psychomotrices	B19 · DL · (1)			102	5
	B19 · DL · (2)			63	6
perception centrale	RCB - SIGNES	BR	MR	DIFF	NP
	1ᵉ vitesse	26	12		
	2ᵉ vitesse	37	7	30	
	3ᵉ vitesse	38	10	28	
	Σ des diff. BR MR 2ᵉ et 3ᵉ vitesses			58	11
coordination motrice centrale – CMC	RCB - LUMIERES DIRECTES	ESSAIS	BR	MR	NP
	Nbre cycles essais	4			
	Nbre d'erreurs pendant essais	8			
	1ᵉ vitesse		29		
	2ᵉ vitesse		25		
	3ᵉ vitesse		11		
	3ᵉ vitesse + klaxon		9		
	3ᵉ vitesse + klaxon 2ᵉ fois				
	TOTAL BR aux 4 cycles		74		17
	TOTAL MR aux 4 cycles (Facultatif)				
Réorganisation des CMC	RCB - LUMIERES INVERSES	ESSAIS	BR	MR	NP
	Nbre cycles essais	6			
	Nbre erreurs pendant essais	11			
	1ᵉ vitesse		20		
	2ᵉ vitesse		17		
	TOTAL BR aux 2 cycles		37		10
	TOTAL MR aux 2 cycles (Facultatif)				
	Calcul Note R : $\frac{\Sigma NP \times 2}{10} = \frac{49 \times 2}{10} = 9,8$				10

Échelle : Très faible 1 · faible 2 3 · moyen 4 5 6 · bon 7 8 · Très bon 9 ; cases 1 à 20 (IP : 10 coché ; P : 9 coché ; R : 10 coché)

Observations :

Exemple :

— *Bon équilibre psychomoteur.*

— *Apte pour le poste de... cariste.*

8. L'examen de la personnalité et du caractère

Les tests pour l'investigation de la personnalité et du caractère ne sont utilisés que dans des situations particulières.

Quelques cas « exceptionnels » de fréquemment accidentés peuvent être rencontrés chez certains sujets et doivent faire l'objet d'examen plus complet de la personnalité. En général, il n'apparaît pas que les accidentés se distinguent par une personnalité de tendance pathologique. Leurs réponses aux épreuves dites de personnalité (tests projectifs, questionnaires. inventaires) ne le font pas apparaître. Ces épreuves n'ont donc pas leur place dans les examens systématiques pour les postes de sécurité. Par contre, si l'enquête biographique apporte des indications intéressantes, l'étude du comportement du sujet pendant le passage des tests de la batterie factorielle de sécurité Bonnardel reste la plus significative quant à son caractère et son comportement futur.

9. La sécurité et la formation professionnelle

Dans les écoles de formation des conducteurs en France, le nombre de candidats éliminés en cours d'instruction était en moyenne de 20 %. Ce pourcentage a diminué rapidement pour atteindre moins de 4 % après examen psychométrique des capacités des élèves lors de l'admission. Parallèlement, un raccourcissement de la durée moyenne d'apprentissage d'environ 15 jours a été obtenu. La diminution de la proportion d'échecs à l'issue des cours d'instruction par un meilleur choix des candidats est un résultat très positif. L'action complémentaire de la formation visera à agir sur les attitudes appelées à suppléer les faibles insuffisances des capacités des futurs conducteurs en stage de formation.

10. Un exemple d'obtention d'une note avec trois tests :

Note IPO, d'intelligence pratique.

Un exemple d'utilisation de plusieurs tests pour l'obtention d'une note factorielle étalonnée concernant le facteur d'intelligence concrète pour des postes de travail liés à la sécurité (IPS). 3 tests : B101 (raisonnement + spatial), B43 (structuration spatiale + raisonnement), BOD (compréhension technique).

Test d'intelligence B101. Reconstitution de 16 figures : 6 avec 4 cubes, 4 avec 9 cubes, 6 avec 16 cubes. (Temps maximum 10 minutes)

Consignes : le sujet est assis devant la table, le psychologue étant en face de lui. Les cubes sont placés· en trois groupes devant le sujet (faces rouge et blanche dessus).

Photo 41

« Je vais vous demander le petit travail suivant : voici trois groupes de cubes, ceux-ci ont une face blanche, ceux-ci ont une face rouge et ceux-ci une face moitié blanche, moitié rouge. Avec tous ces cubes mis à votre disposition vous allez reproduire les dessins que je vous présenterai successivement ».

Faire en démonstration le premier dessin de 4 cubes en disant : « Vous voyez par exemple que pour reproduire ce dessin avec 4 cubes j'en prends un blanc mis comme ceci, un autre blanc mis comme cela, et deux, moitié rouge moitié blanc que je place ici. Vous voyez, c'est bien identique au modèle (laisser dix secondes d'observation). Avez-vous bien compris ? ».

Faire de la même façon le deuxième dessin, puis le troisième en laissant au sujet le temps de bien voir comment il faut procéder, puis remettre les cubes ayant servi à la démonstration dans leur groupe respectif. « Quand vous aurez terminé un dessin vous n'êtes pas obligé de reclasser les cubes en trois groupes avant de passer au dessin suivant, vous pouvez les laisser mélangés.

Vous travaillerez le plus rapidement possible. Commencez ».

Déclencher le chronomètre.

Dès qu'un modèle est reproduit, présenter rapidement le suivant sans aucun temps mort. Noter le temps à chaque changement de figure (sans arrêter le chronomètre) de façon à pouvoir respecter le temps-limite de présentation de chacune indiqué sur les pages du carnet. Lorsqu'on arrive aux modèles à 9 cubes : « Le dessin est maintenant agrandi, il faut 3 cubes de chaque côté, 9 en tout pour le réaliser ». Lorsqu'on arrive aux modèles à 16 cubes : « Le dessin est encore agrandi, il faut 4 cubes de chaque côté, 16 en tout pour le réaliser ». Après 10 minutes : « L'épreuve est terminée, vous pouvez arrêter ».

Interventions : ne pas intervenir tant que le sujet n'a pas terminé la reproduction du dessin. Si, lorsqu'il a terminé, un ou plusieurs cubes sont mal placés, lui dire : « Ce n'est pas tout à fait cela. Regardez bien le dessin ». Ne donner aucune autre indication : le sujet doit rectifier de lui-même son erreur avant que le dessin suivant lui soit présenté (respecter le temps limite de présentation du dessin). Relever le résultat sur la feuille de notation BSB-F. Au moyen du barème IP, indiquer dans la colonne NP la note correspondante.

Notation : si le temps d'exécution est inférieur à 10 minutes, noter le temps total. Si le temps d'exécution est égal à 10 minutes, noter le nombre total de cubes bien placés. Un temps limite est alloué pour chaque figure suivant sa difficulté. Ce temps limite est indiqué sur chaque page du carnet de présentation (B101-I). Lorsque ce temps limite est atteint, passer au modèle suivant après avoir compté les cubes correctement placés (il faut au moins 2 cubes bien placés côte à côte pour qu'il en soit tenu compte).

Remarque : lorsque le candidat à un poste de sécurité obtient un résultat au test B101 égal ou supérieur au rang 4 de l'étalonnage en 9 classes normalisées, il n'est pas indispensable de lui faire passer les 2 autres tests (B43 - BOD) de la note IPS. Dans ce cas, seul le résultat à ce test est retenu et noté sur la feuille BSB-F.

Dans le cas particulier de certaines populations où le candidat à un poste de sécurité pourrait être désavantagé par l'utilisation d'une seule épreuve, ou lorsque le résultat à ce test est inférieur au rang 4, il est recommandé de confirmer ou d'infirmer ce faible résultat par une « Note IPS » complète. Cette note est déterminée par les résultats obtenus aux 3 tests B101 - B43 - BOD. Dans ce cas, seul, ce résultat global sera retenu mais l'analyse des trois notes spécifiques (B101 - B43 - BOD) sera un élément supplémentaire pour établir le pronostic définitif.

Test de structuration spatiale - B43

Reconstitution de 10 figures comportant chacune 4 pièces. Au total : 10 figures de 4 pièces = 40 pièces. (Temps total maximum : 10 minutes).

Consignes : le sujet est assis devant la table, le psychologue étant en face de lui.

Photo 42

Les 10 modèles sont alignés de gauche à droite devant le sujet. Les pièces de bois sont mélangées, toutes ayant la face peinte en rouge au-dessus, et sont disposées entre le sujet et la série de modèles.

« Avec toutes ces pièces (les montrer) vous allez reproduire les 10 dessins qui sont devant vous. Ces dessins forment tous un carré et il faut toujours 4 pièces par dessin. Regardez comment il faut faire ». (Reproduire sans hâte un carré, laisser dix secondes d'observation, puis mélanger toutes les pièces). « Quand vous avez reconstitué un dessin vous le placez au-dessous de son modèle. Vous pouvez commencer par n'importe quel dessin, et si vous n'arrivez pas à terminer vous pouvez aussi passer à un autre dessin. Travaillez le plus vite possible. Vous êtes prêt ... commencez ».

Déclencher le chronomètre au début du travail. L'arrêter lorsque le dernier modèle est reproduit ou après 10 minutes : « L'épreuve est terminée... Arrêtez ».

Interventions : si le sujet place des pièces sens dessus-dessous : « Non, la face peinte doit toujours être au-dessus ». Si le sujet veut réutiliser une pièce déjà employée, la remettre en place : « Non, chaque pièce ne doit servir qu'une seule fois, ce modèle-là (le désigner) est déjà terminé ». Si le sujet enlève une pièce correctement placée : « Non, celle-là était bien ». Si le sujet reproduit un modèle avec des pièces appartenant à un autre dessin, ou assemble les pièces d'un même dessin d'une façon différente du modèle : « Non, cela ne va pas, l'assemblage n'est pas identique au modèle ». Si le sujet pose les pièces sur les modèles : « Vous devez reproduire les dessins au-dessous de leur modèle ».

Relever le résultat sur la feuille de notations BSB-F. Au moyen du barème IP, indiquer dans la colonne NP la note correspondante.

Notation : si le temps d'exécution < 10 minutes, noter le temps d'exécution total. Si le temps d'exécution = 10 minutes, noter le nombre total de pièces bien placées.

Test des Disques (raisonnement et compréhension techniques) - BOD
Replacer 10 disques en un temps donné. Temps total maximum : 5 minutes.

Consignes : le sujet est assis devant la table, le psychologue étant en face de lui.

Photo 43

Les deux plaques garnies des disques sont placées bout à bout devant le sujet (sens indifférent). Le psychologue retire les disques sans les retourner, les place entre le sujet et les plaques, les mélange en disant : « Vous allez remettre tous ces disques à leur place dans l'ordre que vous voudrez mais le plus vite possible. Vous êtes prêt ... Commencez ».

Déclencher le chronomètre au début du travail. L'arrêter lorsque le dernier disque est placé, ou après 5 minutes : « Merci, votre travail est terminé ».

Interventions : si le sujet retourne un disque, lui rappeler : « Vous ne devez pas le retourner ». Au moyen du barème IP, indiquer dans la colonne NP la note correspondante.

Notation : si le temps d'exécution < 5 minutes, noter le temps d'exécution total. Si le temps d'exécution = 5 minutes, noter le nombre total de disques bien placés.

Obtention de la note IPS

Somme des 3 notes partielles x (3,5 ÷10) (arrondie à l'unité la plus proche)
B101.....................résultat (49)..................Note partielle........9
B43......................résultat 4,6....................Note partielle 12
BOD disques...........résultat 1,42..................Note partielle........8
Total des 3 notes partielles...29
NOTE IPS = 29 x (3,5 ÷ 10) = 10,15 arrondie à 10 donc IPS = 10

Documents statistiques

Ci-dessous le barème pour obtenir la note IP, les temps sont en minutes et fractions décimales. Les nombres de pièces sont indiqués entre parenthèses.

Notes partielles NP	Disques	B43	B101	Notes partielles NP
0	(4.5)	(8.5)	(8.5)	0
1	(6.5)	(12.5)	(12.5)	1
2	(8.5)	(17.5)	(16.5)	2
3	4'30	(22.5)	(20.5)	3
4	3'20	(27.5)	(24.5)	4
5	2'40	(33.5)	(29.5)	5
6	1'90	9'7	(35.5)	6
7	1'53	8'1	(41.5)	7
8	1'26	6'9	(48.5)	8
9	1'06	6'	(57.5)	9
10	0'90	5'3	(66.5)	10
11	0'77	4'7	(76.5)	11
12	0'67	4'2	(86.5)	12
13	0'60	3'8	(96.5)	13
14		3'5	(108.5)	14
15		3'2	(117.5)	15
16		2'9	(128.5)	16
17		2'6	(139.5)	17
18		2'3	(150.5)	18
19		2'1	9'6	19
20		1'9	8'9	20
21		1'8	8'2	21
22			7'5	22
23			6'8	23
24				24

NOTATION – BSB –

NOTE – IPO – / Aptitudes Intellectuelles / Intelligence concrète

TESTS	Résultats	NOTES partielles NP	Très faible 1	faible 2	faible 3	moyen 4	moyen 5	moyen 6	bon 7	bon 8	Très bon 9
B101 - Intelligence concrète	49	9									
B43 - Représentation spatiale	4,63	12									
BOD - Intelligence pratique	1,42	8									

Calcul de la note IP : $\frac{\Sigma NP \times 3,5}{10} = \frac{29 \times 3,5}{10}$ = 10

1 2 3 4 5 6 7 8 9 10 11 12 13 14 15 16 17 18 19 20

DT | NE | DTE | NP

Chapitre 3

Historique des tests du domaine des réactions psychomotrices - D –

Les tests du domaine des réactions psychomotrices évaluent, pour certains, uniquement les performances liées à la rapidité de la réponse et, pour les autres, l'attention à partir de l'exactitude de la réponse, donnant ainsi la possibilité d'évaluer la vigilance. Ce domaine rassemble les tests suivants :

- Le test des temps de réaction simple et le test des temps de réaction de choix,
- Les tests d'Attention Diffusée et d'Attention Concentrée de Lahy,
- Le test des Réactions Complexes de Bonnardel.

La rapidité des temps de réactions psychomotrices d'un sujet est obtenue par la mesure de ses réponses données, soit à un seul stimulus (temps de réaction simple), soit à différents stimuli (temps de réaction de choix). Ces mesures peuvent donner lieu à une analyse quantitative ou qualitative.

L'analyse quantitative est réalisée à partir des résultats du temps mis pour répondre à un seul stimulus, auditif ou visuel, présenté une trentaine de fois.

Le test utilisé pour cet examen est souvent dénommé « Chronoscope », il élimine au maximum l'aspect cognitif (compréhension) pour ne laisser place qu'à l'aspect réflexe.

Le test des temps de réaction à différents stimuli est dénommé « test des temps de réaction de choix » et permet l'analyse de la rapidité des bonnes réponses (analyse quantitative), mais surtout celle de l'exactitude des réponses, c'est-à-dire la qualité de la réponse.

Les tests d'attention permettent l'évaluation de la « vigilance » par l'analyse qualitative des résultats d'un candidat, c'est-à-dire en tenant compte des réponses justes qu'il a données à des stimuli précis présentés aléatoirement. La surveillance exercée de façon attentive et continue lors de cet examen est un facteur de réussite dans toutes les épreuves de performance. Elle est naturellement sensible à la fatigue et à la monotonie.

Les tests, d'Attention Diffusée de Lahy, d'Attention Concentrée de Lahy, des Réactions Complexes de Bonnardel, sont les tests utilisés pour l'examen de la vigilance.

1. Historique du test des temps de réaction simple (Chronoscope)

Auteur : d'Arsonval.
Producteurs : Boulitte - EAP - Dufour.
Création et diffusion : 1890 – 2014 – Sigle CCRS ---tu (Z).
Domaine psychologique : réactions psychomotrices.

Bibliographie.
L'Année Psychologique : 1913-vol20 ; 1924, vol. 25.

Revue biotypologie 1938.
Le Travail Humain 1938 n°3 ; 1932 n°1 ; 1935 n°1 ; 1936 (B) n°1.
Fraisse, Piaget, Traité de Psychologie Expérimentale, tome II.
Simonnet R, Guyot D, 2008, *Un siècle de psychométrie et de psychologie,* p.33, Paris, L'Harmattan.

Descriptif : la mesure des temps de réaction simple, réalisée au centième de seconde, dont les valeurs moyennes se situent entre 18 et 20 centièmes de seconde pour les stimuli visuels et 13 et 15 centièmes de seconde pour les stimuli auditifs, a occupé une place importante en raison de sa signification pour l'étude des réflexes psychomoteurs et la détermination de leurs caractéristiques, rapidité, régularité, fatigabilité, mais aussi l'alcoolémie qu'il est souvent indispensable de déceler.

En 1925, lors de l'utilisation du Chronoscope (temps de réaction simple), sur une population importante, deux types de courbe de Gauss, l'une régulière, l'autre présentant plusieurs sommets, furent constatés. Ce type de courbe irrégulière obtenu, avec des épreuves identiques, dans le laboratoire de prophylaxie mentale, mit en évidence des états pathologiques avérés.

Si des études ont démontré depuis qu'il n'existait aucune corrélation entre de bons résultats au Chronoscope et l'accident lors de la conduite automobile, d'autres, en 1984, mirent en évidence l'intérêt de cet examen dans certains cas. A cette époque, une recrudescence du nombre d'accidents fut enregistrée chez des conducteurs qui avaient réussi l'examen de « sécurité Bonnardel ». Les recherches mirent en évidence que ces accidents survenaient sur une population où la prise de neuroleptiques était évidente au moment de l'accident.

Après enquête, les psychologues découvrirent qu'au moment de l'examen d'embauche, ces accidentés s'abstenaient de toute prise de neuroleptiques plusieurs jours avant l'examen, afin de pouvoir le réussir. Après la réussite à l'examen, quelque temps après l'embauche, la reprise, par habitude de ces produits eut lieu, et l'accident s'ensuivit, très souvent dans des délais très courts.

Les recherches sur cette population d'accidentés avec un Chronoscope permirent de démontrer qu'une moyenne des deux mesures (temps de réaction à des stimuli visuels et à des stimuli sonores), supérieure d'un écart-type et plus à la moyenne de cette même population, était due, très souvent, à l'influence d'un neuroleptique qui était la cause de l'accident. A compter de cette date l'examen des temps de réaction simple fut ajouté aux tests de la batterie « Sécurité Bonnardel », comprenant entre autres le test des Réactions Complexes (RCB).

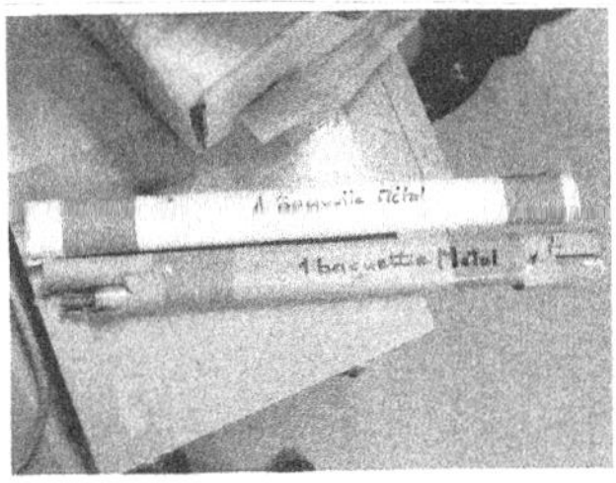

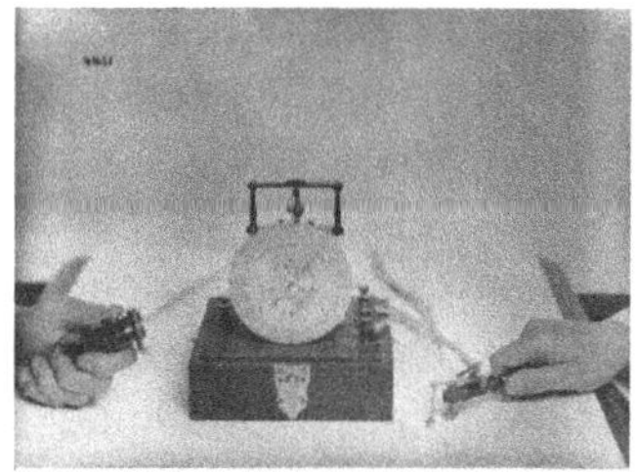

Photo 44 (1900) **Photo 45** (1910)

1900 (BOULITTE) (Photo 44)

La « baguette de réaction » est constituée par un bâton cylindrique de 2cm de diamètre, gradué en 1/100 de seconde, d'après la loi de l'accélération de la pesanteur, sur une longueur de 80 cm. La graduation croît de 0,40m par nombre pair : (10=10/100 de seconde – 40=40/100 de seconde). Etant donné que l'ordre de grandeur moyen de la réaction depuis la perception visuelle de la chute est de 0,20m, soit 20/100, un exercice très simple va permettre de déterminer la rapidité moyenne des réactions du sujet.

Elle mesure les temps des réactions à des excitations visuelles.

1910 (BOULITTE) (Photo 45)

Ce Chronoscope mesure les temps de réaction à des excitations sonores. L'examinateur, à droite sur la photo, frappe sur la table avec un maillet qui, relié a l'appareil, déclenche la mise en fonctionnement de l'aiguille. Le candidat, à gauche sur la photo, doit répondre le plus rapidement possible en appuyant sur le bouton de la presselle qu'il tient dans la main.

1912 (BOULITTE) (Photo 46)

Un cas précis d'examen des temps de réactions auditifs. Le sujet, en arrière-plan, est dans la partie sombre de la pièce de façon à lui éviter toutes distractions.

L'examinateur frappe avec son maillet sur le bureau, le sujet doit répondre le plus rapidement possible. L'examinateur note le temps de la réaction indiqué par l'aiguille du chronoscope. Les stimuli ne sont pas encore automatisés.

Photo 46 (1912)

Photo 47 (1917)

1917 (BOULITTE) (Photo 47)

Ce Chronoscope mécanique est doté d'un carter métallique. L'utilisation est individuelle, le candidat répond, dans le cas précis, avec la main à 32 stimuli auditifs qui ne sont pas automatisés. L'oreille ayant perçu le son, le nerf acoustique transmet au cerveau l'information qui, après analyse, donne l'ordre à la main d'appuyer sur la presselle. Même si, à certaines époques, l'intérêt d'une utilisation systématique du test des temps de réaction a diminué, il s'est toujours trouvé des problèmes psychologiques qui ont trouvé ce test pour les résoudre.

1919 (BOULITTE) (Photo 48)

Premier Chronoscope dont les stimuli sont distribués automatiquement. On aperçoit, sous le cadran, un système mécanique assez complexe, qui libère l'opérateur de frapper sur la table avec un maillet et qui déclenche un son qui est répété plusieurs fois à des intervalles bien précis. A cette époque, les stimuli étaient toujours sonores, les stimuli visuels ne sont apparus qu'ultérieurement.

Photo 48 (1919)

Photo 49 (1923)

1923 (GUYOT) (Photo 49)

A la suite de la présentation automatique des stimuli, la fiabilité de plus en plus importante des enregistreurs a permis leur utilisation pour l'enregistrement des temps des réactions du sujet. On aperçoit, sur la gauche de l'appareil, la bande de papier de l'enregistreur, sur laquelle s'inscriront les temps des réactions.

Photo 50 (1927) **Photo 51** (1934)

1927 (EAP) (Photo 50)

L'un des premiers Chronoscopes électromécaniques, avec lequel il est possible de présenter des stimuli sonores et visuels. Le candidat répond avec sa main à 32 stimuli soit visuels, soit auditifs. Ce test est incomplet, il devait, à l'époque, posséder un boîtier, sur lequel se trouvait un cadran composé d'une aiguille, comme la photo 52, pour pouvoir lire le temps de la réponse.

1934 (EAP) (Photo 51)

Le temps de réaction est le délai minimum d'une réponse volontaire déterminée par rapport à un stimulus donné. Ce temps intervient nécessairement dans tous les processus physiologiques mis en jeu dans les fonctions supérieures aussi bien que dans tous les processus physiologiques ou plus purement psychiques, et ceci d'autant plus qu'ils sont plus complexes. Le test comporte un cadran pour la lecture du temps de la réponse.

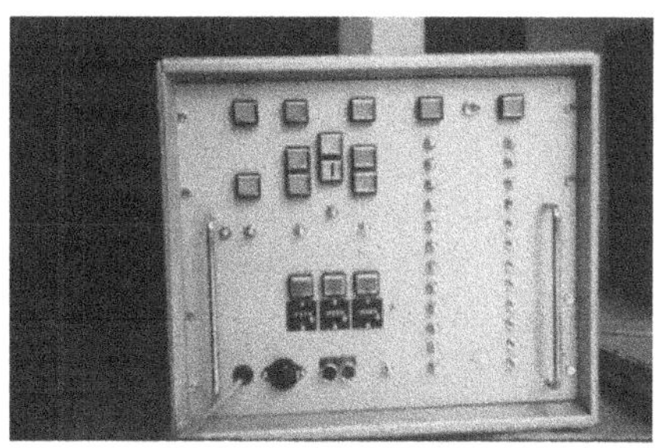

Photo 52 (1961) **Photo 53** (1963)

1961 (EAP) (photo 52)

Premier Chronoscope électronique. Le temps de la réponse est lu, en centièmes de seconde, sur deux rangées de voyants lumineux, sur lesquels sont inscrits les chiffres de 0 à 9.

1963 (EAP) (photo 53)

L'électronique permet de regrouper tous les accessoires, son et lumière, dans l'appareil, sauf la presselle et la pédale pour les réponses. L'électronique a donné la possibilité au psychologue d'utiliser, pour la réponse, soit la main, soit le pied, dans l'examen des temps de réaction.

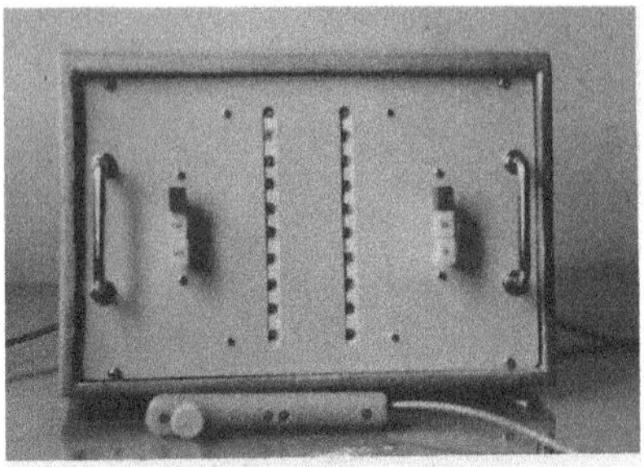

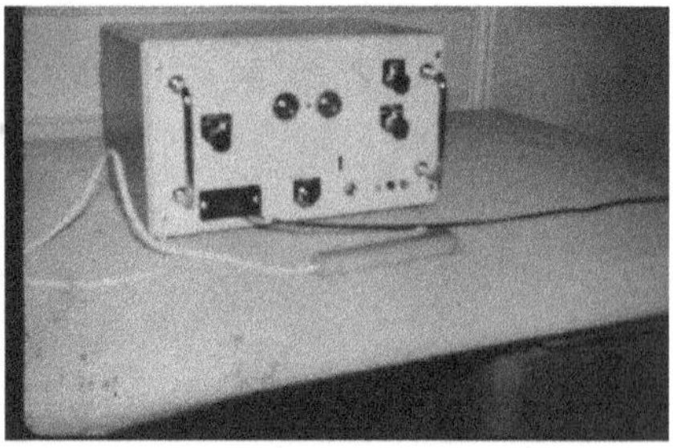

Photo 54 (1965) **Photo 55** (1967)

1965 (EAP) (Photo 54)

Les progrès de la technique électronique évoluent très rapidement. Ils permettent de simplifier l'utilisation des appareils en réduisant le nombre de boutons nécessaires aux manipulations. A cet aspect esthétique s'ajoute la diminution du poids et de l'encombrement qui facilite leur utilisation.

1965 (EAP) (Photo 55)

L'électronique permet de réduire les tests en volume. La lecture a lieu à l'aide de chiffres. Le programme de ce test, depuis 1932, se compose de 32 stimuli, dont 30 étalonnés (élimination des 2 réponses les plus longues), alors qu'auparavant les stimuli étaient distribués selon la loi du hasard dans un intervalle entre 2 et 4 secondes.

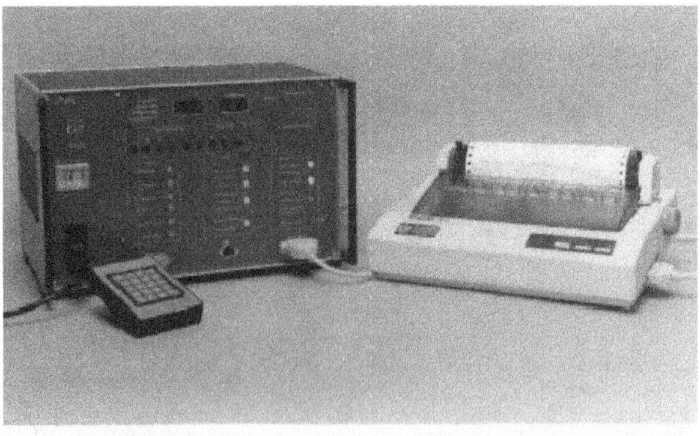

POLYREACTIOGRAPHE - PRG - (Face opérateur)

Photo 56 (1971)

1971 (EAP) (Photo 56)

Le multi-test Polyractiographe (PRG) rassemble, grâce à l'électronique des microprocesseurs, dans des logiciels, tous les programmes des tests : des temps de réaction (Chronoscopes), des Réactions Complexes de Bonnardel, et des tests d'Attention de Lahy.

Etudes du test des temps de réaction simple

Les épreuves de réaction sont parmi les plus anciennes utilisées dans les laboratoires de recherche en psychologie. Elles n'ont pas tardé à être pratiquées dans le cadre des examens de psychométrie et plus particulièrement dans celui des examens de prévention appelés aussi « examens de sécurité ». Comme toutes les épreuves mimétiques, elles jouissent d'un préjugé favorable auprès du public, mais aussi auprès des conducteurs qui aiment être rassurés sur la promptitude de leurs réactions, de leurs réflexes. Il est nécessaire de distinguer, parmi ces types d'épreuves de réaction, presque universellement et peut-être aveuglément employées, celles qui donnent des indications valables de celles qui n'en donnent pas.

On distingue classiquement la réaction simple de la réaction de choix : dans la première, le candidat donne toujours la même réponse à un stimulus unique qui lui apparaît dans des conditions extérieures identiques (réaction de type X) ; dans la seconde, le candidat doit distinguer deux ou trois stimuli et donner pour chacun la réaction préalablement convenue (réaction de type Y). La réaction de choix disjonctive consiste à ne répondre qu'à un seul des deux ou trois stimuli par l'unique réaction convenue (réaction de type Z).

Lors de nombreuses expériences, il est apparu que la réaction de choix était autre chose que la somme des réactions simples. Ces deux types de réaction diffèrent fondamentalement. C'est surtout le temps de réaction qui est étudié dans le test de la réaction simple, tandis que, dans le test de la réaction de choix, les études portent sur le temps et sur les erreurs.

Inconstance du temps de réaction simple

Le temps de réaction simple est loin d'être une constante, et varie en fonction des techniques de passation (visuelle, auditive, tactile (au choc électrique ou à l'aiguille), à la douleur (d'une piqûre, mais aussi en fonction de la partie du corps chargée de la réponse. Quant à l'intensité du stimulus, le temps de réaction visuel se stabilise en utilisant une source qui est identique à celle de l'ampoule électrique classique, et pour le signal sonore celui d'un son qui varie autour de 800 pps. Il a donc été décidé à cette époque que, pour être valide, la réponse au test devait être exécutée par la main, à une suite de 32 stimuli, dont 30 standardisés, qui ne pouvaient être que, soit visuels, soit auditifs. Les temps moyens de réponse sont de 18 centièmes de seconde pour les stimuli visuels (lumière) et de 14 centièmes de seconde pour les stimuli auditifs (son).

Sur un groupe de 336 candidats à un poste de conduite de véhicules ou d'engins de manutention, Bonnardel (1957) a calculé la liaison entre la rapidité et la dispersion des temps de réaction simple à des stimuli auditifs d'une part, visuels d'autre part : il a trouvé une corrélation de .72 pour la rapidité (médiane) et de .50 pour la dispersion (somme des écarts à la médiane). Le coefficient de corrélation calculé était l'ennéachorique de Coumetou.

Validité de la rapidité du temps de réaction simple

La rapidité du temps de réaction a été considérée comme valeur consultative par Lahy. Les candidats dont la moyenne était égale ou supérieure à 21 centièmes de seconde au temps de réaction auditif étaient éliminés si leur lenteur de réaction n'était pas compensée par une supériorité très affirmée dans un autre test.

La rapidité des temps de réaction simple ne peut pas être considérée comme une qualité intrinsèque du bon conducteur. Il a été démontré (Lahy et Korngold, 1934) que, lorsque la grande rapidité du temps de réaction est associée à une intelligence suffisante, à un degré élevé des fonctions mnémoniques, à une grande capacité d'Attention Diffusée, à une grande rapidité de perception, à une coordination motrice aisée, elle contribue à rehausser encore la supériorité professionnelle de l'individu. Mais lorsqu'une ou plusieurs de ces aptitudes se trouvent à un niveau inférieur, lorsque les perceptions informatives s'élaborent trop lentement, lorsque les centres coordinateurs enregistrent insuffisamment les associations évoquées par ces perceptions, lorsque les associations de critique et de contrôle fonctionnent mal, alors la capacité des centres corticaux moteurs à se mettre en action rapidement ne constitue pas un avantage mais au contraire une infériorité préjudiciable au travail. Cette étude statistique recoupe une autre étude clinique qui a identifié dans le groupe de blessés un lot de sujets précipités et instables (Lahy et Korngold ,1936).

La rapidité de réaction, quand elle est utilisée comme variable quantitative et continue, n'est pas valide, mais la régularité de réaction donne des indices de validité moins négatifs que ceux de la rapidité, sans pour autant donner des résultats significatifs.

Validité de la régularité du temps de réaction simple

Lahy (1927), pionner de la psychotechnique et de la psychométrie, précisait : «Ayant comparé les temps de réaction de machinistes de tramways et ceux que l'on obtenait au service de prophylaxie mentale sur les malades, nous avons remarqué qu'un type de réactions qui se caractérise par une irrégularité particulière de la courbe de fréquence et se rencontre presque toujours chez les psychopathes se retrouve chez des candidats reconnus inaptes au travail professionnel de machiniste ». La question qui se pose est de savoir si un certain nombre de sujets inaptes au travail professionnel ne présentent pas des anomalies psychopathiques.

Pour Lahy, en plus de ce rôle de dépistage, la régularité du temps de la réaction simple permettait de classer les candidats. Il avait obtenu sur une population de 50 conducteurs de tramways une validité de .35 (rho de Spearman). Ce coefficient qui diffère très significativement de zéro (au seuil de P=.01) en prouve la possibilité.

A partir de nombreuses études de validation dans ce domaine, plusieurs d'entre elles donnent la possibilité de pouvoir classer les candidats à partir de la régularité des résultats aux temps de réaction simple, même si, paradoxalement, les meilleurs conducteurs avaient des temps de réactions plus dispersés que les moins bons conducteurs. On peut donc porter au crédit de la régularité de réaction que les indices de validité sont moins fréquemment négatifs que ceux de la rapidité, sans pour autant pouvoir tirer des renseignements sérieux d'une mesure qui ne donne de résultats significatifs qu'une fois sur quatre expériences.

2. Historique du test des temps de réaction de choix
Auteur : D. Guyot.
Producteur : Ets d'applications psychotechniques (EAP).
Création et diffusion : 1939 - 2000 ---Sigle : CCRX tu (Z).
Domaine psychologique : réactions psychomotrices.

Bibliographie.
Simonnet R, Guyot D, 2008, *Un siècle de psychologie et de psychométrie,* p.33, Paris, L'Harmattan.

Descriptif : Le test à temps de réaction de choix dispose de trois programmes comportant :
Trois stimuli visuels (lumières, trois couleurs) provenant d'une même source
Trois stimuli, identiques aux précédents, mais provenant de trois sources différentes (trois plots lumineux disposés en triangle)
Trois stimuli auditifs (sonores, trois sons).

Trois réponses possibles avec deux presselles (main droite, main gauche, les deux mains) ou en option avec deux pédales, (pied droit, pied gauche, deux pieds). Les erreurs sont comptabilisées, seules les bonnes réponses sont significatives. Les étalonnages originaux portent sur 448 adultes « tout- venant » de la région parisienne. Ce test a été plus particulièrement utilisé pour l'étude des risques d'accidents dans certaines activités professionnelles autres que la conduite de véhicules.

Photo 57 (1962)

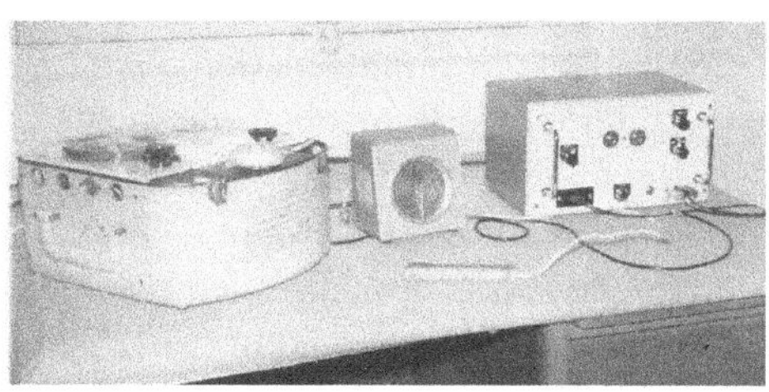
Photo 58 (1970)

1962 (EAP) (Photo 57)
Le test des temps de réaction de choix, électronique, contrairement au test des temps de réaction simple, dispose de plusieurs stimuli bien déterminés et plusieurs réponses possibles (2 presselles ou 2 pédales) fixées à l'avance. La mesure est effectuée au 1/100 de seconde. Le test se compose de 32 excitations

soit visuelles, soit auditives. Les temps de la réaction sont affichés sur des tubes à lecture directe.

1970 (EAP) (Photo 58)

Sur la photo 58, est présenté un test de temps de réaction de choix et phonique. Il permet la mesure des temps de réaction à des stimuli parlés. Le comptage est déclenché par chaque stimulus capté par le magnétophone.

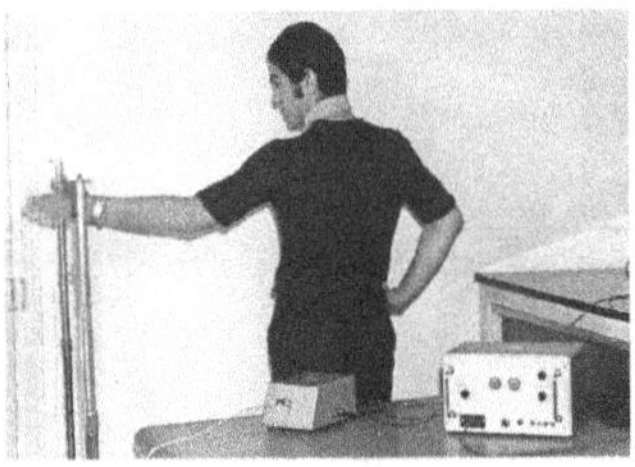

Photo 59 (1976)

1976 (EAP) (photo 59)

Le temps de réaction est obtenu à partir d'une clé optique lumineuse qui, à l'aide d'une cellule photoélectrique à rupture de faisceau lumineux, permet de commander le déclenchement de l'appareil.

Etudes du test des temps de réaction de choix

La prise en compte de la rapidité et de l'exactitude de la réponse, c'est-à-dire de la réaction du sujet aux divers stimuli, peut avoir lieu de diverses façons classées en « test B » et « test C ».

Cas du test B : réagir à la lumière rouge avec la main droite et à la lumière bleue avec la main gauche ; il y a dans ce cas discrimination entre les stimuli et choix entre les réactions.

Cas du test C : réagir à la lumière rouge avec la main droite, mais ne pas réagir à aucune autre couleur. Il y a un choix entre mouvement et non-mouvement, c'est une réaction disjonctive.

Le temps de la réaction augmente avec le nombre d'éventualités et avec la similitude des stimuli. En général, la réaction au test B est toujours un peu plus lente que celle du test C. Les choix, dans un test, peuvent diminuer le temps moyen de la réaction, mais le temps minimum de la réaction est toujours atteint avec un test dont le nombre de stimuli est faible, c'est-à-dire lorsque les éventualités sont peu nombreuses. Woodworth (1949) rapporte les moyennes suivantes pour des stimuli visuels :

Réaction simple..187 ms
Réaction de choix (2 éventualités).........................316 ms
Réaction de choix (3 éventualités).........................364 ms
Réaction de choix (6 éventualités).........................532 ms
Réaction de choix (10 éventualités)........................622 ms

Ombredane et Faverge (1955) ont montré que les temps de réponse, lorsque les réponses sont fausses (erreurs), sont en moyenne plus rapides que pour les réponses qui sont exactes. Lahy et Wechsler (1926) ont constaté que, dans une épreuve de réaction de choix, la variable la plus prédictive de l'adaptation à un poste de sécurité n'était pas le temps moyen des réponses, mais l'exactitude des réponses, c'est-à-dire la qualité de la réponse. D'une façon générale, les réponses très rapides ou très lentes sont toujours associées aux personnes les plus accidentées. Lauer (1937) rappelait un fait acquis, mais trop souvent méconnu : Il existe une forte corrélation entre taux d'accidents et exactitude des réponses à un test de réactions de choix, ce qui prouve que la qualité de la réponse est plus importante que la durée (rapidité) de la réponse. Quelques décennies plus tard, les recherches de Bonnardel (1955) étaient concordantes lorsqu'il déclarait : « Pour les conducteurs, l'important n'est pas tant l'extrême rapidité de leurs réactions dans une circonstance imprévue que la qualité de leurs réactions ».

D'autres analyses factorielles permettent de placer les tests de réactions disjonctives de la même façon que les autres tests de réactions de choix, en ce qui concerne la qualité des réponses (bonnes réactions).

En général, un test de réaction de choix (cas B) se compose de 3 stimuli visuels (lumières) et 3 stimuli auditifs (sons) avec, comme réponses conseillées, deux réponses avec les mains et une avec un pied.

Toutes les études réalisées à partir de l'utilisation d'un test de réaction de choix de cas B ont montré que les résultats obtenus permettaient d'ajuster régulièrement les étalonnages des différentes populations afin de rendre le pronostic de la réussite plus manifeste. L'étalonnage de l'exactitude des réponses, restant toujours l'élément le plus valide, est utilisé prioritairement lors des examens à des postes de travail liés aux risques d'accidents.

3. Historique du test d'attention diffusée

Auteur : J.M. Lahy (1872-1943) – Gaston Guyot (1879-1943).
Producteur : Ets d'application psychotechniques (EAP).
Création et diffusion : 1927 – 1980 --- Sigle : AD --- tu(Z).
Domaine psychologique: réactions psychomotrices.

Bibliographie.

Travail Humain 1933-4 ; 1934-1 ; 1936 ; 1938-4.
1948, *Analyse psychologique des chauffeurs de locomotives,* Paris, PUF.
Simonnet R, Guyot D, 2008, *Un siècle de psychologie et de psychométrie,* p.27, Paris, L'Harmattan.

Descriptif : rétrospectivement, un siècle après le début d'une science qui s'appellera psychologie et dont les instruments de mesure furent rassemblés sous le terme de psychotechnique, il est intéressant d'en comprendre les évolutions successives.

A l'origine, alors que la physiologie dominait les recherches, un tournant fut pris, dès 1870, pour prendre en compte la psychologie expérimentale et commencer des recherches. Contrairement aux universités des Etats-Unis, et à celles des pays européens et de Russie, qui se servent de l'animal pour comprendre l'homme et s'inspirent des thèses évolutionnistes, la psychologie expérimentale française s'oriente vers la genèse des capacités individuelles ainsi que des fonctions mentales. C'est dans ce contexte que, quelques années plus tard, Lahy devait aborder le problème de la réduction des accidents dans la plus grande entreprise de transports en commun de la région parisienne. Pour résoudre ce problème, il créa, avec l'aide de Guyot, le test d' « Attention Diffusée » (AD) puis le test d' « Attention Concentrée » (MA), puis, constatant que ces deux tests ne rendaient compte que d'une partie de ce qu'était l'aptitude à la conduite des véhicules, ils les complétèrent par le test du « Tourneur » (TO) et le test du « Traçage »(TR).

Le test d'Attention Diffusée. Lors des premières études faites sur le travail des conducteurs de véhicules, l'attention, qui est la concentration de l'activité mentale sur un sujet déterminé, a été considérée comme l'aptitude fondamentale. La situation, dans laquelle se trouve le sujet qui conduit un véhicule, est un complexe formé d'excitations visuelles et auditives qui s'enchevêtrent et se succèdent à des cadences irrégulières sur le fond mobile des images de la rue. Il doit choisir entre ces excitations et répondre à ces sollicitations par des réactions de ses différents membres sur lesquels s'exerce aussi un choix. Cette forme d'attention est différente de toutes les autres et il a été convenu d'appeler l'attitude du conducteur de véhicule : Attention Diffusée.

Photo 60 (1927)

Photo 61 (1949)

1927 (EAP) (Photo 60)

Test électromécanique, de réactions psychomotrices. La passation, qui comporte une partie apprentissage et une partie épreuve, qui n'est administrée que si les résultats à la partie apprentissage ont été satisfaisants. Le temps de passation est variable, d'environ une heure quinze, et la correction très rapide. La validation fut réalisée sur des populations d'entreprises de transports en commun.

1949 (EAP) (Photo 61)

Le test comporte un appareillage en trois éléments : un tableau de stimulations visuelles et auditives, un meuble opérateur, un bloc pédales-presselles. Le sujet reçoit des excitations visuelles provenant de six lampes (deux blanches, deux vertes et deux rouges) et des excitations auditives données par deux sonneries, l'une à timbre métallique, l'autre à timbre de bois.

Photo 62 (1962)

Photo 63 (1964)

1962 (EAP) (Photo 62)

Les réactions demandées sont : l'abaissement du pied gauche, le relâchement du pied droit, ces deux mouvements ensemble et, simultanément, un mouvement de pression et relâchement d'une main. Ainsi, interviennent les mouvements dissociés des deux pieds et des pieds avec une main. A cette époque, l'électronique remplace l'électromécanique, les appareils sont beaucoup moins volumineux.

1964 (EAP) (Photo 63)

Le test comprend : un apprentissage en deux périodes, l'explication des réactions correspondant aux stimuli, puis plusieurs séries de 12 excitations. L'épreuve commence lorsqu'une série a été répondue sans erreur. L'épreuve complète comprend deux séries de 90 excitations distribuées automatiquement, la première avec des excitations visuelles, la seconde des excitations visuelles et auditives, et un son bruyant (émotivité).

1969 (EAP) (Photo 64)

Le test d'attention diffusée s'applique spécialement à l'examen pour la conduite des véhicules de transports en commun sur rails et sur route. Lors de l'interprétation des résultats, le psychologue tient compte du nombre de séries qui ont été nécessaires à l'apprentissage. L'expérience a montré que lorsque la 8e série n'était pas réussie sans erreur, il était inutile de continuer l'examen. Pendant l'épreuve, les 90 stimuli sont donnés automatiquement et les erreurs sont enregistrées par des compteurs. Sont prises en compte les bonnes réponses, c'est-à-dire les réponses justes. Elles donnent lieu à des étalonnages qui permettent de situer le candidat par rapport à la population de référence. Avec cet appareil, le sujet fait face à l'opérateur, le monobloc remplace les deux meubles habituels.

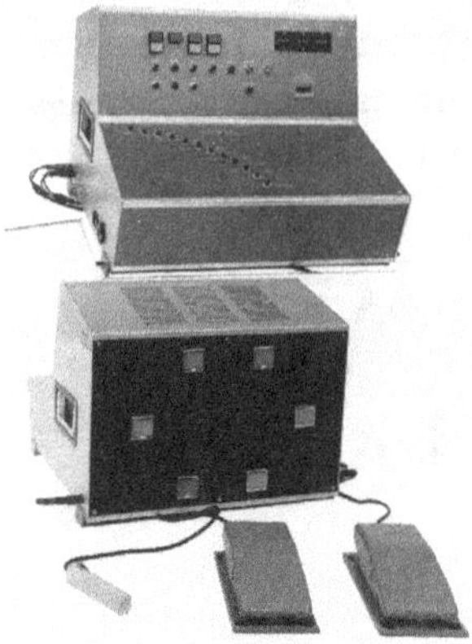

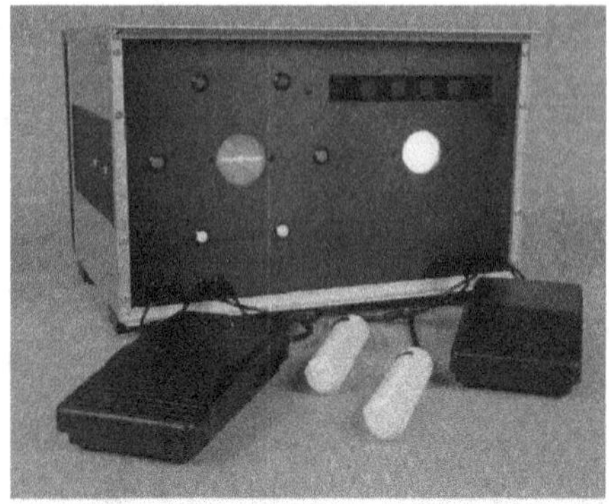

POLYREACTIOGRAPHE - PRG - (Face sujet)

Photo 64 (1969) **Photo 65** (1971)

Photo 66 (1988)

1971 (EAP) (Photo 65)

Le Multitests « Polyréactiographe » entièrement transistorisé regroupe toutes les épreuves de réaction psychomotrice ; temps de réaction ; temps de réaction de choix ; attention diffusée ; attention concentrée ; réactions complexes. L'attention, qui n'est qu'une concentration de l'esprit nécessaire et indispensable à toute action humaine, est dite diffusée lorsqu'elle s'associe à l'idée de vigilance nécessitant une surveillance visuelle périphérique d'une situation, afin de donner une réponse précise, sous forme d'un réflexe, à un stimulus aléatoire.

1988 (EAP) (Photo 66)

A l'ère où l'informatique se développe, les EAP conçoivent le premier Multitests informatisé, « Poly-Psycho-Informatique » (PPI), qui regroupe en son sein de nombreux tests de réaction psychomotrice ou de coordination psychomotrice. Sur un écran de type ordinateur apparaissent les différents éléments des tests qui ont été informatisés (description page 95).

Etudes du test d'attention diffusée de Lahy

En 1938, Lahy a conçu son test à la suite d'une analyse psychologique : « C'est par erreur, écrit-il, qu'on a voulu identifier l'Attention Diffusée (AD) avec le phénomène mesuré par le test de réaction de choix où le sujet, qui reçoit plusieurs stimuli successifs, ne réagit qu'à un seul suivant la consigne qui lui est donnée. Le choix que fait le candidat parmi plusieurs stimuli n'est qu'une partie de l'acte mental qui est mesuré dans l'Attention Diffusée. La situation où se trouve le sujet qui conduit un véhicule est un complexe formé d'excitations visuelles et auditives qui s'enchevêtrent et se succèdent à des cadences irrégulières, sur fond mobile des images de la rue. Il doit choisir entre ces excitations par les réactions de ses différents membres sur lesquels s'exerce aussi un choix ».

Les diverses corrélations des résultats fournis par ce test, soit avec ceux de l'attention concentrée, soit avec ceux des temps de réaction de choix, ayant été très faibles, il est possible de conclure que la synthèse psychologique que mesure le test AD constitue quelque chose de tout à fait différent de l'attention concentrée.

En ce qui concerne les temps de réaction de choix, ils mesurent un état de désagrégation trop poussée de la synthèse révélée par l'étude du travail des conducteurs de véhicules rapides. L'attention dite diffusée représente un état complexe unifié, un phénomène global, une structure psychologique qui se détruit lorsque, par analyse expérimentale, on le morcelle à l'excès.

La première version du test comportait 9 lampes (trois couleurs) réparties autour d'un écran de cinéma. Après apprentissage et automatisation des réponses (2 pédales), le candidat était soumis à une série standardisée de 90 stimuli visuels, pendant que des scènes diverses, sans lien avec les stimuli, étaient projetées sur l'écran. Une seconde série de stimuli est ensuite donnée avec adjonction de 2 sonneries et d'une réaction supplémentaire (presselle). Des coups de klaxon inattendus accompagnent la présentation de plusieurs stimuli.

La validité est très satisfaisante : la corrélation avec le nombre d'accidents de conducteurs urbains au cours de leur carrière, trouvée par l'auteur du test égale à :

r = .33 pour les stimulations visuelles,

r = .52 pour les stimulations visuelles et auditives.

Et pour une seconde application :

r = .46 pour les stimulations visuelles,

r = .45 pour les stimulations visuelles et auditives.

La constance (corrélation entre deux applications) a été trouvée égale à :

r =.58 pour les visuelles,

r= .65 pour les visuelles et auditives.

La validité faible (R= .33) de la première série (excitations visuelles) peut provenir de l'insuffisance de la période d'automatisation, puisque la seconde application, avec une consigne mieux connue, est plus valide (r= .46). En revanche, pour la série « stimulations visuelles et auditives », l'adaptation de certains sujets au klaxon, meilleure à la seconde application qu'à la première, fait légèrement baisser sa validité : il est possible, selon Lahy, que l'influence perturbatrice des coups de klaxon sur des sujets non encore habitués à ce stress a tendance à renforcer la validité de l'épreuve du moins pour les conducteurs (Lahy, 1936).

L'adaptation du candidat à l'apprentissage de la consigne et l'automatisation des réactions donnent également des indications valides sur les capacités du conducteur. Goguelin (1952) donne les estimations suivantes :

Nb de fautes d'apprentissage (stimuli visuels .... .35
Nb de fautes d'apprentissage (stimuli visuels et auditifs).......... .25
Nb de séries d'apprentissages .... .30

Une autre estimation de la validité du test (stimulations visuelles) est donnée par Goguelin (1950) quand il compare les résultats d'un groupe de 150 conducteurs (poids lourds) professionnels en fonction dans un même service, à ceux du service des candidats conducteurs de transports en commun : 90% des professionnels qui se sont classés dans le décile inférieur de l'étalonnage des candidats sont considérés comme de médiocres conducteurs par plusieurs de leurs supérieurs.

Dans les années qui suivirent sa création, le test d'Attention Diffusée fut allégé de la projection cinématographique et disposait alors de 6 signaux lumineux (rouge, jaune, vert), de 2 signaux auditifs (sonneries) (métal, bois) et d'un klaxon.

Le test a été également validé (Pacaud, 1947) sur un groupe de 50 mécaniciens de locomotives (25 désignés par leurs chefs comme « bons », et 25 comme « moins bons »). Des réserves peuvent être émises sur le calcul d'un coefficient de corrélation bi sérial dans le cas où l'échantillon est systématiquement composé de deux groupes contrastés, les sujets moyens-intermédiaires étant exclus. Les valeurs trouvées ici sont probablement supérieures à celle du coefficient adéquat. Il est néanmoins possible de retenir la hiérarchie des validités des différentes notes suivantes :

Durée des explications........................... .49
Nombre de fautes d'apprentissage........ .43
Nombre de séries d'apprentissage......... .45
Temps d'apprentissage .... .52
Stimuli visuels.. .30
Stimuli visuels et auditifs .... .67
Indice d'émotivité (klaxon).................. .42

Des validations sur d'autres postes de sécurité ont donné des résultats positifs : aiguilleurs (Pacaud), électriciens de tableau et dispatchers (Goguelin 1951 et 1953).

Le cas des erreurs nombreuses très typiques (grappes d'erreurs successives) commises par certains candidats a donné lieu à l'explication suivante de la part de l'auteur : « Les candidats qui sont longs à répondre se trouvent en présence d'une sorte d'embouteillage de leurs réponses qui sont souvent à l'origine d'états affectifs qui désorganisent les réponses suivantes ». Ponzo (1936) et Welford (1952) donnent l'explication suivante : Après avoir réagi, certains candidats traversent une période au cours de laquelle ils sont incapables de donner d'autres réponses, pour des raisons physiologiques, mais aussi psychologiques. Dénommé « temps de reprise », celui-ci est variable d'un individu à l'autre.

4. Historique du test d'attention concentrée

Auteur : J.M. Lahy (1872-1943).
Producteur : Ets d'Applications Psychotechniques (EAP).
Création et diffusion : 1927-1970--- Sigle MA --- tu (Z).
Domaine de psychologie : réactions psychomotrices.

Bibliographie.

Travail Humain : 1933-3, Travail Humain : 1935-1, Travail Humain : 1936-1. Travail Humain : 1946-1.

Année Psychologique : 1937-38.

Descriptif: l'attention étant la véritable base de l'activité de conduite des véhicules puisqu'elle consiste, dans ces situations, à rejeter de sa pensée tout ce qui ne concerne pas cette activité, tout en conservant en « arrière-pensées » les connaissances qui seront utilisées dans des phases ultérieures, l'esprit est, alors, en attente, prêt à percevoir tout ce qui pourrait ne pas être en adéquation avec l'action de conduite et agir en conséquence. Le test d'Attention Concentrée est destiné à évaluer la force de concentration que possède un candidat à ce poste de travail où les distractions sont nombreuses et difficiles à éviter.

Photo 67 (1927)

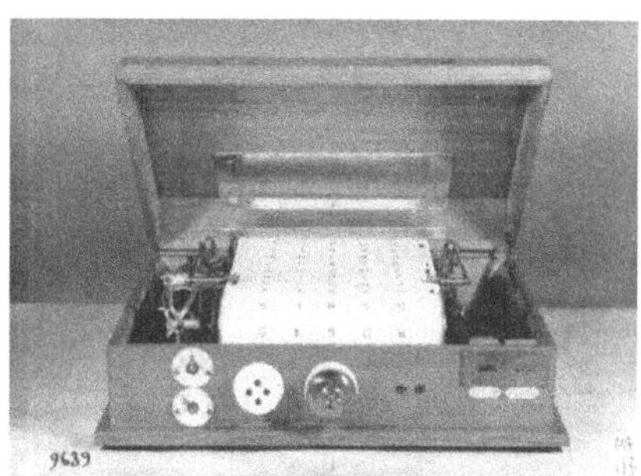

Photo 68 (1930)

1927 (EAP) (Photo 67)

Le test se compose de deux parties , la première, d'un coffret destiné sur l'une de ses faces à la présentation des stimuli (séries de lettres) au sujet et, sur l'autre face, les commandes destinées au psychologue, la seconde d'une presselle utilisée par le sujet pour répondre aux stimuli.

1930 (EAP) (Photo 68)
La conception, à cette époque, était basée, pour la présentation des stimuli, sur le déroulement d'une bande de papier, qui repassait plusieurs fois devant la fenêtre, pendant un temps déterminé et précis.

Photo 69 (1933)

Photo 70 (1947)

1933 (EAP) (Photo 69)
Le coffret du test d'Attention Concentrée qui était, jusqu'à cette date, en bois, est remplacé par un coffret métallique beaucoup plus robuste, facilitant les déplacements. On peut remarquer que, déjà à cette époque, la presselle plus volumineuse répond, avant la lettre, à des conditions ergonomiques, puisqu'elle facilite son utilisation par une meilleure préhension.

1947 (EAP) (Photo 70)
L'épreuve consiste à faire défiler 150 séries de 5 lettres. Le candidat doit appuyer sur une presselle à chaque fois qu'il perçoit la lettre S ou la lettre Z et relâcher aussitôt. Après une série pour l'apprentissage, le test porte sur deux séries d'épreuves données à des vitesses différentes. La notation tient compte des bonnes, des mauvaises réponses et des omissions.

1953 (EAP) (Photo 71)
A cette époque, le déroulement d'une bande de papier est remplacé par un tambour sur lequel est collée la bande de papier, sur laquelle étaient imprimées les 150 lignes des séries de lettres. Le candidat percevait, au travers d'une fenêtre, chaque série de 5 lettres. Cette modification, en 1953, permettait d'améliorer la régularité du défilement des stimuli et de rendre le test statistiquement plus fiable.

Photo 71 (1953) **Photo 72** (1972) **Photo 73** (1972)

1972 (EAP) (Photos 72 et 73)

Avec l'apparition de l'électronique, l'utilisation du test est différente. Le psychologue et le sujet se font face, séparés par l'appareil. Le psychologue dispose, sur la « face opérateur » (Photo 72), des commandes et des compteurs enregistreurs des résultats. Sur la « face sujet » (Photo 73), les lettres du test d'attention concentrée sont présentées au candidat sur un petit écran lumineux. Elles sont de couleur rouge, il répond à l'aide d'une presselle qui n'apparaît pas sur la photo, identique à celle de la photo 70.

5. Historique du test des réactions complexes

Auteur : R. Bonnardel (1901 – 1988).

Producteurs : Etablissements d'applications psychotechniques (EAP).

Création et diffusion : 1948 – 2014 --- Sigle --- RCB tu (Z).

Domaine psychologique : Réactions psychomotrices.

Bibliographie.

Travail Humain : 1953 - n°3/4 ; 1954 – n°3/4 ; 1955 - n°3/4 ; 1957 – n°3/4.

EAP, 1977, Prévention et réduction des accidents.

Simonnet R, Guyot D, 2008, *Un siècle de psychométrie et de psychologie*, p.117, Paris, L'Harmattan,

Le test des Réactions Complexes (RCB) permet de nombreuses combinaisons « stimuli-réponses », des plus simples aux plus complexes, et posséde un grand pouvoir différenciateur pour des groupes très divers.

L'auteur a conçu ce test pour l'étude de divers phénomènes, désignés sous les termes de « learning », « d'inhibition rétroactive », de « persévération », de « rigidité-flexibilité », et de « plasticité fonctionnelle ». Le test des Réactions Complexes comporte trois sub-tests qui examinent les trois facultés :

-La perception centrale (sub-test des Signes). Dans une situation dangereuse, la première action est d'en déceler, à temps, l'existence. Cette première partie relève plus directement des phénomènes de perception centrale. Des signes mêlés à d'autres de même nature doivent être perçus rapidement par une réponse motrice la plus simple. (Souvent appelée 'Attention Concentrée').

-La coordination motrice centrale (sub-test des Lumières Directes).

Vient ensuite la réaction adéquate et immédiate à la situation anormale perçue. Cette deuxième partie porte essentiellement sur la coordination motrice centrale ; réponses coordonnées des mains et des pieds selon un code déterminé (Souvent appelée Attention Diffusée).

- La réorganisation de la coordination motrice centrale (Lumières Inverses).

La réaction doit rapidement s'adapter à toute modification de la situation dangereuse. Cette troisième partie réclame des réponses coordonnées du même ordre que les précédentes selon un code différent nécessitant de la part du sujet une réorganisation rapide des coordinations motrices précédemment mises en fonction (Souvent appelée Inhibition Rétroactive).

Un facteur de vigilance (note R) peut être obtenu en utilisant 2 tests, le test des Réactions Complexes (RCB) et le test du Double Labyrinthe(B19DL) de coordination bi-manuelle en rythme imposé.

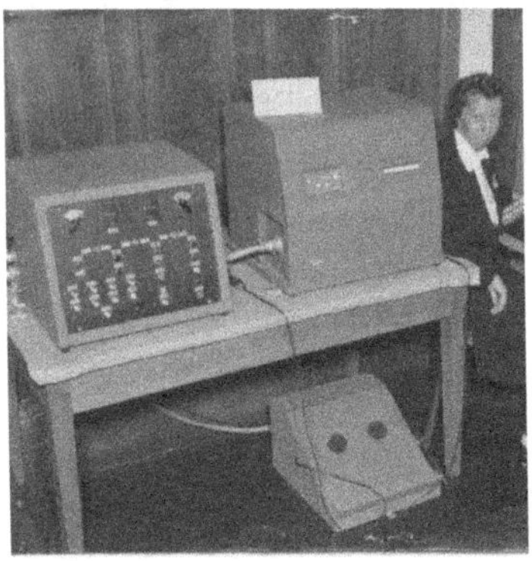

Photo 74 (1956)

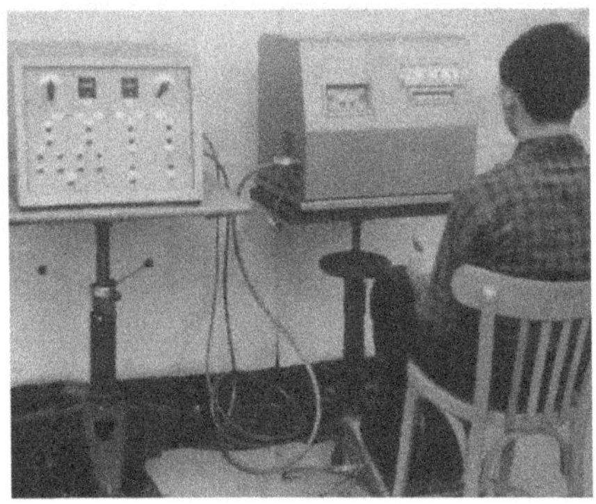

Photo 75 (1959)

1956 (EAP) (Photo 74)

Le test des Réactions Complexes comprend trois parties : un pupitre de commande, pour l'opérateur ; un meuble de présentation des stimuli au sujet ; des organes de réponse (pédales et presselles). Le test est un appareil électromécanique, sur le pupitre de l'opérateur sont rassemblés tous les boutons permettant de sélectionner les différentes parties du programme.

1959 (EAP) (Photo 75)

Le sub-test Signes comprend des séries de signes qui défilent derrière une ouverture. Chaque fois qu'apparaît un cercle portant une bande horizontale, le sujet doit répondre avec la main droite, et avec la main gauche lorsque le cercle possède une bande verticale, ceci à l'aide de presselles. L'épreuve comporte 3 vitesses différentes, le programme comprend 44 réponses pour chaque vitesse. La notation porte sur la somme des différences entre les bonnes et les mauvaises réponses à la 2ème et à la 3ème vitesses.

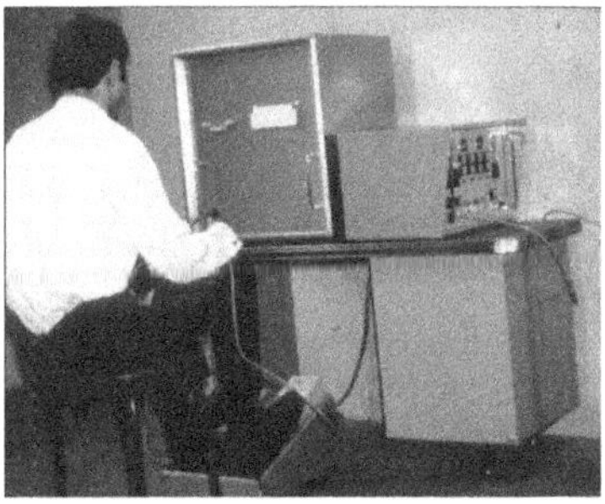

Photo 76 (1963) **Photo 77** (1971)

1963 (EAP) (Photo 76)

Le sub-test des Lumières Directes comporte 4 lampes (2 pour les mains, 2 pour les pieds). Le sujet doit toujours répondre à 2 lampes à la fois. Après l'apprentissage, l'épreuve, de 44 stimuli, est passée à 3 vitesses différentes. La notation est basée sur le total des bonnes réponses aux 3 cycles. A l'origine, la 3ème vitesse était passée une seconde fois avec la présence d'un avertisseur sonore (émotivité). Elle fut, par la suite, retirée de l'examen.

1971 (EAP) (Photo 77)

Le sub-test des Lumières Inverses était inédit puisqu'aucune épreuve analogue n'existait à l'époque. Son programme est identique à celui des Lumières Directes, mais les réponses sont différentes. Le sujet répond de la même façon avec les pieds, mais doit inverser le mouvement des mains. La passation est limitée à la première et à la deuxième vitesses.

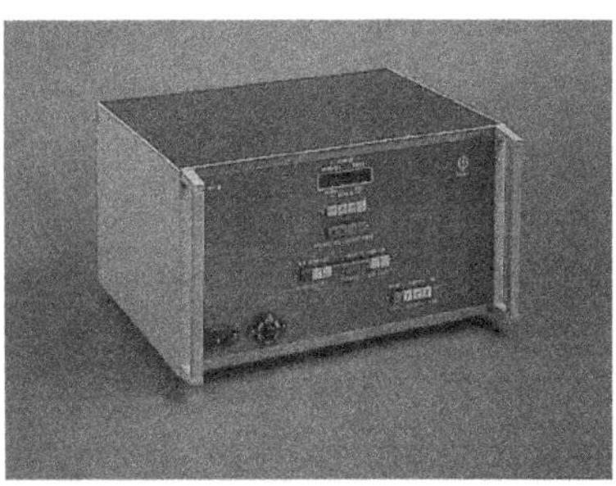

Photo 78 (1978) **Photo 78 bis** (1978)

1978 (EAP) (Photo 78)

Face opérateur. Jusqu'en 1977, le test RCB se composait de 3 éléments afin d'éloigner le sujet de l'opérateur pour assurer une meilleure validité de l'examen. A partir de 1978, sur demande de nombreux psychologues, et avec l'accord de l'auteur, l'appareil de présentation des stimuli sera incorporé au pupitre opérateur, l'opérateur et le sujet se faisant face, séparés par le test.

(Photo 78 bis)

Face sujet. Le test RCB est entièrement électronique. On remarque sur cette façade que la présentation des stimuli « Signes et Lumières » est restée identique à celle des appareils antérieurs électromécaniques. A noter néanmoins que la présentation des signes est réalisée sur un petit écran (Selfcan) sur lequel ont été programmés les signes lumineux.

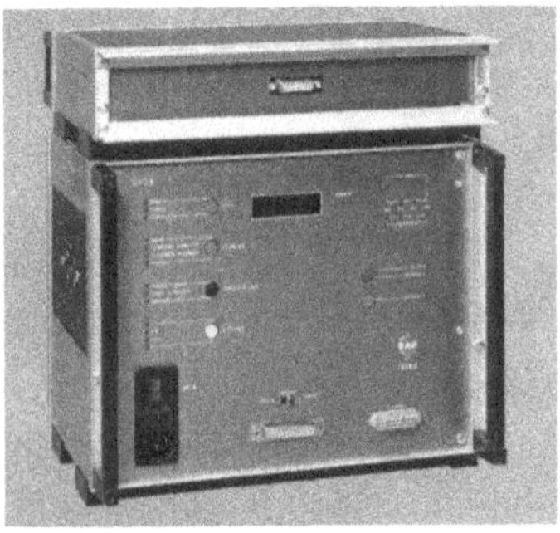

Photo 79 (1984)

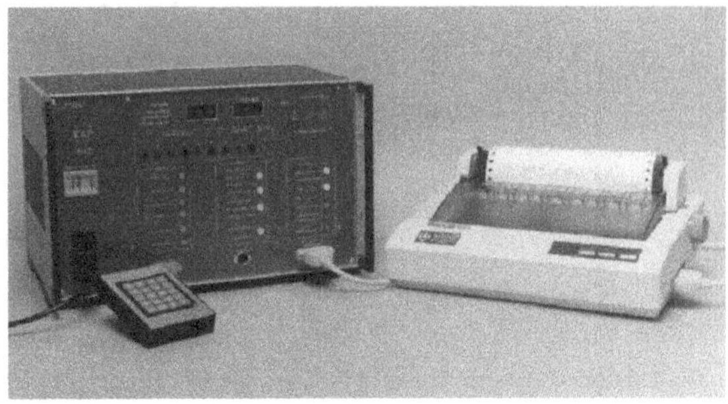

Photo 80 (1985)

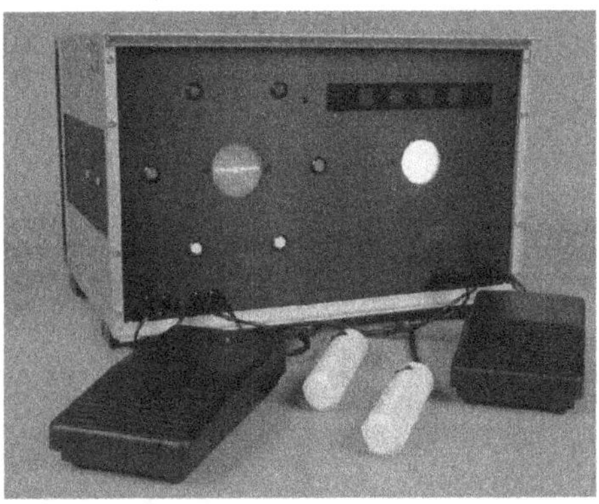

Photo 80 bis (1985)

1984 (EAP) (Photo 79)

L'électronique et les transistors permettent de modifier la présentation du test des Réactions Complexes (RCB). La programmation automatique de tous les sub-tests fut introduite, ainsi que les programmes du test des temps de réaction, destiné à l'examen de l'alcoolémie et des prises éventuelles de drogues. Le sub-test des « signes » fut réalisé sur un élément séparé afin de réduire l'encombrement de l'appareil (partie supérieure sur la photo 79). Le sigle RCB fut remplacé par BRCX .

1985 (EAP) (Photo 80)

PRG - Face opérateur

Le « Polyréactiographe » est un multitests. Il regroupe, grâce à l'électronique, tous les tests de réactions psychomotrices, dont le RCB. L'appareil peut être équipé d'une imprimante destinée à l'enregistrement des réponses et à l'analyse des résultats.

(Photo 80 bis)

PRG – Face sujet :

Le Polyréactiographe (PRG) ou multitests. On remarque, sur la droite de la façade, en haut, la présentation des « signes » du test RCB. En dessous, le voyant de présentation de la lumière du test des temps de réaction. A gauche, les 6 voyants lumineux du test AD, parmi lesquels se trouvent les 4 lumières du test RCB. Au centre de cette partie, le voyant lumineux (3couleurs) du test réaction choix.

Photo 81 (1889) **Photo 82** (1991)

1989 (EAP) (Photo 81)

Le test des Réactions Complexes, utilisant un ordinateur pour les calculs des résultats et une imprimante pour l'impression de ceux-ci. Ce test a été réalisé pour une importante entreprise de transports en Australie.

1991 (EAP) (Photo 82)

L'informatique au service de la psychotechnique avec le Poly-Psycho-Informatique (PPI) regroupant tous les tests de réactions psychomotrices et certains tests psychomoteurs. Ce rassemblement permet de mettre à la disposition des psychologues tous les tests permettant, entre autres, d'analyser les facteurs psychologiques liés à l'accident, mais aussi de contribuer à la mise en place d'examens liés à l'adaptation de l'homme à sa profession (description page 95).

Etudes du test de réactions complexes (RCB)

Le test se compose d'un appareillage relativement polyvalent (Bonnardel, 1953), il comprend trois parties ou sub-tests. La première partie, dénommée signes, est une épreuve d'attention concentrée ; la deuxième partie, dite des lumières-directes, peut être considérée comme une épreuve d'attention diffusée ; la troisième partie, dite des lumières-inverses, est une épreuve de réorganisation mentale.

L'épreuve dite lumières directes comprend quatre voyants-stimuli dont la position respective correspond à celle des quatre membres du candidat. Les stimuli s'allument par couples. La vitesse de présentation automatique est progressive. La validité n'augmente pas forcément si l'on rend l'épreuve plus complexe : il y a un niveau de difficulté optimum pour la discrimination des bons et des moins bons.

L'épreuve de lumières inverses, pour laquelle les réponses des mains doivent être latéralement inversées, semble légèrement moins discriminative que la précédente. L'intervention de coups de klaxon ne semble pas augmenter la validité. Les corrélations entre les résultats obtenus aux diverses vitesses de l'épreuve lumières directes sont comprises entre .63 et .89 (obtenus sur 336 candidats), entre lumières directes et lumières inverses, r =.70.

L'épreuve est beaucoup plus homogène que celle de l'Attention Diffusée de Lahy. Elle est également plus riche par son adaptation à différents niveaux.

Lors de l'examen, le passage par le candidat de la partie lumières, directes à celle de lumières inverses l'oblige à assimiler mentalement les modifications apportées à deux des quatre stimuli ;

- l'inaptitude à se libérer de l'automatisme acquis (lumières directes),
- la confusion grandissante entre les réponses aux « lumières directes » et des acquis nouveaux aux « lumières inverses »
- l'incapacité de l'organisation mentale qui fait que celle-ci, par sa répétition, se renforce dans le souvenir, témoigne d'une rigidité dans l'orientation de la pensée et suffit pour expliquer l'échec professionnel du candidat dans une tâche exigeant une grande plasticité d'adaptation aux modifications fréquentes de circonstances.

Chapitre 4

Historique des tests du domaine psychomoteur (dissociation/stabilité) - E

Les tests psychomoteurs évaluent des performances liées à la dissociation et la coordination des mouvements des mains et des bras, mais aussi la précision manuelle d'une façon générale. L'épreuve consiste à déplacer un pointeau sur un tracé, sans en toucher les bords, le plus rapidement possible.

Ils peuvent être classés en deux catégories A et B.

Les tests psychomoteurs de dissociation des mouvements de la catégorie « A » évaluent l'aptitude à dissocier le mouvement des membres supérieurs pour être capable de coordonner un mouvement précis qui sera pris en compte dans l'analyse des résultats. Les principaux tests de cette catégorie ayant été réalisés sont les suivants :

Le test du Tourneur de Lahy.
Le test Oméga de Bonnardel.
Le test du Double Labyrinthe de Bonnardel.
Le test Poly-Psycho-Informatique de Simonnet.
Le test de la Grecque de Bonnardel.
Le test Mexicain de Bonnardel.
Le test DM de Guyot.
Le test du Tourneur Tridimensionnel » de Goguelin.

Lorsque le test est conçu sur la base d'un « rythme libre », le sujet travaille à son rythme personnel. Parmi les tests les plus utilisés, on peut citer le Tourneur et l'Oméga. Lorsque le test est conçu sur la nécessité d'une contrainte qui est traduite par un rythme imposé, le sujet, tributaire d'un mouvement engendré par un moteur, n'est plus maître du jeu et doit s'adapter à une situation précise. Le test le plus utilisé restera le Double Labyrinthe.

Les tests psychomoteurs de la catégorie B sont des épreuves de stabilité du geste lors d'un mouvement dynamique. Ils sont conçus pour évaluer les tremblements des mains et des avant-bras. Ils sont toujours utilisés en rythme libre. Chaque test de la catégorie B a été conçu pour permettre une action directe des mains sur le déplacement d'un pointeau, sans avoir recours à un mécanisme comme c'est le cas dans les tests de la catégorie A.

Les principaux tests qui furent réalisés sont les suivants ;
Le test du Traçage appelé aussi des Mouvements Coordonnés de Lahy.
Le test de la Poinçonneuse de Lahy.
Le test de la Sinusoïde de Bonnardel.

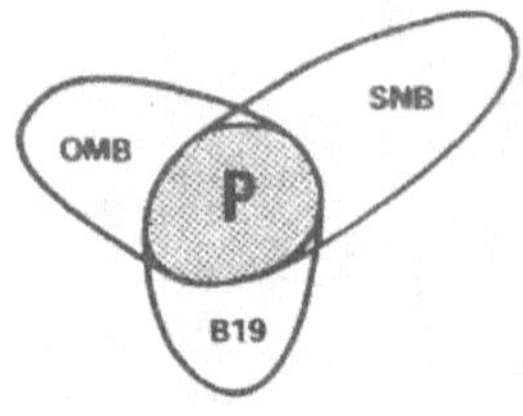

Dans la Batterie Factorielle Standard de Bonnardel, une « note P » (Précision des mouvements) a été évaluée en utilisant les trois tests : deux de la catégorie A, le test Oméga (OMB) en rythme libre, et le test du Double Labyrinthe (B19) en rythme imposé ainsi qu'un test de la catégorie B, le test de la Sinusoïde (SNB) de stabilité gestuelle.

Les tests des catégories A et B nécessitent l'utilisation d'un accessoire ; la batterie de compteurs. Deux paramètres sont enregistrés par deux compteurs : le nombre d'erreurs commises pendant la durée de l'exercice, et la durée totale de toutes les erreurs. Le temps mis pour réaliser l'épreuve est chronométré.

1. Historique du test du tourneur de Lahy

Auteur : Lahy (1872 -1943).
Producteur : Editons d'Applications Psychotechniques (EAP).
Création et diffusion : 1925 – 2014 – Sigle TOT – tu (Z).
Domaine psychologique: Dissociation/coordination (catégorie A).

Bibliographie.

Lahy J.M, 1927, Le test du mouvement, *Institut de Psychologie*.

Lahy J.M, 1936, Le coefficient d'apprentissage d'un test, *Le Travail Humain.*

Tiffin, McCormic, 1967, *La psychologie industrielle*, Paris, PUF.

Zurfluh J, 1976, *Les tests mentaux,* Paris, Editions Universitaires.

Descriptif : c'est peut-être le plus bel exemple de la démarche qu'un psychologue, auteur de tests, puisse exécuter que celle de la conception du test du Tourneur. En effet, l'auteur, en l'occurrence Lahy, s'inspire d'une réalité du monde du travail. Il analyse, puis discerne chez le « tourneur-fraiseur », l'un des métiers les plus répandus à l'époque, les exigences qui permettent, à la personne qui l'exerce, d'accéder au « critère de réussite professionnelle ». L'exigence principale est , dans ce cas, la possibilité qu'aura un individu de dissocier les mouvements de ses bras et de ses mains pour arriver ensuite à les coordonner dans un but bien déterminé ; celui de faire tourner, avec chaque main, des manettes dans des rotations différentes et quelquefois opposées, afin de placer l'outil au bon endroit pour réaliser une pièce bien particulière. Cet exemple, prenant appui sur la réalité, débouchera par l'imagination de l'auteur sur un test qu'il fera réaliser par un ingénieur, Gaston Guyot, et donnera ainsi naissance au test dit du « Tourneur », mondialement connu. L'exemple inverse, c'est-à-dire la réalisation d'une épreuve par un ingénieur seul sans l'aide du psychologue, où la réalité psychologique est assombrie, pour ne pas dire estompée, ne pourra pas donner naissance à un test valide, puisqu'il ne répondra à aucun critère de réussite, et n'évaluera aucune des exigences humaines lui permettant réussir dans le métier ou la profession. Ce qui a été parfois le cas au cours des années passées.

Outre l'aptitude relative au domaine psychomoteur (dissociation-coordination des mouvements), le test du Tourneur fait intervenir dans une large mesure des facteurs intellectuels liés à l'apprentissage des mouvements et un effort d'attention soutenue.

Lorsque le graphique du tracé du candidat est réalisé, il est possible de compléter l'analyse par l'étude des tremblements, des gestes brusques, de la régularité ou l'irrégularité des erreurs au cours de la passation.

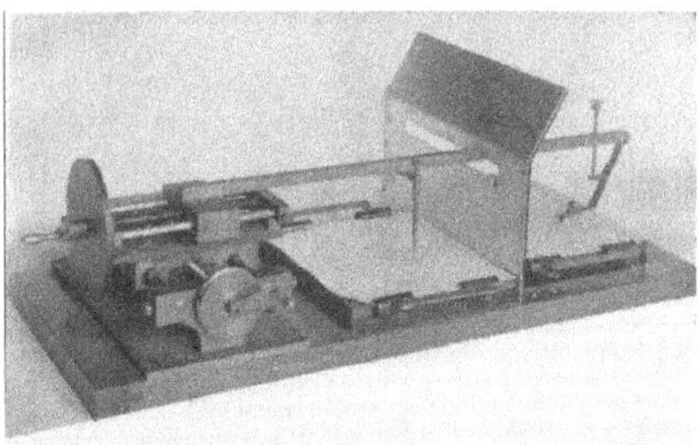

Photo 83 (1927)

Photo 84 (1928)

1927 (Photo 83)

Le test était composé, à cette époque, d'un système de pantographe pour permettre de laisser une trace représentative de la façon dont le sujet avait effectué le travail qui consistait à déplacer le pointeau en suivant une ligne sinueuse.

1928 (Photo 84)

On remarque, sur ces deux photos très anciennes, que le sujet agit sur deux chariots qui se déplacent perpendiculairement par l'action de deux manivelles. Seule la visualisation des erreurs (tremblements, irrégularités) par une inscription graphique permettait d'apprécier la qualité du travail effectué.

Photo 85 (1929)

Photo 86 (1931)

1929 (Photo 85)

Dernière étape avant une présentation du test qui deviendra permanente, le test du Tourneur est doté d'une plaque métallique sur laquelle est gravé un graphique dont les caractéristiques (forme, taille, largeur) resteront définitives.

1931 (Photo 86)

A partir de cette date, la présentation du test sera celle des caractéristiques finales sur lesquelles on ne reviendra plus. Le pantographe est remplacé par un « col de cygne » qui supporte le pointeau. La lecture des résultats sera différente puisqu'il sera relié à des compteurs enregistrant le nombre et la durée des erreurs. L'épreuve sera toujours chronométrée.

1933 (Photo 87)

En situation d'examen, la passation du test consiste à demander au sujet de « faire glisser le pointeau sur une ligne sinueuse », incrustée dans la tablette, « en actionnant les deux manivelles ». La durée de cette passation est prise en compte par l'examinateur (sur la photo : Gaston. Guyot) qui utilise un chronomètre. L'enregistrement graphique est toujours possible.

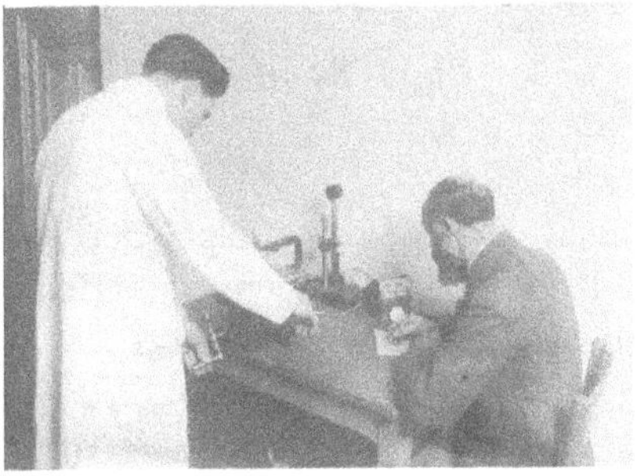

Photo 87 (1933)

Photo 88 (1948)

1948 (Photo 88)

Pour satisfaire à une parfaite utilisation du test, celui-ci est placé sur une table à hauteur réglable en fonction de la taille du candidat. On note le comportement du sujet pendant l'épreuve (nervosité, attention, déplacement des mains, lieux des erreurs). La physionomie de la ligne parcourue peut être enregistrée en plaçant un papier sous la plaque.

1960 (Photo 90)

On demande au sujet « de faire suivre au pointeau le tracé du dessin géométrique en actionnant les deux manivelles, sans toucher les bords du tracé et en allant le plus vite possible ». Le chronomètre permet une mesure de la rapidité à suivre le trajet imposé, la précision est évaluée par le nombre des erreurs, et l'adaptation à corriger ses fautes par la durée des erreurs.

Photo 89 (1962)

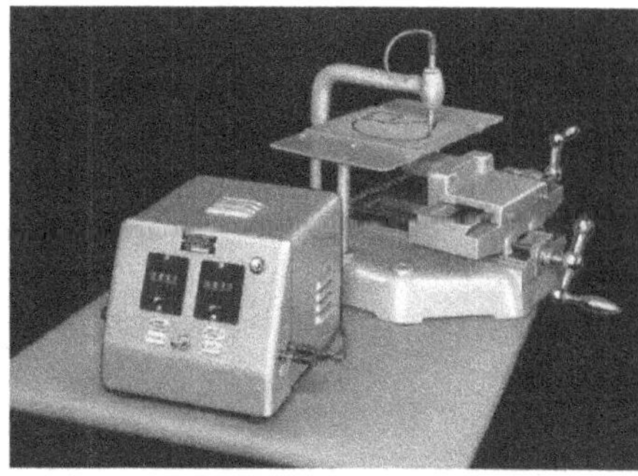

Photo 90 (1960)

Photo 91 (1970)

1962 (Photo 89)

Le test du Tourneur de la photo 89 n'a jamais été diffusé. Il s'agit d'une étude expérimentale demandée par un psychologue qui souhaitait disposer d'un appareil moins lourd et moins encombrant. Les études réalisées avec ce test mirent en évidence que les résultats obtenus étaient différents de ceux du test original. Ce qui prouvait ce que beaucoup de psychologues savaient déjà : toutes modifications importantes changent la nature du test.

1970 (Photo 91)

A partir de cette date, la présentation du test du Tourneur ne changea pratiquement plus, si ce n'est les manivelles qui suivirent les progrès techniques. Des corrélations avec des tests d'intelligence mettent en évidence que les mieux classés en intelligence ont des résultats très bons ou très mauvais, pour des résultats moyen, il n'y a pas de corrélation, pour les moins bien classés, les résultats sont aussi moins bien classés.

2. Historique du test Oméga de Bonnardel

Auteur : R. Bonnardel (1901 – 1988).
Producteur : Etablissements d'Applications Psychotechniques (EAP).
Création et diffusion : 1946 – 2014 – Sigle : OMB – tu (Z).
Domaine psychologique: Dissociation/coordination (catégorie A).

Bibliographie.

Bonnardel R, 1947, Une nouvelle épreuve de précision mécanique, le test Oméga, *Le Travail Humain.*

Bonnardel R, 1957, Analyse factorielle d'une batterie de tests manipulatifs et de réactions, *Le Travail Humain.*

Bonnardel R, 1955, Analyse factorielle de tests manipulatifs, *Le Travail Humain.*

Husson P.H, Verdall M, 1972-1973, L'insertion professionnelle des débiles mentaux, *Bulletin de Psychologie.*

Wittersheim J.C, Schlegel (J), 1970, Essai de validation d'une batterie de sécurité, *Le Travail Humain.*

Tiffin et Mc Cormick, 1967, *La psychologie industrielle*, Paris, PUF.

Zurfluh J, 1976, *Les tests mentaux*, Paris, Editions Universitaires.

Dupont. Notes sur l'habileté manuelle, *O.P Suisse.*

Simonnet R, Guyot D, 2008, *Un siècle de psychologie et de psychotechnique,* p. 83, Paris, L'Harmattan.

Descriptif : le test du Tourneur, s'il remplissait toutes les caractéristiques liées à l'évaluation des exigences en rapport avec la réussite professionnelle, laissait, néanmoins, la possibilité à certains candidats de percevoir le mécanisme du test et d'être avantagés du fait de la pratique d'un métier proche de l'activité de tourneur. C'est la raison pour laquelle, deux décennies plus tard, Bonnardel eut l'idée de dissimuler le mécanisme de test Oméga qu'il étudiait, pour le rendre plus compatible avec la réalité de l'époque ou les tendances, comme dans la « mini-pelle » où le conducteur doit actionner, avec ses membres supérieurs et inférieurs, des manettes pour déplacer les éléments d'une machine dans 6 ou 7 directions différentes. Les exigences qui permettent au candidat d'accéder au « critère de réussite professionnelle » sont, avec le test Oméga, largement prises en compte.

Si, dans le test Oméga, le mécanisme est caché, ne laissant à aucun moment la possibilité d'en comprendre le fonctionnement, le déplacement de l'ergot, dans une gorge dont les rapports de dimensions ont été établis définitivement expérimentalement, permet, en plus, une meilleure précision dans le contrôle du déplacement, difficilement obtenu avec des tests équipés d'un pointeau se déplaçant sur un tracé plan.

Sur un plan pratique, le test Oméga a été conçu pour une utilisation dans un minimum de temps. Lorsqu'un examen est terminé, le test est à nouveau prêt à être utilisé sans nécessiter de manœuvre préalable de remise au point de départ.

Le nombre et la durée des erreurs sont enregistrés par des compteurs. L'épreuve est exécutée en temps libre, le candidat règle donc lui-même la vitesse de son travail. La notation est basée sur la durée totale des erreurs.

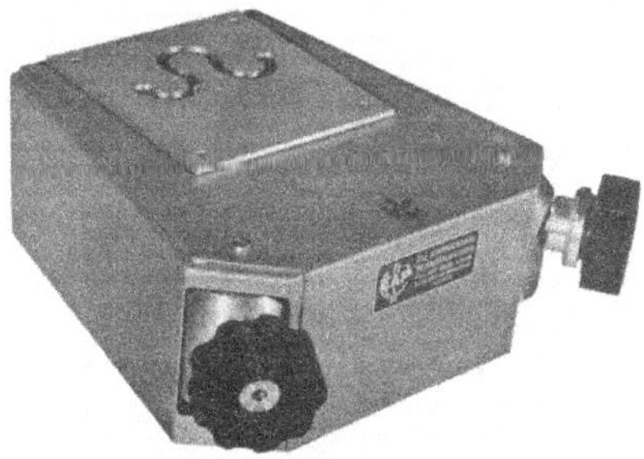

Photo 92 (1947)

Photo 93 (1950)

1947 (Photo 92)

Lors de la passation du test Oméga, le candidat manœuvre deux boutons moletés pour parcourir un tracé, en maintenant un ergot au centre de la gorge sinueuse en forme d'oméga. Tout contact de l'ergot avec l'un des bords de la gorge constitue une erreur dont le nombre et la durée sont enregistrés par des compteurs. L'épreuve est chronométrée. Le temps de passation est de trois minutes en moyenne.

1950 (Photo 93)

Lors de la passation, la consigne d'exécution donnée au sujet peut insister sur la « précision », ou, quelquefois, sur la « rapidité » (vitesse) ou encore placer le sujet face au conflit « rapidité-précision » lui permettant d'utiliser une stratégie maximisant ses résultats. Les études ont montré l'influence de la modification des consignes. La contrainte « précision-rapidité » fait baisser la précision chez tous, sauf chez les candidats ayant subi des blessures lors d'accidents.

1974 (Photo 94)

Le test BOS (Bonnardel-Oméga-Sinusoïde) se compose de deux tests (Oméga et Sinusoïde) et des compteurs d'enregistrement des résultats. Cette batterie de deux tests a été réalisée à la demande de nombreux psychologues qui, utilisant la « note P », de la Batterie Sécurité, souhaitaient réduire l'encombrement et les manipulations.

La note P (Précision des mouvements) est établie à partir des notes partielles obtenues aux tests suivants : Oméga : rythme libre action indirecte : intervention d'un mécanisme, Sinusoïde : rythme libre action directe des mains sur le dispositif, Double Labyrinthe : rythme imposé action indirecte par l'intervention d'un mécanisme. Chacune des épreuves comporte un facteur spécifique distinct dont les saturations sont de l'ordre de .50 à .60.

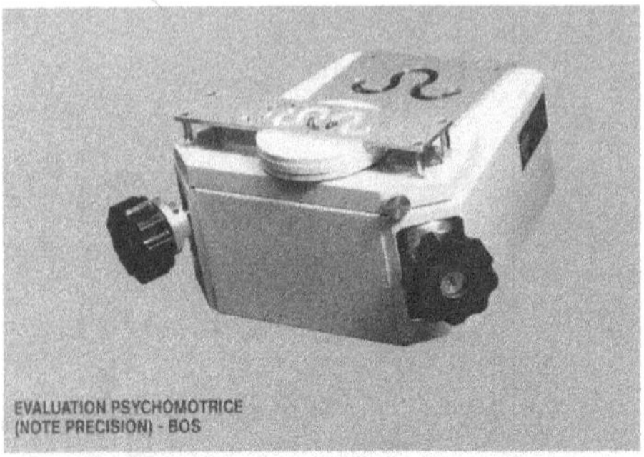

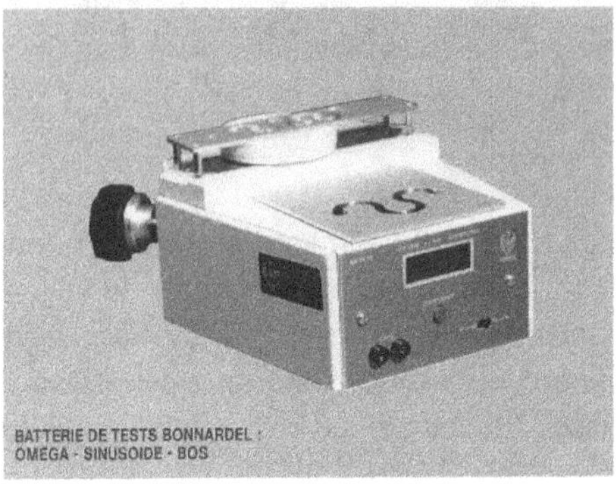

Photo 94 (1974)

3. Historique du test du Double Labyrinthe de Bonnardel

Auteur : R. Bonnardel.
Producteur : Etablissements d'Applications Psychotechniques (EAP).
Création et diffusion : 1946 – 2014 – Sigle : B19 ou DL – tu (Z).
Domaine psychologique évalué: Dissociation/coordination (catégorie A).

Bibliographie.

Bonnardel R, 1946, Le test du double labyrinthe, *Le Travail Humain.*

Bonnardel R 1957, Analyse factorielle d'une batterie de tests manipulatifs et de réactions, *Le Travail Humain.*

Bonnardel R, 1955, Analyse factorielle de tests manipulatifs, *Le Travail Humain.*

Wittersheim J.C, Schlegel J, 1970, Essai de validation d'une batterie de sécurité, *Le Travail Humain.*

Tiffin, McCormick, 1967, *La psychologie industrielle*, Paris, PUF.

Zurfluh J, 1976, *Les tests mentaux*, Paris, Editions Universitaires.

Simonnet R, Guyot D, 2008, *Un siècle de psychologie et de psychotechnique,* p. 83, Paris, L'Harmattan

Descriptif : plusieurs études concernant les métiers de conducteur ont fait ressortir l'importance de l'examen des « réajustements compensateurs » en ce qui concerne notamment : la coordination visuo-motrice complexe, la dissociation des mouvements lors de cadences imposées, le contrôle émotionnel des réactions psychomotrices. Il convenait donc de rechercher un moyen de mettre synthétiquement en jeu ces différentes fonctions sous leur forme dynamique.

Bonnardel s'inspirant du principe des épreuves de poursuite réalisa le test du Double Labyrinthe.

Pour valider les résultats obtenus à son test, l'auteur compare des groupes accidentés et non accidentés dans une usine de production d'automobiles. Le médian des accidentés ayant eu plus de 50 jours d'absence en trois ans se trouvait au niveau du décile inférieur de l'étalonnage général pour la variable « nombre d'erreurs », et de l'avant-dernier décile pour la « durée de l'essai » ainsi que pour la « durée totale des erreurs ».

Une autre étude, réalisée sur des conducteurs de camions, s'est montrée significativement valide. Enfin, une troisième étude sur des grutiers du bâtiment, par rapport à un critère formé d'échelles de notations professionnelles, a confirmé la validité de ce test.

NOTE P

Comme il a été précédemment indiqué, la « Note P » est établie à partir des notes partielles obtenues aux trois tests Oméga, Sinusoïde, Double Labyrinthe, mais il faut préciser que ce dernier test a toujours été considéré comme l'épreuve la plus pertinente.

Ces tests mettent en jeu de façon primordiale les divers mécanismes de coordination centrale perceptivo-moteurs. Les expériences industrielles ont montré qu'ils visent, avec une entière efficacité, la capacité et le souci de précision dans toutes les tâches et en particulier celles comportant l'utilisation de dispositifs mécaniques et de machines, le soin et la précaution dans la réalisation du travail, ainsi que la prudence (contraire de la précipitation et de l'imprudence).

D'une façon générale, les résultats se sont montrés constamment liés de façon notable avec la gravité des accidents du travail des polyaccidentés.

NOTE R

La « Note R » est calculée de la même façon à partir des tests du Double Labyrinthe et du test des Réactions Complexes. Avec la Note R, les défauts de vigilance et de sang-froid, ainsi que ceux relatifs à la maîtrise des mouvements, au contrôle des gestes et des actes, mais aussi la prudence, sont pris en compte.

1946 (Photo 95)

Le test est constitué par un cylindre tournant autour de son axe. Ce cylindre, qui tourne à une vitesse constante et dont la révolution s'effectue en 3 minutes 30, présente deux gorges sinueuses de 20 mm de large. Dans chacune d'elles, est situé un ergot de 16 mm de diamètre dont le déplacement parallèle à l'axe du cylindre est commandé au moyen d'une poignée. L'ensemble du mécanisme est enfermé dans un boîtier.

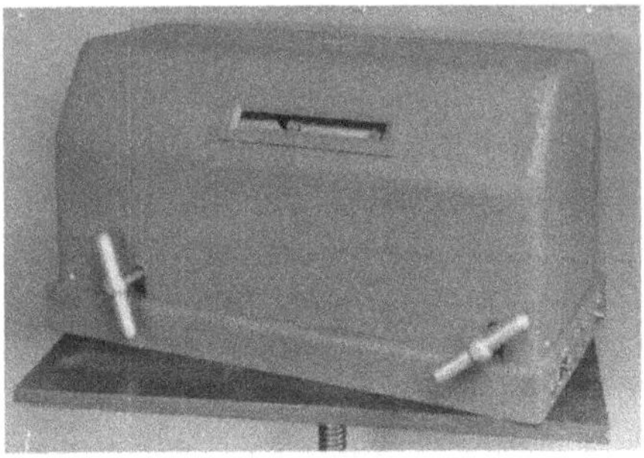

Photo 95 (1946)

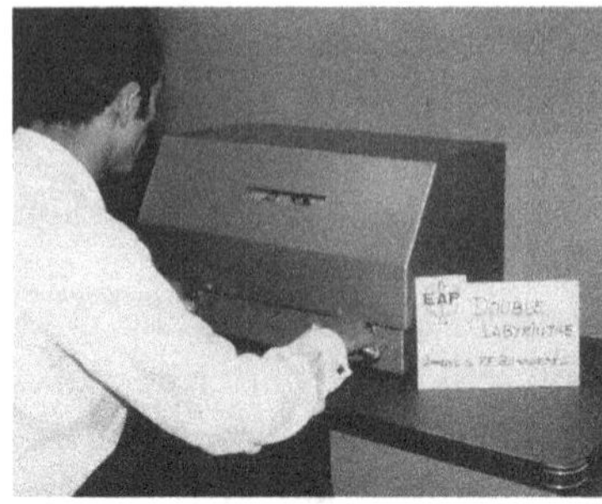

Photo 96 (1955)

1955 (Photo 96)

Le sujet observe la progression des gorges sinueuses à travers une ouverture rectangulaire de 20 cm de long et de 2 cm de large. Son travail consiste à maintenir les ergots au centre des gorges. Tout contact d'un ergot avec l'un des bords des gorges constitue une erreur dont le nombre et la durée sont enregistrés par des compteurs électriques. Le sujet passe cette épreuve deux fois de suite. Comme pour les tests Oméga et Sinusoïde, la notation est basée sur la durée totale des erreurs.

1962 (photo 97)

Avant cette date, les compteurs électriques d'enregistrement des erreurs étaient situés dans un petit boîtier qui se branchait, d'une part, sur une prise de courant et, d'autre part, sur le test. A partir de cette date, comme on peut le voir sur la partie inférieure du test, les compteurs sont incorporés à l'appareil, afin d'en simplifier l'utilisation.

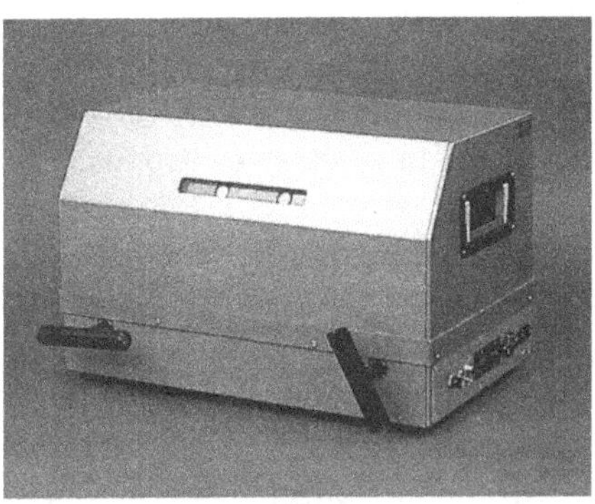

Photo 97 (1962)

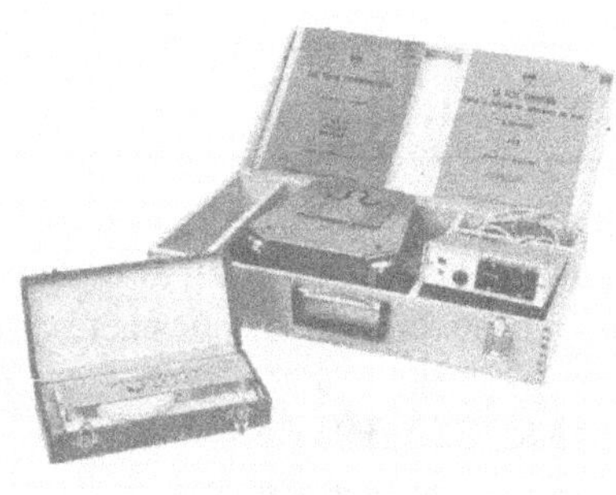

Photo 98 (1965)

1965 (photo 98)

A cette date, afin de simplifier au maximum les commandes émanant des psychologues, les tests de la Note P (Précision), Oméga, Sinusoïde et compteurs d'erreurs sont rassemblés dans un coffret en bois. Le rangement s'en trouve également simplifié pour les psychologues itinérants, devant se déplacer dans les entreprises pour effectuer les examens.

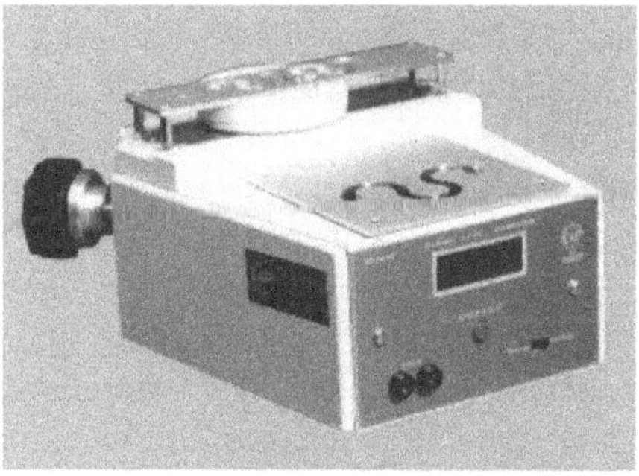

Photo 99 (1974)

1974 (Photo 99)

A partir de 1974, le test « BOS », rassemblant les tests Oméga et Sinusoïde qui s'ajoutent au test du Double Labyrinthe pour obtenir la « Note P » (Précision), remplace la mallette en bois, et simplifie encore davantage leur utilisation.

Le test du Double Labyrinthe dans l'orbite des études et recherches en psychométrie.

Dans l'industrie et les transports, l'ajustement continu de l'individu aux changements inattendus du milieu ambiant suppose des processus perceptivo-moteurs sans défaillance. Toute perturbation, qu'elle soit physiologique ou affective, est susceptible de nuire à l'adaptation, que ce soit au niveau de la perception des signaux, au niveau de la réponse, ou à celui plus délicat de l'élaboration et du choix.

Résultats pratiques obtenus par la psychologie du travail

La valeur pratique des méthodes de prévention par la sélection psychotechnique du personnel a été estimée, dans les secteurs d'activités professionnelles variés, par ses effets particulièrement sensibles sur les modalités d'adaptation au poste de travail. Cette intervention apparaît comme humainement bénéfique pour l'individu comme pour la collectivité, mais aussi financièrement rentable.

D'une part, on constate l'amélioration des résultats lors de cours de formation comme dans celle de l'exécution du travail (diminution en nombre et en gravité des fausses manœuvres, des accidents matériels et de personnes, et meilleure utilisation du matériel). D'autre part, l'examen des candidats permet d'éloigner du danger les moins bien doués tandis que les sujets exceptionnels, rapidement détectés, sont promus aux plus hautes responsabilités.

Etude critique de la valeur de différentes techniques de pronostic

Le choix des épreuves à utiliser au cours d'un examen psychométrique n'est pas aussi simple, ni aussi évident qu'il peut paraître au profane. La ressemblance apparente d'un test avec une activité professionnelle ne garantit en rien sa validité. De nombreux tests parmi les plus valides ne présentent au contraire aucun des aspects superficiels qui permettraient de les apparenter a priori au métier. Il est difficile, lorsqu'on se trouve devant un problème nouveau, de prévoir exactement quel test sera le plus valide et pourquoi il est valide ; seule l'expérience peut venir confirmer (ou infirmer) le choix des tests, seuls de longs calculs (par exemple l'analyse factorielle) peuvent révéler les facteurs latents qui les rendent valides par leur communauté avec la réussite professionnelle.

En passant en revue les conclusions de la recherche fondamentale sur les aptitudes psychomotrices, Fleishman (1957) écrivait : « Il est d'un intérêt général que nous ayons constaté l'indépendance complète de l'aptitude aux tâches de manipulation fine et de l'efficience dans les exercices physiques importants ou l'aptitude dans les tâches de coordination »....... « La même aptitude sous-jacente contribue à l'efficience dans une grande variété de tâches du type réajustement compensateur et poursuite, et est fondamentale pour toute une gamme d'autres tâches dans lesquelles la nécessité d'anticiper et le contrôle de la vitesse sont requis, comme par exemple la coordination pied/main, la coordination des deux mains et bien d'autres qui peuvent être des capacités différentes, mais impliquent la même aptitude de base ».

Un test de « poursuite et de réajustement compensateur » figure déjà parmi les épreuves discriminatives entre le groupe accidenté et le groupe témoin lors des expériences de Farmer et Chambers, résumées par Chambers (1955).

Lefetz écrivait en 1954 « l'étude des principaux métiers du chemin de fer fait ressortir l'importance de l'examen des fonctions psychomotrices en ce qui concerne : la coordination visio-motrice complexe, la dissociation des mouvements à cadence imposée, le contrôle émotionnel des réactions psychomotrices.

Les épreuves traditionnelles, en nombre très limité dans ces domaines, ne permettaient que de sonder certains de ces aspects. Il convenait donc de rechercher un moyen de mettre synthétiquement en jeu ces différentes fonctions sous leur forme dynamique. Ceci ne pouvait être obtenu qu'en s'inspirant du principe des épreuves dites de poursuite et plus particulièrement des travaux de Bonnardel sur le test du « Double Labyrinthe ».

Bonnardel (1939) compare les résultats de groupes accidentés et non accidentés (ouvriers d'usine) au test du Double Labyrinthe expérimental. Le médian des accidentés ayant eu plus de 50 jours d'absence en trois ans est au niveau du décile inférieur de l'étalonnage général pour la variable « nombre d'erreurs » et de l'avant-dernier décile pour la « durée de l'essai » et la « durée totale des erreurs ».

Le test du Double Labyrinthe (Bonnardel, 1946), qui est la version définitive, s'est montré très significativement valide également pour le contrôle de conducteurs de camions (Bonnardel, 1954). Il fut utilisé pour l'examen des grutiers du bâtiment en 1962, les résultats furent très significativement valides (r.33) par rapport à un critère formé d'échelles de notations professionnelles.

La batterie de tests dite « Sécurité de Bonnardel », qui a été utilisée pour l'examen des pilotes d'Air France et Air Inter comprenait, entre autres, le test de poursuite et réajustement compensateur du Double Labyrinthe. Elle fut aussi utilisée par l'Armée de l'air.

5. Historique du test de la Grecque de Bonnardel

Auteur : R. Bonnardel.

Producteur : Etablissements d'Applications Psychotechniques (EAP).

Création et diffusion : 1951 – 1986 – Sigle GQB – tu (Z).

Domaine psychologique : Dissociation/coordination (catégorie A).

Bibliographie.

Bonnardel R, 1951, Une épreuve de précision et de coordination des mouvements, la Grecque, *Le Travail Humain.*

Bonnardel R, 1957, Analyse factorielle d'une batterie de tests manipulatifs et de réactions, *Le Travail Humain.*

Bonnardel R, 1955, Analyse factorielle de tests manipulatifs, *Le Travail Humain.*

Tiffin, Mc Cormick, 1967, *La psychologie industrielle*, Paris, PUF.

Zurfluch J, 1976, *Les tests mentaux*, Paris, Editions Universitaires.

Simonnet R, Guyot D, 2008, *Un siècle de psychologie et de psychotechnique,* p. 114, Paris, L'Harmattan.

Descriptif : dans le test de la Grecque, l'ergot est commandé directement par deux leviers comme dans les tests de stabilité du geste, mais d'une façon beaucoup plus complexe. La dimension des leviers met en jeu des mouvements amples des bras et des avant-bras qui en fait plus un test de dissociation/coordination des mouvements qu'un test de stabilité gestuelle.

L'ampleur des mouvements et la complexité des articulations mécaniques sont à l'origine d'une plus grande difficulté pour les personnes dont la compréhension mécanique est peu développée. Ce test s'est surtout révélé utile pour déceler les ouvriers sans spécialité auxquels il sera possible de confier des travaux délicats dans des ateliers d'usinage mécanique.

1952 (Photo 101)

Le test est constitué d'un chemin en forme de grecque curviligne découpé dans une plaque métallique. Un ergot commandé par un système de leviers se déplace dans ce chemin.

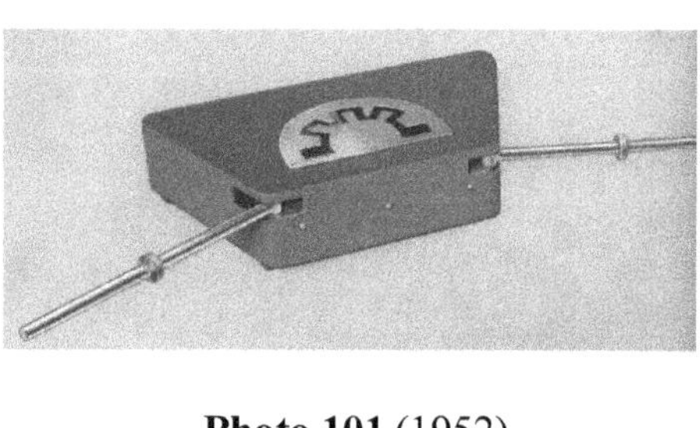

Photo 101 (1952)

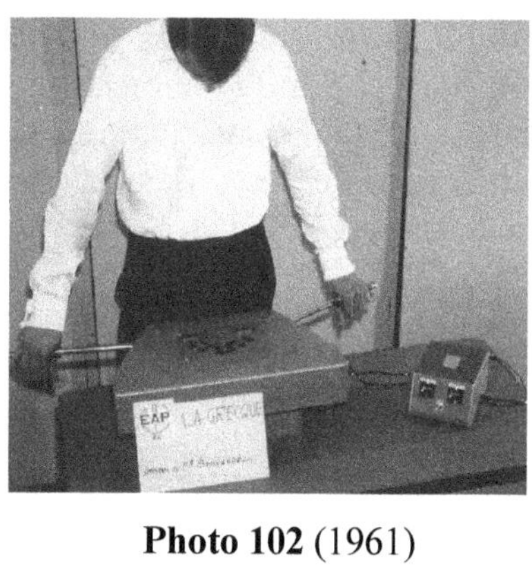

Photo 102 (1961)

1961 (Photo 102)

Le sujet, debout, tient dans chaque main l'extrémité d'un levier. Il manœuvre des leviers qui, par l'intermédiaire d'un mécanisme, déplacent l'ergot devant parcourir le trajet d'un bout à l'autre. Durant ce travail, il doit éviter que l'ergot entre en contact avec les bords de la plaque métallique.

En donnant la consigne, l'opérateur insiste auprès du sujet sur ce qu'on attend de lui. Comme tous les tests de précision, il lui indique de ne pas se presser, de prendre tout son temps.

Le test de la Grecque, conçu pour des examens en série, doit fournir les renseignements les plus utiles dans un minimum de temps. La durée moyenne de passage est de deux minutes. Lorsqu'un examen est terminé, le test est prêt pour l'examen suivant. Sont enregistrés la durée de l'épreuve, le nombre d'erreurs, la durée des erreurs.

6. Histoire du test mexicain de Bonnardel

Auteur : R. Bonnardel.

Producteur : Etablissements d'Applications Psychotechniques (EAP).

Création et diffusion : 1952 – 1961 – Sigle : LMB – tu (Z).

Domaine psychologique: Dissociation/coordination des mouvements.

Bibliographie.

Bonnardel R, 1951, Un test de précision : le Mexicain, *Le Travail Humain.*

Bonnardel R, 1952, Regard sur la psychologie appliquée, *Le Travail Humain.*

Bonnardel R, 1959, Liaisons examens psychométriques et réussite, *Le Travail Humain.*

Descriptif: dans les applications psychométriques, il est utile de posséder une série d'épreuves permettant d'envisager la précision, dans un sens de coordination/dissociation des mouvements, des candidats pour la réalisation de tâches diversifiées. Le test Mexicain, s'il peut être comparé, en ce qui concerne les résultats obtenus, à ceux du test Omega, en est différent par la population à laquelle il est destiné. Celle-ci, plus orientée vers des travaux de force (gros travaux), est toujours plus à son aise par l'utilisation d'un test de grandes dimensions. Le profil tourmenté du tracé permet d'obtenir, par une difficulté du parcours plus importante, un résultat dont la précision est plus valide. La durée d'utilisation du test Mexicain fut relativement courte, il sera lentement abandonné au profit du test Omega.

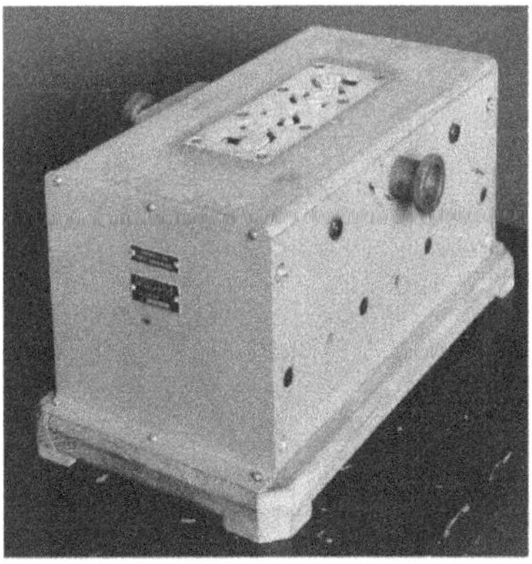

Photo 103 (1953)

1953 (Photo 103)

Le test est constitué par un chemin en forme d'une décoration aztèque de Mitla au Mexique, découpé dans une plaque métallique. Un ergot, commandé par un mécanisme et deux boutons moletés, se déplace dans ce chemin. Le sujet, debout, agit sur les molettes de façon à ce que l'ergot parcoure le trajet d'un bout à l'autre. Durant ce travail, il doit éviter que l'ergot entre en contact avec les bords de la plaque métallique. En donnant la consigne, l'opérateur insiste, comme dans toutes les épreuves de précision, de prendre son temps afin d'éviter des erreurs. Sont pris en compte la durée de l'épreuve, le nombre d'erreurs, la durée totale des erreurs.

7. Historique du test DM (Dissociation des Mouvements)

Auteur : Denise Guyot (1914-2016).

Producteur : Etablissements d'Applications Psychotechniques (EAP).

Création et diffusion : 1963 – 2000 – Sigle : DM -- tu (Z).

Domaine psychologique: Dissociation/stabilité (catégorie A).

Bibliographie.

Tiffin, Mc Cormick, 1967, *La psychologie industrielle*, Paris, PUF.

Zurfluh J, 1976, *Les tests mentaux,*Paris, Editions Universitaires.

Simonnet R, Guyot D, 2008, *Un siècle de psychologie et de psychotechnique*, p. 160, Paris, L'Harmattan.

Descriptif: le test composite « DM » de dissociation et stabilité des mouvements est d'une conception originale, puisqu'il rassemble, pour chacun des mouvements, d'une part, la stabilité du geste (catégorie B) avec la main gauche (déplacements latéraux) et, d'autre part, la dissociation/ coordination des mouvements (catégorie A) avec la main droite (déplacements longitudinaux). Il est constitué par un chemin sinueux découpé dans une plaque métallique. Un ergot commandé par un système de levier et volant se déplace dans ce chemin. Le sujet, debout, tient dans la main gauche le levier et dans la main droite le volant.

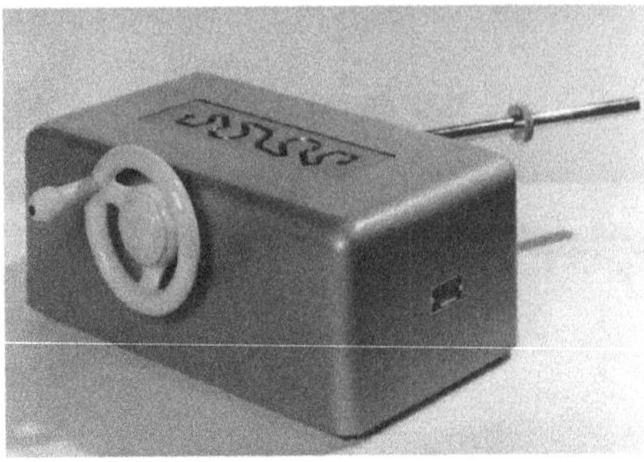

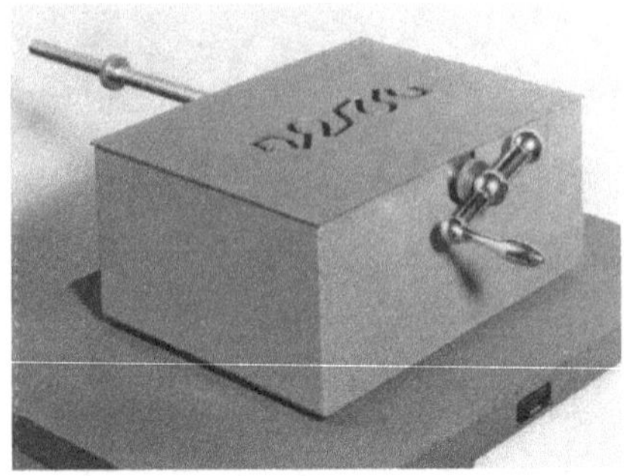

Photo 104 (1963) **Photo 105** (1979)

Le test DM était utilisé dans le service de découpe et d'emboutissage sur des machines dangereuses d'une entreprise d'électromécanique, et l'interruption de l'action du service psychotechnique, utilisant entre autres le test DM, s'était traduite par une hausse tragique du nombre d'accidents. Après le rétablissement de ce service, trois fois moins d'accidents furent enregistrés et presque cinq fois moins de journées perdues.

1963 (Photo 104)
Dans ce test, le levier agit directement sur l'ergot (stabilité du geste /tremblements), alors que le volant agit sur l'ergot par l'intermédiaire d'un mécanisme (coordination /dissociation des mouvements). La consigne lors de l'examen précise de ne pas se presser, de prendre son temps pour éviter les erreurs.

1979 (Photo 105)
A cette époque, le boîtier bénéficie des améliorations techniques pour le rendre beaucoup moins lourd, et le rendre plus transportable. Utilisé dans une batterie de tests pour des populations de conducteurs d'engins de travaux publics, les résultats statistiques ont montré une corrélation de .83 entre le nombre d'erreurs (précision), de .69 entre le temps de passation (conscience professionnelle) et .78 entre la durée moyenne des erreurs (adaptabilité) et le critère de réussite lié au nombre d'accidents.

8. Historique du test du tourneur tridimensionnel de Goguelin
Auteur : P. Goguelin.
Producteur : Etablissements d'Applications Psychotechniques (EAP).
Création et diffusion : 1954 – 1995 – Sigle : TDG – tu (Z).
Domaine psychologique évalué : Dissociation/coord.-(catégorie A).

Bibliographie.
Goguelin P, 1950, Recherches sur la sélection des conducteurs de véhicules, *Le Travail Humain.*
Goguelin P, 1951, Etude du poste d'électricien et sélection pour ce poste *Le Travail Humain.*

Goguelin P, 1952, Nouvelles recherches sur la sélection des conducteurs, *Le Travail Humain.*

Goguelin P, 1953, Pré-étude sur la sélection des pontiers-grutiers, *Le Travail Humain.*

Tiffin, Mc Cormick, 1967, *La psychologie industrielle*, Paris, PUF.

Descriptif : le test du « Tourneur Tridimensionnel » (TDG) a été conçu par l'auteur pour la sélection des pontiers et des grutiers. Le métier de pontier nécessite, d'une part, le guidage d'une pièce d'un point à un autre au moyen de trois manœuvres (translation, direction, levée), donc une coordination de mouvements dans trois plans et, d'autre part, une vision en profondeur très précise. C'est pour répondre à ces contraintes que le Tourneur Tridimensionnel a été conçu.

A partir de données rassemblées par certains auteurs, on constate qu'un procédé de mesure composite tel que le TDG était plus efficace pour prédire la façon de conduire un engin que n'importe quelle mesure de fragments isolés d'un comportement. Le TDG est un bon exemple de ces épreuves mimétiques permettant de contrôler des professionnels comme les pontiers et les grutiers. Le nombre et la durée des erreurs au test ont permis de retrouver la hiérarchie des postes auxquels les sujets ont accédé (Goguelin, 1953).

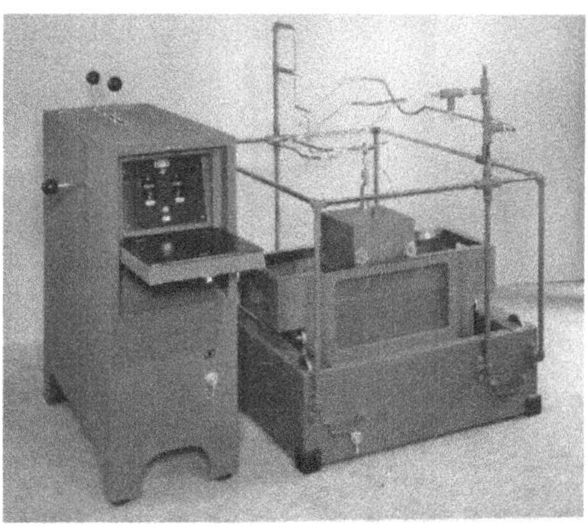

Photo 106 (1954)

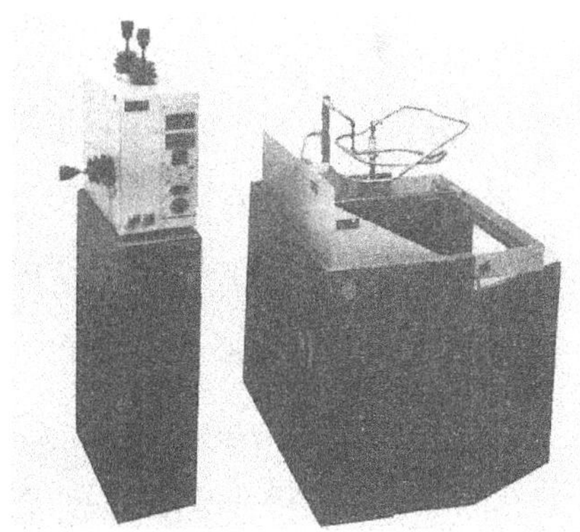

Photo 107 (1990)

1954 (Photo 106)

Le test comprend un fil métallique sinueux, en l'air, tenu à chaque extrémité. Ce tracé se trouve à 0,80 mètre du sol et est placé derrière un pupitre portant trois manettes. Un œilleton, dont le déplacement est commandé par ces manettes, est placé autour du fil. Chaque manette permet, par un moteur, le déplacement de l'œilleton dans chacun des mouvements de translation, de direction, de levée. Le sujet, placé debout devant le pupitre, doit faire parcourir le fil à l'œilleton. Tout contact de l'œilleton avec le fil constitue une erreur dont le nombre et la durée sont enregistrés par des compteurs électriques. L'épreuve est chronométrée.

1990 (Photo 107)

Le test en cette période utilise l'électronique qui permet de réduire considérablement l'encombrement.

9. Historique du test du Traçage, appelé aussi Mouvements Coordonnés

Auteur : J.M. Lahy.

Producteur : Ets d'Applications Psychotechniques (EAP).

Création et diffusion:1925-1995 : Sigle TR puis MCL-tu (Z).

Domaine psychologique : Stabilité du geste (catégorie B).

Descriptif : le test des Mouvements Cordonnés » (MCL) dénommé autrefois test du Traçage (TR), destiné à l'évaluation de la stabilité d'un geste, a subi tout au long des années des transformations notoires quant à sa présentation, sans que jamais soit altérée la validité des résultats obtenus.

Il faut comprendre que l'évaluation du tremblement des mains, et des différentes parties des membres supérieurs, était des plus complexes à concevoir. Il fallait que, lors d'un même mouvement des deux mains, leur coordination ne soit pas prise en compte.

Photo 108

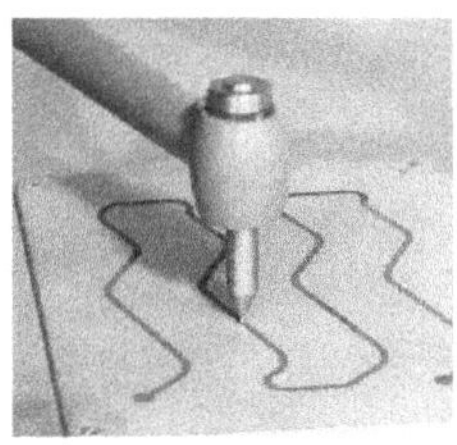

Photo 109

Photo 110

Pour ce faire, en 1924, les premières recherches se portèrent sur un appareil où l'action du déplacement d'un pointeau dans une gorge, formant des courbes successives, (photo 108), devait fournir des résultats qui ne furent jamais satisfaisants. Quelques années plus tard, Lahy eut l'idée de modifier l'action des mains en leur faisant déplacer, non plus la gorge, mais le tracé, alors que le pointeau reste fixe, comme le présente la photo 109. Le test, dont les résultats furent, statistiquement satisfaisants, ne fut modifié qu'en 1960. En 1944, Bonnardel, reprenant les recherches sur la stabilité motrice lors d'un mouvement quelconque, mit en évidence que, dans les mouvements fins, l'action du tremblement des mains contrariait leur coordination, d'où la réalisation d'un test dont la position de deux ergots dans une gorge sinueuse enregistrait chaque tremblement avec une grande précision.- Test dénommé : Sinusoïde (Photo 110).

1924 (Photo 111)

Le test de la photo 111 ne sera jamais diffusé ; il résuma bien les difficultés qu'eurent les chercheurs à mettre au point, techniquement, l'appareil qui devait permettre de donner une évaluation du tremblement des mains lors de leurs déplacements dans de nombreux travaux manuels. Le mécanisme de cet ensemble ne pouvait donner de résultats fiables, son utilisation étant sujette à des variations inopinées.

Photo 111 (1924)

Photo 112 (1927)

1927 (Photo 112)

Il est facile de comprendre comment l'auteur, Lahy, a résolu le problème en concevant un test massif, lourd, ne laissant aucune chance au hasard de pouvoir modifier les résultats du candidat. Ce test, dénommé traçage, comprend un socle lourd, dont la surface est polie, ne laissant apparaître aucune aspérité, une tablette montée sur quatre pieds sur laquelle sont placés le tracé et un col de cygne avec le pointeau.

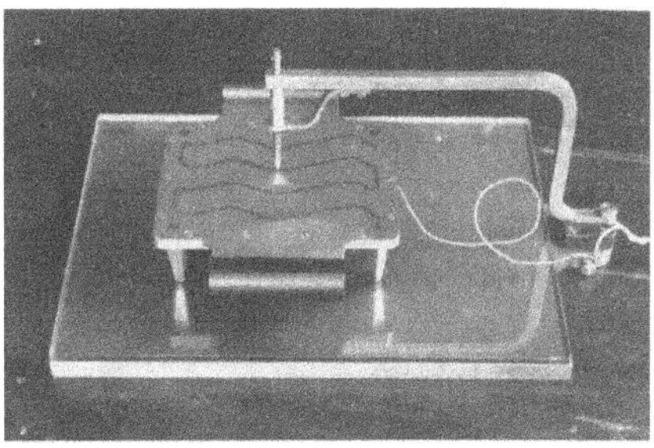

Photo 113 (1928)

Photo 114 (1929)

1928 (Photo 113)

De conception identique, ce test du Traçage a subi, après quelques années, une petite amélioration quant à son encombrement. Le travail du sujet consiste à prendre la tablette avec ses deux mains, alors que le pointeau est placé, par l'opérateur, au début du circuit dessiné sur la tablette.

1929 (Photo 114)

Le test est relié à un coffret sur lequel sont insérés deux compteurs qui enregistrent, l'un le nombre de fois que le pointeau situé sur le col de cygne touche le bord du circuit (erreur), l'autre la durée cumulée de ces erreurs.

Photo 115 (1930)

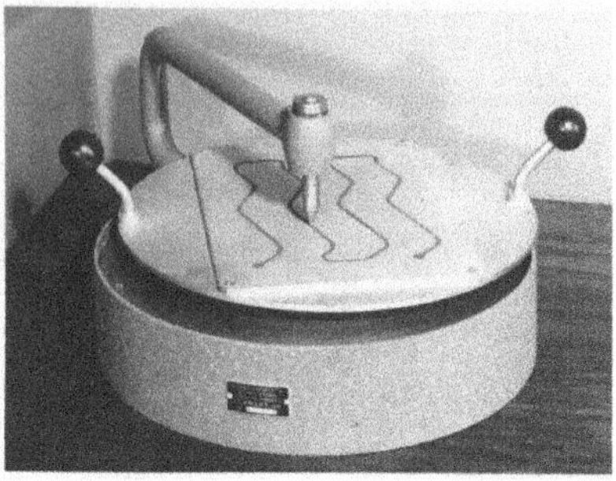

Photo 116 (1947)

1930 (Photo 115)

En situation d'examen, le candidat concentre son attention sur le tracé inséré sur la tablette et dirige mentalement l'action de ses mains de façon à ce qu'elles agissent ensemble. Chaque tremblement, ne serait-ce que d'une des mains, déplace la tablette et met le pointeau en contact avec la bordure du tracé. A ce moment, l'erreur est enregistrée ainsi que sa durée.

1947 (Photo 116)

A la sortie de la Deuxième Guerre mondiale, d'importantes avancées technologiques modifient la présentation des tests. Dans ce cas précis, le test du Traçage est réduit pour ne laisser place qu'à un encombrement qui ne prend en compte que ce qui est utile à l'évaluation, c'est-à-dire à l'obtention de la mesure.

Photo 117 (1954)

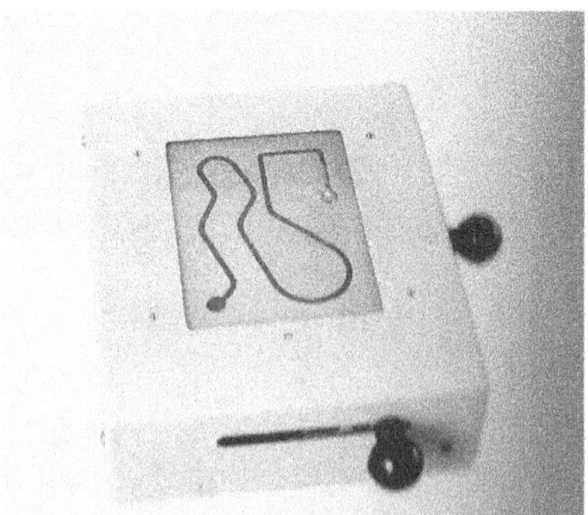

Photo 118 (1960)

1954 (Photo 117)

Dernière présentation de ce test avant une modification importante. Si la situation d'examen reste la même, l'appareil composant le test est d'une présentation qui reflète une époque où l'esthétique a fait son apparition. L'ingénieur laisse libre cours à son imagination et donne au réalisateur la possibilité de mettre en évidence ses capacités.

1960 (Photo 118)

Depuis quelques années, la diffusion du test de la Sinusoïde de Bonnardel, beaucoup plus pratique, statistiquement plus performant, et moins cher, limitait la diffusion du test de Traçage. Néanmoins, certains psychologues, utilisateurs de ce test, furent à l'origine d'une modification de présentation importante. A partir de cette date, le test du Traçage fut dénommé le test des Mouvements Coordonnés de Lahy (MCL). Comme avec le test de Traçage, l'action des mains est en prise directe avec le déplacement du pointeau. Avec le test des Mouvements Coordonnés, l'évaluation est donc celle des tremblements et respecte ainsi la volonté de l'auteur.

Le pointeau ou curseur est déplacé par le sujet suivant deux axes perpendiculaires le long d'une courbe gravée sur une plaque de verre, qui reprend le profil du test du Traçage. Deux leviers ou manettes commandent directement, sans aucun intermédiaire. L'action directe du geste sur le curseur laissera apparaître très nettement, par la trace inscrite sur une feuille de papier, toutes les erreurs en direction et en amplitude des mains.

10. Historique du test de la poinçonneuse de Lahy

Auteur : J.M. Lahy.

Producteur : Ets d'Applications Psychotechniques.

Création et diffusion : 1926 – 1947 --- Sigle PC – tu (Z).

Domaine psychologique évalué : Stabilité du geste (catégorie B).

Descriptif : obligé de prendre en compte les différentes activités du personnel ouvrier de la STCRP, l'auteur se trouve confronté à certaines d'entre elles où l'opérateur utilisait ses deux membres supérieurs de façon différente. Pour pouvoir évaluer les possibilités de chacun pour mener à bien son travail, il conçoit, en prenant exemple sur la réalité, le test de la Poinçonneuse, dont chaque geste est différent. Le test appréhende la rapidité ou l'exactitude des gestes dans un travail simple et monotone dont le rythme est laissé libre afin de mesurer le choix de la personne.

Photo 119 (1926) **Photo 120** (1930)

1926 (Photo 119)
Entièrement métallique et composé d'un socle massif, d'un levier servant à déplacer une tige, située dans un support vertical, d'un chemin sur lequel est déroulée une bande transparente et d'un coffret de compteurs, ce test évalue la coordination de deux mouvements différents.

1930 (Photo 120)
En situation d'examen, la sujet actionne avec sa main droite le levier qui descend la tige sur la bande transparente qui a été, auparavant, placée à un endroit très précis avec sa main gauche et la perfore. Chaque erreur est enregistrée. Ce test évalue la précision avec laquelle le travail est exécuté par les deux mains. Les sujets dont les mains tremblent ne peuvent réussir.

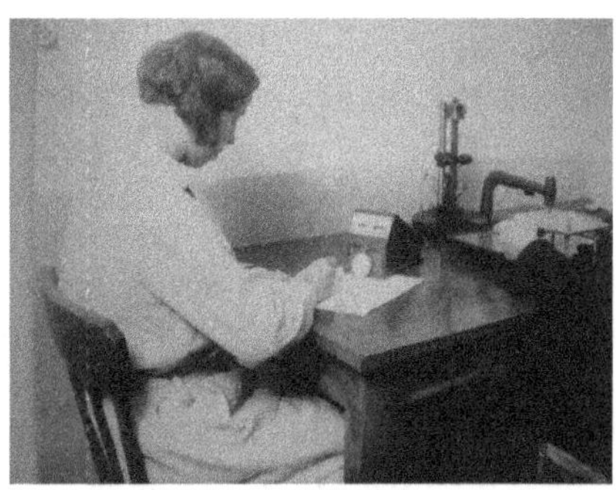

Photo 121 (1938) **Photo 122** (1930)

1938 (Photo 121)
Les études concernant le test de la Poinçonneuse permirent de mettre en évidence que les résultats obtenus étaient en redondance avec ceux du test de Traçage. Les améliorations techniques donnèrent lieu à une ultime présentation, comme le démontre la photo 121. Les demandes de la part des psychologues s'estompèrent progressivement et la production fut abandonnée.

Petite énigme :

Qui est la jeune fille en situation de test sur les photos 120, 122 et 115 ?

Réponse à l'énigme :

La jeune fille est Denise Guyot. En 2012, sur la photo 123, elle a 98 ans et est la doyenne des adhérents de l'Association des Conseillers d'Orientation.

Elle a, sur les photos120 et 122, 16 ans, et participe à des essais des épreuves psychotechniques des EAP (Editions d'Applications Psychologiques) avec son père Gaston Guyot. A sa gauche Robert Simonnet (photo 123).

Simonnet-Guyot Denise 1914 – 2016.

Photo 123 (2012)

11. Historique du test de la sinusoïde de Bonnardel

Auteur : R. Bonnardel.

Producteur : Ets d'Applications Psychotechniques (EAP).

Création et diffusion: 1947 – 2014 – Sigle SNB – tu (Z).

Domaine psychologique : stabilité du geste (catégorie B).

Bibliographie.

Bonnardel R, 1950, Une nouvelle épreuve de précision des mouvements des mains, *Travail Humain.*

Bonnardel R, 1957, Analyse factorielle d'une batterie de tests manipulatifs, *Travail Humain.*

Husson P.H, Verdalle M, 1971, L'insertion professionnelle des débiles mentaux, *Bulletin de Psychologie.*

Wittersheim J.C J. Schlegel J, 1970, Essai de validation d'une batterie de sécurité, *Travail Humain .*

Tiffin, Mc Cormick, 1967, *La psychologie industrielle*, Paris, PUF.

Wittersheim J.C, 1980, *La prévention des accidents par les méthodes psychologiques,* Issy-les-Moulineaux, Editions EAP.

Descriptif : c'est pour résoudre les problèmes d'affectation du personnel dans une des plus grandes entreprises d'automobiles (Peugeot à Sochaux) que Bonnardel, face aux nombreux accidents du travail, mit progressivement au point les tests qui portent son nom, en utilisant des techniques qui lui étaient personnelles.

1948 (Photo 124)

Le test de la Sinusoïde (SNB) comporte deux ergots métalliques cheminant dans la gorge sinueuse d'une plaque métallique. Les deux ergots sont fixés sur un disque de matière isolante. La tâche du sujet consiste à faire progresser les deux ergots d'un bout à l'autre de la gorge en déplaçant le disque à l'aide des deux mains. Cette épreuve est passée en position assise. Il est recommandé au sujet de « prendre tout son temps ». Le temps de la passation, le nombre et la durée des erreurs sont enregistrés, mais dans certains cas seule la durée est prise en compte.

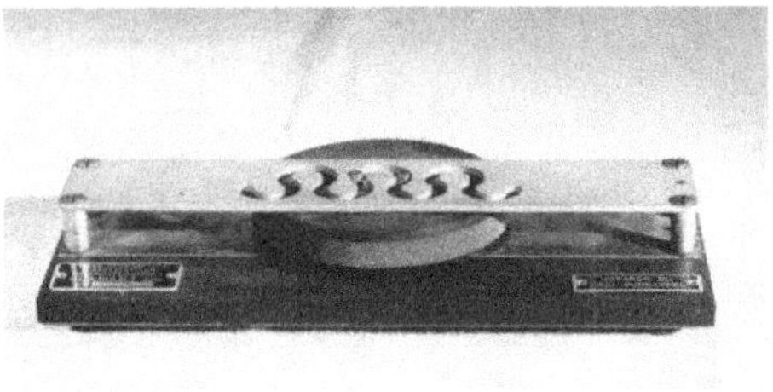

Photo 124 (1948)

1971 (Photo 125)

Les résultats au test Sinusoïde donnent une évaluation, statistiquement valide, quant aux tremblements des mains du sujet. Dans cette épreuve de précision des mouvements manuels passée en temps libre, le sujet est confronté au conflit « rapidité-précision », il règle lui-même sa vitesse en disposant de l'information en retour que constitue sa réussite ou ses erreurs.

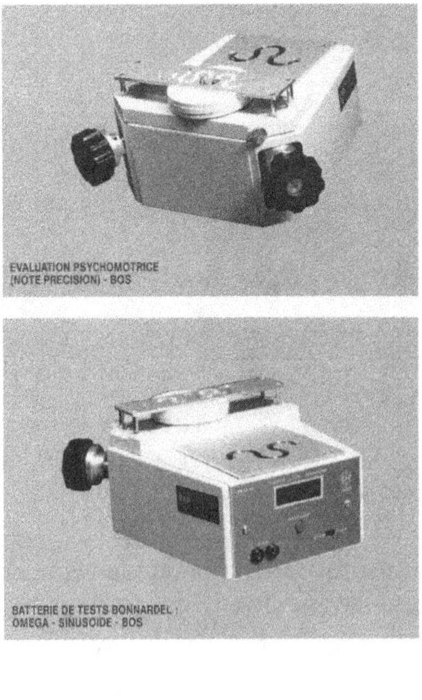

Photo 125 (1971)

Si le test Sinusoïde n'a subi aucune modification de présentation dans le temps, il a fait l'objet d'une association avec le test Oméga afin de satisfaire à une facilité d'utilisation pour obtenir la note P (précision). La note P est établie à partir des notes partielles obtenues aux tests Sinusoïde, Oméga, Double Labyrinthe. Pour plus de facilités, le test Sinusoïde a été incorporé au test Oméga avec les compteurs d'enregistrement des erreurs.

12. Les batteries de compteurs d'erreurs
Auteur : G. Guyot, - D. Guyot, - R. Simonnet.
Producteur : Etablissements d'Applications Psychotechniques (EAP).
Création de cet accessoire : 1927 à 2000.

1927 (Photo 126)
A cette époque, l'enregistrement des erreurs et de la durée des erreurs était réalisé par deux compteurs mécaniques qui, à chaque touche du candidat, pendant la passation du test, recevaient électriquement une impulsion. Le coffret était construit en bois.

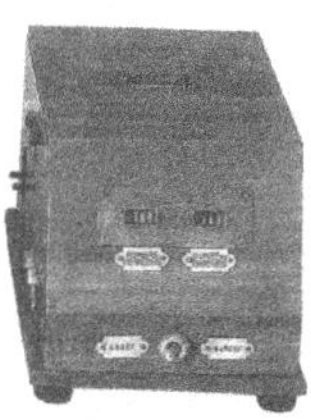

Photo 126 (1927)

Photo 127 (1938)

1938 (Photo 127)
La modification la plus importante quelques années plus tard consiste en une fabrication du coffret en métal. Beaucoup moins onéreux, ce coffret offre les avantages d'être plus robuste et moins lourd. Les compteurs, de dimensions plus petites, possédaient une amélioration technique quant à l'utilisation de mécanismes beaucoup plus fiables pour une utilisation beaucoup plus intense.

1950 (Photo 128)
Les techniques mécaniques en nette progression donnent la possibilité de réduire l'encombrement des compteurs et permettent ainsi d'obtenir un boîtier plus petit. L'esthétique s'en trouve améliorée et les angles plus arrondis du coffret le rendent plus facilement transportable.

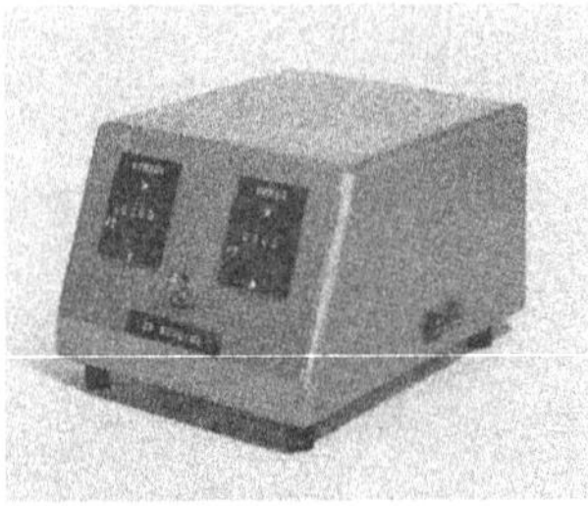

Photo 128 (1950)

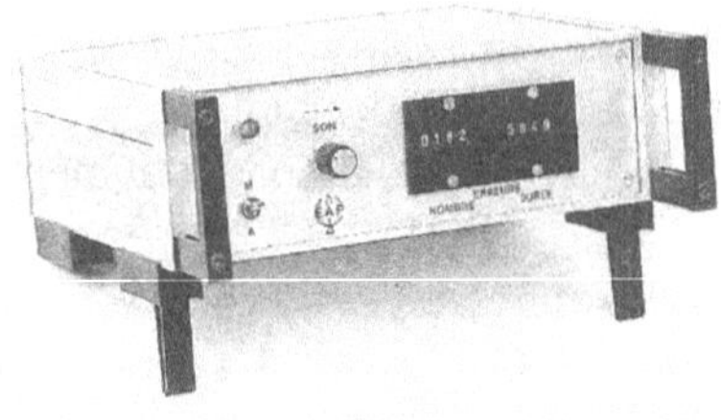

Photo 129 (1965)

1965 (Photo 129)

Les compteurs sont gérés par l'électronique et deviennent plus sensibles. L'enregistrement du nombre et de la durée des erreurs est réalisé au 1/10 de seconde. La lecture directe est de 4 chiffres avec remise à zéro manuelle.

Photo 130 (1975)

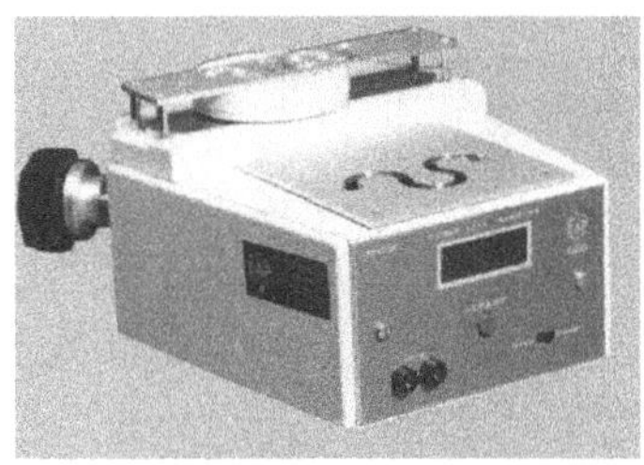

Photo 131 (1985)

1975 (Photo 130)

Révolution technologique, cette nouvelle batterie de compteurs électroniques affiche, en chiffres lumineux, le nombre des erreurs et la durée totale des erreurs au 1/10 ou 1/100 de seconde, ainsi que la lecture directe du temps de passation de l'épreuve, alors qu'auparavant celle-ci nécessitait l'utilisation d'un chronomètre.

1985 (Photo 131)

A partir de cette année, les compteurs sont insérés, dans la mesure du possible, dans chaque test, ceci grâce à la miniaturisation des compteurs, associée à une amélioration technologique considérable. Le temps de l'épreuve, le nombre et la durée des erreurs sont présentés sur un seul compteur, les uns à la suite des autres.

Chapitre 5

Historique des tests du domaine de la motricité - F –

Les tests du domaine de la motricité sont des épreuves sensori-motrices où l'aspect « cognitif » intervient très peu, ils mesurent des aptitudes neuro-musculaires ou une combinaison d'aptitudes sensorielles et neuromusculaires. Ils recouvrent toutes ces aptitudes ou habiletés appelées communément : dextérité, adresse de manipulation, habileté motrice, coordination « œil-main », et tous les autres types de performances musculaires comme par exemple l'imprécision du geste.

La durée de la passation est presque toujours chronométrée afin d'obtenir une analyse valide des résultats. Les tests relatifs au domaine de la motricité sont les suivants :

Test du Pointage de Lahy.
Test de Dextérité manuelle de Bonnardel.
Test d'Habileté manuelle de la BGA.
Test Orthokinésimètre de Bize.
Test de Rapidité et précision de Goguelin.
Test d'Habileté manuelle d'Heuyer-Baille.
Test du Développement moteur d'Ozéretski.
Test de Dextérité de Moede.
Test des Disques de Walter.
Tests du Fil de fer de Goguelin et de Valin.
Test de la Tour (habileté manuelle) de Roye.

Deux aptitudes principales sont retenues dans l'utilisation des tests de motricité :

L'aptitude à exécuter rapidement et avec précision une série de mouvements qui exigent une coordination œil-main appelée « habileté manuelle ».

L'aptitude à manipuler des objets rapidement avec les doigts appelée « dextérité digitale ».

Les corrélations très basses, trouvées entre des tests d'aptitudes à la mécanique générale (façonnage des métaux à la main ou en utilisant des machines) et les tests de motricité, justifient la conclusion que, du point de vue pratique, les aptitudes motrices peuvent être considérées comme relativement indépendantes des aptitudes à la mécanique générale. Il n'existe pas, non plus, de relations appréciables entre les aptitudes motrices et les mesures anthropomorphiques, comme la longueur des doigts ou d'autres dimensions du corps.

Dans de nombreux ouvrages de psychologie, les « tests de motricité » sont classés, par les auteurs, dans un chapitre commun « test psychomoteurs » ou, quelquefois, « tests psychomoteurs (sensori-moteurs) ». Ils sont regroupés, dans le présent ouvrage, dans deux chapitres bien distincts : domaine « psychomoteur » et domaine « motricité ».

Il est intéressant de savoir que ces auteurs relatent l'existence de doutes sur l'indépendance statistique des diverses aptitudes « appelées psychomotrices » entre elles. Vernon, par exemple, soulignait déjà en 1950 que, dans plusieurs études de tests qu'il appelle « psychomoteurs », il a pu constater que, si certains tests ont des corrélations entre eux, dans l'ensemble, les inter-corrélations entre les groupes de tests « moteurs » et « psychomoteurs » sont très faibles ; entre .25 et .27, pour une étude, et entre .30 et .13 pour l'autre. Cette inter-corrélation, très faible entre les tests, mettait déjà en évidence que deux domaines existaient à cette époque, et auraient dû permettre une classification séparée.

1. Historique du test du pointage de Lahy

Auteur : J.M. Lahy.
Producteur : Ets d'Applications Psychotechniques (EAP).
Création et diffusion : 1925 – 2000 --- Sigle : PTD – tu (Z).
Domaine psychologique évalué : motricité.

Bibliographie.

Le Travail Humain, 1936, tome IV, n°1.
Le Travail Humain, 1954, tome XVII, n°3-4.
Tiffin, Mc Cormick, 1967, *La psychologie industrielle*, Paris, PUF.
Zurfluh J, 1976, *Les tests mentaux,* Paris, Editions Universitaires.
Simonnet R, Guyot D, 2008, *Un siècle de psychologie et de psychotechnique*, p. 36, Paris, L'Harmattan,

Descriptif : ce test a été créé par l'auteur en vue da la sélection du personnel de la Régie des transports de la région parisienne (STCRP) et a été utilisé par tous les grands laboratoires psychotechniques de recherche en orientation et en sélection professionnelles. L'épreuve n'exige qu'un travail purement moteur qui fait appel à des mouvements simples d'ajustement en rythme imposé. Il permet de déceler, outre la précision du geste, la stabilité du comportement à la monotonie. L'appareil utilisé pour la réalisation de ce test se compose d'un cylindre tournant sur lequel sont disposées 3 séries de 10, 20 et 100 plots utilisés pour la démonstration, l'apprentissage et le test. Le sujet pointe les plots à chaque passage dans une fenêtre rectangulaire à l'aide d'un stylet. Chaque contact du stylet sur le plot est enregistré par un compteur totalisateur.

1931 (Photo 132)

Les premiers tests de pointage utilisaient une bande de papier qui se déroulait en continu sur un cylindre et était percée de 100 trous répartis différemment. Le sujet devait, avec un stylet, toucher, dans la fenêtre rectangulaire, chaque trou. A ce moment, le contact qui avait lieu avec le cylindre métallique était enregistré par un compteur.

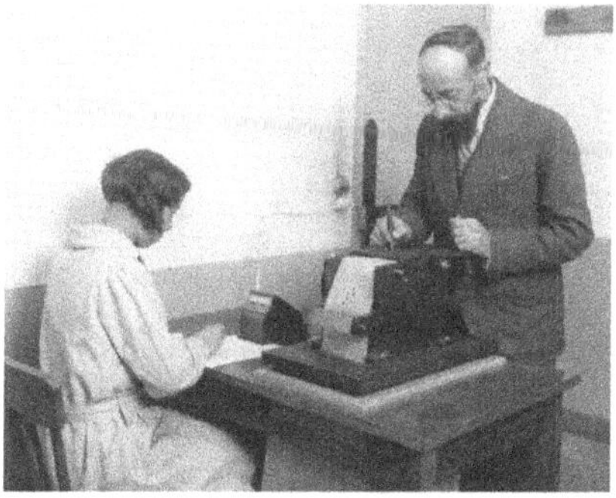

Photo 132 (1931) **Photo 133** (1932)

1932 (Photo 133)

La bande de papier percée de 100 trous, répartis suivant une logique de difficulté progressive, repassait 10 fois. Ces 10 séquences donnaient un total de 100 contacts possibles, enregistrés sur le compteur totalisateur qui apparaît sur la photo 133.

1939 (Photo 134)

A cette époque, la bande de papier perforée est remplacée par un cylindre sur lequel des plots en cuivre sont implantés sur une surface en matière isolante. La vitesse de rotation, définie statistiquement, destinée à être permanente, fera toujours l'objet d'une attention toute particulière lors de modifications techniques, durant les années qui suivirent.

1940 (Photo 135)

On aperçoit sur la photo 135 la frappe sur le plot par le stylet. L'épreuve consiste, pour le sujet, à pointer, au moyen du stylet, 10 séries de 100 plots placés à la périphérie du tambour tournant. Des compteurs enregistrent le nombre de plots pointés. Le temps de passation est de 10 minutes et la correction est immédiate. L'âge d'application concerne les adolescents et les adultes.

1966 (Photo 136)

Les progrès techniques permettent de réduire l'encombrement et le poids du test. Il se compose de 2 fenêtres rectangulaires laissant apparaître les plots de 6 m/m de diamètre, posés irrégulièrement sur le pourtour du cylindre tournant. Devant l'une de ces fenêtres passent 10 plots utilisés pour la démonstration, puis 20 plots utilisés pour l'apprentissage. Devant l'autre fenêtre défile la série de 100 plots utilisés pour le test, cette série passe 10 fois.

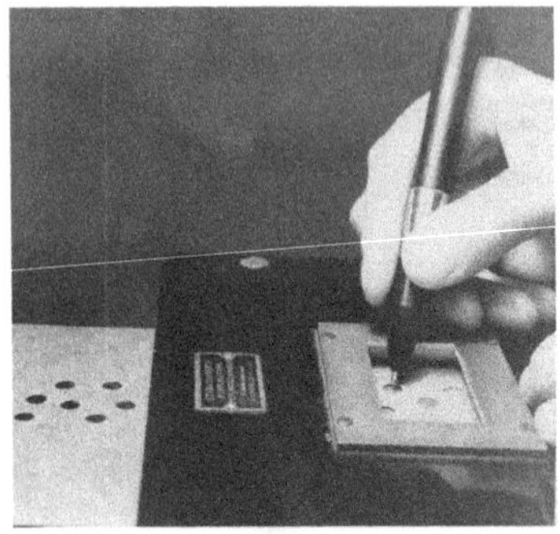

Photo 134 (1939) **Photo 135** (1940)

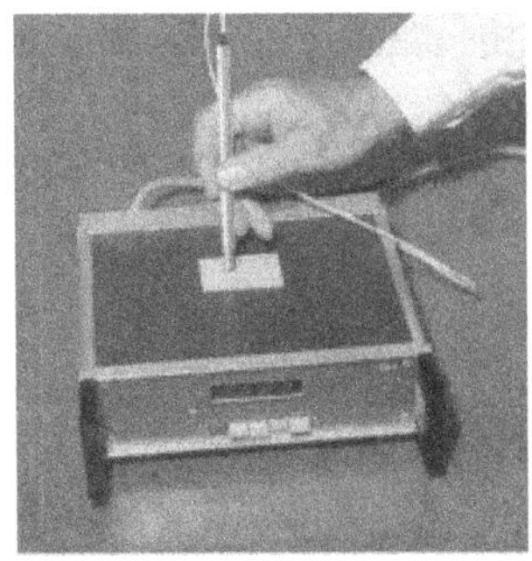

Photo 136 (1966) **Photo 137** (1986)

1986 (Photo 137)

Avec l'électronique et l'informatique, le test se présente sous la forme d'un coffret métallique dans lequel un logiciel remplace le cylindre tournant. Les plots sont remplacés par des voyants lumineux qui s'allument au même rythme que la présentation des plots sur le cylindre tournant. Les 3 séquences de démonstration, d'apprentissage et du test sont respectées. Un crayon lumineux remplace le stylet. De nouveaux étalonnages furent réalisés. Ceux-ci ont démontré que la validité du test, quant à son objectif, n'avait pas été modifiée.

2. Test de dextérité manuelle de Bonardel

Auteur : Raymond Bonnardel.

Producteur : Ets d'Applications Psychotechniques (EAP).

Création et diffusion : 1947 – 2014 -- Sigle : DTB – tu (Y).

Domaine psychologique évalué : motricité.

Bibliographie.

Bonnardel R, 1957, Analyse factorielle d'une batterie de tests manipulatifs, *Le Travail Humain*.

Bonnardel R, 1951, Etudes sur le personnel d'un atelier d'outillage, *Le Travail Humain.*

Husson, Verdalle, 1972, L'insertion professionnelle des débiles, *Bulletin Psychologie.*

Zurfluh J, 1976, *Les tests mentaux,* Paris, Editions Universitaires.

Dupont, Notes sur l'habileté manuelle, *O.P. Suisse.*

Simonnet R, Guyot D, 2008, *Un siècle de psychologie et de psychotechnique*, p. 122, Paris, L' Harmattan.

Descriptif : le facteur « dextérité », obtenu à partir des tâches manuelles les plus simples (perles, écrous, tiges, chevilles) examiné à la lumière des indications fournies par la maîtrise sur le travail des ouvriers, n'est pas aussi simple qu'on pourrait le penser a priori.

Les diverses études ont montré que ce facteur est dans une certaine mesure en liaison avec la dextérité manuelle pour les niveaux ouvriers les plus bas. Par contre, dans certains travaux d'outillage, la précision importe avant tout et la rapidité n'est pas particulièrement cultivée. Ce n'est, le plus souvent, que si les capacités professionnelles d'un individu lui permettent d'accéder un jour au rang de contremaître (ou le travail est « vu de plus haut ») que les résultats dans ce facteur sont bons. Si l'on complète l'examen en ajoutant au facteur dextérité un facteur d'intelligence concrète (IPO) on peut, en règle générale, conclure :

Qu'un candidat obtenant à l'examen deux excellentes notes est capable de réussir dans n'importe quel travail d'atelier.

Qu'un candidat n'obtenant que des notes très faibles dans les deux facteurs ne pourra être employé, sans risque d'accident, que dans des petits postes très simples.

Qu'un candidat, obtenant une note élevée dans le facteur « dextérité » et faible dans le facteur « d'intelligence concrète », fera un excellent travail dans les tâches faciles.

Que les candidats, qui obtiennent une note faible dans le facteur « dextérité » et élevée dans le facteur « d'intelligence concrète » poseront le plus de problèmes ; la maîtrise ne pouvant obtenir d'eux un travail régulier assidu.

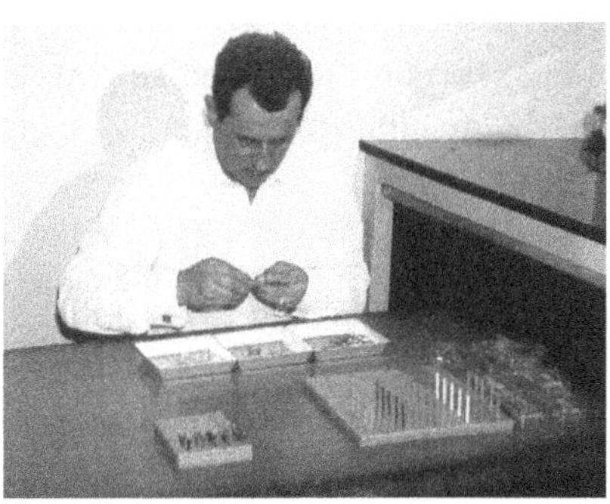

Photo 138 (1966)

Le test de dextérité manuelle DTB (photo 138) se compose de 5 petits bacs carrés avec rebord pour les accrocher, d'un grand plateau et d'un petit plateau percés de 50 trous, de 150 chevilles colorées réparties en 5 couleurs, de 200 chevilles métalliques, de 50 vis et 50 écrous jaunes.

Le candidat doit trier les écrous jaunes puis visser les écrous sur les vis pour obtenir des boulons, ensuite mettre les chevilles métalliques dans les trous d'un plateau, enfin placer les chevilles de couleurs différentes dans les trous du second plateau.

3. Test d'habileté digitale et de dextérité manuelle de la BGA

Auteur : (USA) Batterie Générale d'Aptitudes (Université de Neuchâtel).
Producteur : Ets d'Applications Psychotechniques (EAP).
Création et diffusion : 1960 – 2014 -- Sigle : BGACR – tu (Y).
Domaine psychologique évalué : motricité.

Bibliographie.

Dupont, Notes sur l'habileté manuelle, *O.P. Suisse.*

1984, Revue des études de généralisation de la validité de la BGA, *revue Psychologie et Psychométrie.*

Simonnet R, Guyot D, 2008, *Un siècle de psychologie et de psychotechnique*, p. 156, Paris, L' Harmattan

Descriptif : la structure interne de la BGA se compose de tests qui ont pour objectif de mesurer 9 aptitudes considérées comme importantes pour la réussite dans le domaine professionnel. Seuls les tests d'habileté digitale et de dextérité manuelle feront l'objet d'une description dans ce document. La Batterie complète est décrite dans le chapitre « domaine A, cognitif ».

Photo 139 (1972)

1° - Habileté digitale : les sujets bien classés dans ce domaine ont la possibilité de bien mouvoir leurs doigts et de manipuler des petits objets facilement, rapidement, et avec précision.

2° - Dextérité manuelle : les sujets bien dotés dans ce domaine meuvent leurs mains aisément et habilement, ils peuvent effectuer facilement des opérations manuelles qui nécessitent des mouvements de rotation et d'ajustement dans les relations étroites des deux mains.

Le test (photo 139) se compose de 2 planchettes rectangulaires, l'une comportant 48 trous pour recevoir des « chevilles » et l'autre 50 trous destinés à des « rivets ». Le travail est divisé en 4 opérations :

1ère opération « Déplacement des chevilles ». Sur la partie supérieure de la planchette de 48 trous, chaque trou contient une cheville. Il convient de déplacer chaque cheville dans le trou de la partie inférieure en un minimum de temps.

2ème opération « Retournement des chevilles ». Chaque trou de la partie inférieure contenant une cheville, il s'agit de remettre toutes les chevilles dans les trous de la planchette supérieure après les avoir retournées en un minimum de temps.

3ème opération « Assemblage ». Sur la planchette de 50 trous est fixée une tige métallique sur laquelle sont enfilées des rondelles. A côté de la planchette, une petite cuvette contient des rivets. Le sujet doit prendre une rondelle, la placer sur un rivet, et en mettre le plus possible dans les trous de la planchette pendant un temps alloué.

4ème opération « Démontage ». L'épreuve consiste à reprendre chaque rivet et sa rondelle puis replacer chaque élément dans son lieu d'origine, la cuvette et la tige, dans un temps alloué.

4. Test : Orthokinésimètre de Bize

Auteur : R. Bize.
Producteur : Ets d'Applications Psychotechniques (EAP).
Création et diffusion : 1959 – 2014 -- Sigle : OKZ – tu (Z).
Domaine psychologique évalué : motricité.

Bibliographie.
Bize R, 1956, L'information dentaire.
Bize R, 1964- n°2, Annales de Vaucresson.
Simonnet R, Guyot D, 2008, *Un siècle de psychologie et de psychotechnique*, p, 171, Paris, L'Harmattan,

Descriptif: le test « Orthokinésimètre » (étymologie : mesure-mouvement-correct) est essentiellement un test de motricité. Il est la réalisation instrumentale de l'épreuve clinique d'exploration neurologique dite « doigt sur le nez ». Cette épreuve est destinée à rechercher l'absence de « dysmétrie » symptomatique d'altération cérébelleuse, elle est aussi indicative du fonctionnement neurologique général. Faisant intervenir au minimum l'intelligence, ne comportant guère d'activités combinatoires, a priori peu influencé par l'éducation, ce test permet de faire la part des facteurs neurologiques, aussi bien en matière d'habileté que de malhabileté manuelles et de certaines dispositions tempéramentales (attitude à l'égard de la vitesse et de la précision).

L'appareil se compose d'une plaque isolante sur laquelle se trouvent des plages que le sujet doit toucher avec un stylet. Chaque plage est constituée de trois aires concentriques, l'une centrale, la deuxième intermédiaire, la troisième extérieure. L'épreuve est réussie lorsque l'aire centrale est atteinte, moyennement réussie pour l'aire intermédiaire, et dénote un manque de réussite lorsque l'aire extérieure est touchée. Chaque aire de chaque plage est reliée à un compteur, de telle sorte que toutes les aires centrales sont reliées à un premier compteur, les aires intermédiaires à un deuxième compteur et les aires extérieures à un troisième compteur. La comparaison des nombres enregistrés sur chaque compteur renseigne sur « l'adresse » du candidat, c'est-à-dire sur le degré de précision de son geste.

1959 (Photo 140)

Le test utilise une plaque en matière isolante qui reçoit les quatre plages en cuivre permettant le maximum de sensibilité au moment où elles sont touchées.

1965 (Photo 141)

La présentation est changée, les compteurs enregistreurs sont placés sur un plan incliné, afin d'obtenir une lecture beaucoup plus facile. Contrairement à la présentation réalisée sur cette photo, la plaque qui compose le test et qui supporte les 4 plages métalliques est toujours placée à une distance éloignée du boîtier des compteurs, afin de toujours respecter les conditions strictes de l'examen.

Photo 140 (1959)

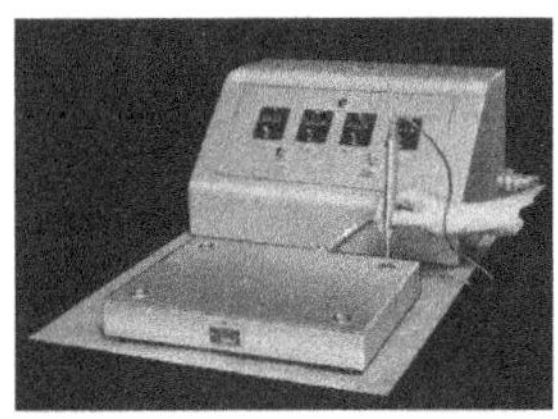

Photo 141 (1965)

1973 (Photo 142)

L'Orthokinésimètre, sur lequel seront incorporés en 1973 des tests de « Trémométrie » et de « Tapping », devient une batterie de 6 tests.

Sur a plaque en matière isolante du test Orthokinésimètre (Photo 142) seront ajoutés à cette époque les cinq tests suivants :

1 - le test de « Tapping » de Piéron (Photo 143) est une épreuve de vitesse motrice simple, où le sujet doit, en un temps imposé, effectuer le plus de touches possibles, avec un stylet, sur la plaque métallique carrée située entre les plages du test « Orthokinésimètre ». Chaque touche est enregistrée par un compteur. Le test permet d'apprécier le tempo personnel et la vitesse de frappe du sujet.

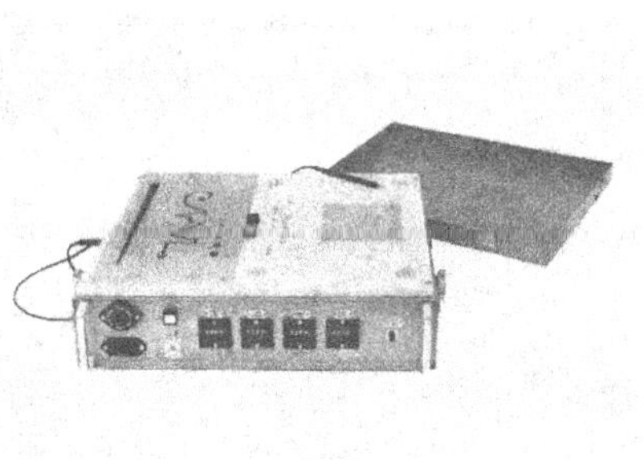

Photo 142 (1973)

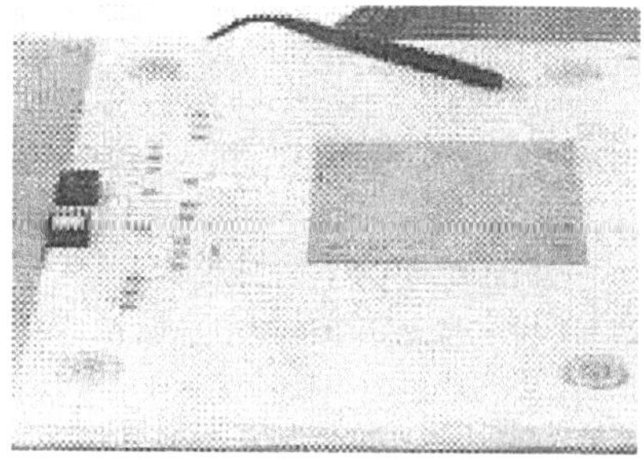

Photo 143 (1973)

2 - le test de « Pointillage » de Lahy (Photo 143), composé de petites pastilles, est complémentaire du test de « Tapping ». Le test de pointillage donne une indication sur la précision du geste tout en mesurant sa rapidité. Utilisée lors de travaux simples et monotones, cette épreuve a permis de déceler l'inaptitude aux travaux répétitifs où la rapidité était indispensable.

3 - le test du « Trémomètre statique à trous » de Piéron (Photo 144) est utilisé pour déceler la sûreté du geste ambidextre à partir d'une épreuve statique où le geste est figé. Il se compose d'une série de 12 trous de diamètre décroissant. L'expérience consiste à maintenir, successivement, un stylet dans chaque trou sans toucher les bords pendant un temps bien déterminé. Les erreurs sont enregistrées par un compteur.

Photo 144 (1973)

4 - le test du « Trémomètre dynamique » de Piéron (Photo 144), dans un contexte complètement différent du « Trémomètre statique à trous », évalue les capacités du sujet à déplacer un stylet en suivant le chemin sinueux d'une rainure sans en toucher les bords, en un minimum de temps, sachant que chaque contact est enregistré par un compteur.

5 - Le test « Trémomètre en V » de Piéron (Photo 144) étudie la maîtrise gestuelle. L'épreuve consiste pour le sujet à faire pénétrer puis à déplacer un stylet entre les deux branches d'un « V » métallique gradué, le plus loin possible, en partant de la plus grande largeur, en évitant tout contact avec les branches. Ce test permet de détecter les tremblements de la main.

6 - Le test « Orthokinésimètre » a fait l'objet, à son origine, d'une recherche concernant l'évaluation, lors du recrutement des élèves entrant en formation dentaire, des capacités de ceux-ci quant à leurs possibilités de précision du geste, indispensables à leur profession. Seul capable de mettre en situation d'une façon précise, grâce au choix des 3 aires concentriques, l'habileté pour réussir

un mouvement ajusté (appelée très souvent l'adresse), ce test a donné toute satisfaction en ce qui concerne le pronostic de réussite dans cette formation.

5. Test du coup d'œil de Goguelin (rapidité et précision)

Auteur : Pierre Goguelin et Denise Guyot.
Producteur : Ets d'Applications Psychotechniques (EAP).
Création et diffusion : 1951 – 2014 -- Sigle : RPCG – tu (Y).
Domaine psychologique évalué : motricité.

Bibliographie.

Goguelin P, Guyot D, 1953, Contribution à l'étude du complexe rapidité-précision , *Binop.*

Simonnet R, Guyot D, 2008, *Un siècle de psychologie et de psychotechnique,* p. 132, Paris, L'Harmattan.

Descriptif : l'étude du complexe « rapidité/précision », par les auteurs, est liée à une réflexion ayant eu lieu après une utilisation du test des « disques de Walter », qui n'avait pas donné entièrement satisfaction, lors d'une embauche de candidats dans une usine de manutention.

Les deux raisons suivantes sont à l'origine de ces remarques : d'une part, il est possible d'aller très vite lors de la passation du test des « disques de Walter » parce que les pions peuvent être placés par approximation dans leur logement. De plus, ce travail, ne demandant qu'une grande rapidité gestuelle, n'était pas en rapport avec le soin, la précision, et la douceur qui sont les gestes prépondérants dans les travaux de ce genre. D'autre part, les gestes mis en jeu dans ce test ne sont pas conformes aux gestes professionnels les plus fréquents dans l'industrie consistant, le plus souvent, à alimenter ou évacuer des objets. Dans le test RPCG, les gestes sont exécutés avec un mouvement continu de la main ou des deux mains d'une planche à l'autre, alors que dans l'industrie ces gestes sont discontinus.

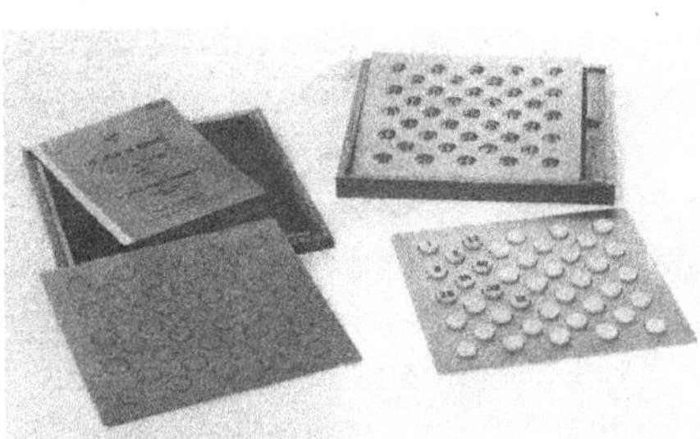

Photo 145 (1969)

Dans le test du « Coup d'œil » (RPCG) (Photo 145), la main gauche saisit la pièce sur la planche de gauche et la portera dans la main droite (alimenter), cette main droite saisira alors le pion et le placera sur la planche de droite (évacuer). Ce test du « Coup d'œil » met en évidence la prédisposition naturelle d'un individu à être précis. Il est constitué de 2 planches comportant 41 logements numérotés au hasard, d'une planche gravée de cercles concentriques, d'un jeu de jetons ou pions numérotés. La passation du test comprend 5 opérations : trois opérations de « rapidité motrice » (déplacer les pions d'une planche sur l'autre), une opération de « coup d'œil » (déplacer les pions d'une planche sur l'autre en tenant compte des numéros), une opération de « précision » (déplacer les pions d'une planche sur celle où sont gravés des cercles concentriques, avec le plus de précision possible, le plus rapidement possible).

6. Test d'habileté manuelle d'Heuyer et Baille

Auteur : G. Heuyer et Baille.
Producteur - Ets d'Applications Psychotechniques : (EAP).
Création et diffusion : 1932 – 2014 -- sigle : HM -- tu (Y).
Domaine psychologique évalué : Motricité.

Bibliographie.

Heuyer G, Baille, 1932, Tests moteurs dans l'orientation professionnelle des anormaux de l'intelligence et du caractère, *Annales médico-psychologiques.*

Bernyer G, 1946, Analyse factorielle des tests d'aptitudes techniques, *Année Psychologique.*

1959, Etude d'une batterie de tests moteurs, *Biotypologie.*

Bonnardel R, 1955, Analyse factorielle de tests manipulatifs, *Le Travail Humain.*

Tiffin, Mc Cormick, 1967, *La psychologie industrielle*, Paris, PUF.

Zurfluh J, 1976, *Les tests mentaux,* Paris, Editions Universitaires.

Descriptif : le test « d'habileté manuelle » (HM) (photo 146) permet d'apprécier d'une manière très analytique la motricité du sujet, tant sur le plan de l'efficience finale que sur celui de la qualité du geste, dans une tâche où le contrôle intellectuel est réduit.

A l'origine, Heuyer et Baille utilisèrent plusieurs épreuves afin de déterminer, à l'aide d'un examen clinique, l'orientation professionnelle à donner à des jeunes enfants présentant des déficiences intellectuelles ou des troubles du caractère. Ils précisèrent « qu'aucune conception théorique n'avait présidé au choix des tests composant la batterie de tests. Il a été choisi une série d'épreuves utilisées antérieurement par Lahy ». A partir de 7 épreuves qui composent le test « HM », les auteurs élaborèrent, pour chaque sujet examiné, un profil moteur. Pour les examens d'orientation, ce test restera irremplaçable pour obtenir une étude analytique de la motricité, sans qu'intervienne le facteur de compréhension pratique.

Le matériel standardisé se compose de : 5 petits bacs carrés avec un rebord pour les accrocher les uns aux autres, sur le petit bloc, 1 petit bloc percé de 50 trous, un plateau percé de 50 trous, 1 socle à double usage pour l'épreuve des « aiguilles » et l'épreuve des « dés et chevilles », 50 écrous (boulons et vis), 150 chevilles colorées réparties en 5 couleurs, 200 perles de 4 couleurs, 200 chevilles métalliques, 25 dés, 40 aiguilles, 1 morceau de fil métallique.

Photo 146 (1959)

7. Test du développement du quotient moteur
Auteur : Ozeretski et R. Zazzo (pour le « quotient moteur »).
Producteur : Ets d'Applications Psychotechniques (EAP).
Création et diffusion : 1936 – 2014 -- Sigle : OZ -- tu (Y).
Domaine psychologique évalué : motricité.

Bibliographie.
Guilmain E, 1935, Etude de tests psychomoteurs sur enfants d'âge scolaire, *Foyer Central d'Hygiène.*
Guilmain E, 1948, Tests moteurs et tests psychomoteurs, *Foyer Central d'Hygiène.*
Guilmain G, 1978, *L'activité psychomotrice de l'enfant ; tests moteurs et psychomoteurs,* Issy-les-Moulineaux, Editions EAP.

Descriptif : l'échelle métrique d'Ozeretski (OZ) (Photo 147) a été traduite en français en 1936. La structure bipolaire, qui distingue l'examen psychomoteur et l'examen moteur, regroupant, pour le premier, des phénomènes psychologiques cognitifs, et, pour le second, des phénomènes moteurs, est due aux chercheurs du Laboratoire de Psychologie de l'Hôpital Henri Roussel (Paris).

Photo 147 (1961)

Le développement de la motricité chez l'enfant et chez l'adolescent a fait l'objet de nombreuses études, plus particulièrement par Guilmain (1901-1983).

L'échelle métrique d'Ozeretski (OZ) se compose de 60 tests. Cette batterie de tests constitue, certainement, l'un des outils le mieux adapté pour une appréciation générale du développement moteur et psychomoteur de l'enfant ou l'adolescent. Cette échelle a fait l'objet, en 1943, au Laboratoire de Psychologie de l'Hôpital Henri Roussel, d'une étude importante réalisée par Zazzo et Guyot. Cette recherche est à l'origine, entre autres, d'une feuille de notation qui laisse apparaître le développement global de la motricité pour obtenir un « niveau moteur » auquel s'ajoute une analyse des composantes de cette motricité et permet de tracer un « profil moteur » qui met en évidence les déficiences particulière à chaque cas de troubles, répertoriés dans les domaines suivants : la coordination statique, la coordination dynamique des mains, la rapidité des mouvements, les mouvements simultanés, la présence ou l'absence de syncinésies, permettant de calculer finalement un « Quotient Moteur » (QM). Zazzo, qui utilisait, parallèlement à son « Quotient Moteur » (QM) avec l'échelle d'Ozeretski, le « Quotient Intellectuel » (QI) de son échelle d'évaluation de l'intelligence NEMI, pouvait lors de l'analyse des résultats de l'examen comparer les deux quotients et ajuster son pronostic.

8. Test de la souricière de Moede

Auteur : W. Moede.
Producteur : Ets d'Applications Psychotechniques (EAP).
Création et diffusion : 1930 – 2000 -- Sigle : OZ – tu (Y).
Domaine psychologique évalué : motricité.

Bibliographie.

Piéron H, 1935, Un dextérimètre à translation de rondelles enfilées, *Binop.*
Lewin, Rupp, 1930, Epreuves pour l'industrie textile, *Psychotechnische.*
Lewin, Rupp, 1931, La vitesse et la qualité du travail, *Psychotechnische.*

Descriptif : ce test créé par Moede en 1929, appelé par lui « enfileur de rondelles », fut utilisé par Rupp et Lewin sous le nom de « labyrinthe en fil de fer ». Par la suite, plus connu sous le nom de « souricière », il fut l'objet de plusieurs études dans le cadre des mesures de l'habileté des doigts et de la main. Il se compose d'un fil métallique de 4 mm de diamètre, mesurant 2 mètres de longueur, tortillé irrégulièrement et disposant de 29 coudes, dont les angles sont plus ou moins ouverts (Photo 148). Enfilées sur une partie rectiligne et verticale, 55 rondelles en métal, de 24 mm de diamètre et de 1,5 mm d'épaisseur, ont été percées d'un trou de 5 mm. Elles sont disposées en 5 groupes, comprenant chacun 10 rondelles blanches séparées par 1 rondelle noire.

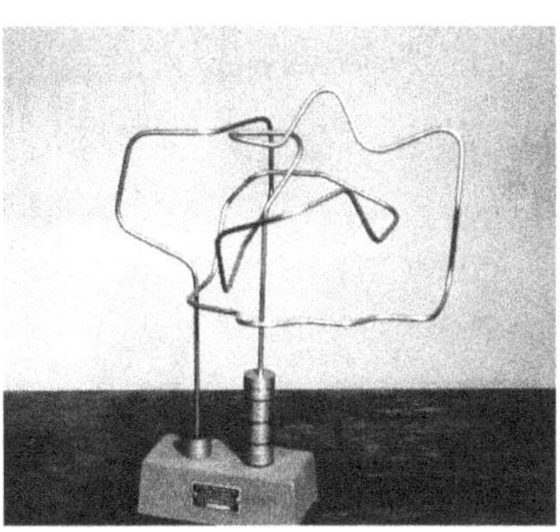

Photo 148 (1967)

La passation de ce test consiste à déplacer, d'un bout à l'autre du fil tortillé, le plus rapidement possible, toutes les rondelles en suivant les méandres, puis de les ramener à leur point de départ. Cette épreuve, simple à appliquer, mais d'une passation un peu longue, donne des résultats intéressants quant à la dextérité avec laquelle travaille le candidat, mais aussi son obstination à vouloir réussir jusqu'à la fin une épreuve assez longue, comportement non négligeable dans les tâches de routine. En Orientation Scolaire et Professionnelle, des étalonnages furent réalisés sur des garçons et des filles de 11 à 13 ans, alors que pour les adultes les étalonnages portent sur des populations hommes et femmes tout venant.

9. Test des Disques de Walter (Habileté manuelle)

Auteur : L. Walter.
Producteur : Ets d'Applications Psychotechniques (EAP).
Création et diffusion : 1924 – 2000 -- Sigle : DW – tu (Y).
Domaine psychologique évalué : motricité.

Bibliographie.

Walter L, 1926, *La technopsychologie du travail industriel*, Genève, Editions Delachaux.
Walter L, 1946, *La psychologie du travail*, Editions du Mont-Blanc.
Bernyer G, 1959, Etude d'une batterie de tests moteurs, *Biotypologie.*
Zurfluh J, 1976, *Les tests mentaux*, Paris, Editions Universitaires.

Descriptif : ce test a été imaginé par Walter en vue d'une étude sur un problème concernant l'habileté manuelle dans le monde professionnel. La première expérimentation a porté sur un groupe d'ouvrières spécialisées dans le travail et plus particulièrement lors de la fabrication de sacs en papier. L'auteur a cherché à apprécier, par la mesure de la vitesse d'un mouvement horizontal, l'agilité manuelle telle qu'elle intervient dans un ensemble de mouvements automatisés.

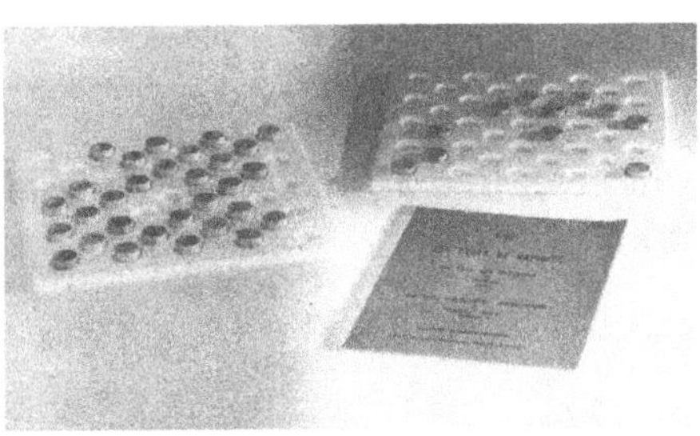

Photo 149 (1964)

Le test (Photo 149) se compose de : 2 planches comportant chacune 41 trous de 25 mm de diamètre ayant 2,5 mm de profondeur sur la première planche et 5mm sur la seconde et d'un jeu de 41 jetons (pions) de 23 mm de diamètre et 10 mm d'épaisseur. La passation consiste en 3 opérations :

Première opération ; Le sujet, avec sa main droite, déplace les pions de la planche située à sa gauche dans les trous de celle située à sa droite.

Deuxième opération : Le sujet, avec sa main gauche, reprend les pions de la planche située à sa droite pour les remettre dans les trous de la planche située à sa gauche.

Troisième opération : Avec ses deux mains, le sujet reprend les pions qui se trouvent dans les trous de la planche située à sa gauche pour les remettre dans les trous de la planche située à sa droite.

Les différentes opérations sont chronométrées.

10. Test du « Fil de fer » de Goguelin et de Valin

Auteurs : P. Goguelin et P. Valin.

Producteur : Ets d'Applications Psychotechniques (EAP).

Création et diffusion : 1925 – 2000 --- sigle : FFGO – tu (Y).

Domaine psychologique évalué : motricité.

Bibliographie.

Fessard A, 1929, Expérience de contrôle de la validité des tests professionnels, *Binop.*

Voision P, Pajard G, Bellier R, 1951, Etudes du test du fil de fer, *Binop,*

Valin p, 1951, Le test du fil de fer, *Binop.*

Baumgarten F, 1954, *Orientation par l'examen psychologique du caractère,* Paris, Dunod.

Morin J, 1955, L'application du test de pliage du fil de fer, *Journal de Psychologie.*

Descriptif : ce test a été imaginé par Imming en 1925. Le principe se retrouve dans de nombreux tests tous dénommés « Fil de fer ». Ils diffèrent tous entre eux aussi bien par les modèles à reproduire que par le contenu des consignes et des techniques de notation. Le test du « Fil de fer » de P. Valin est une adaptation du test de Spreng, validé par le Service de Recherche de l'INETOP en 1951. Le test du « Fil de fer » de Goguelin, mis au point en 1949, a été validé dans les Ecoles Techniques de l'EDF et diffusé par la suite dans les Centres d'OSP.

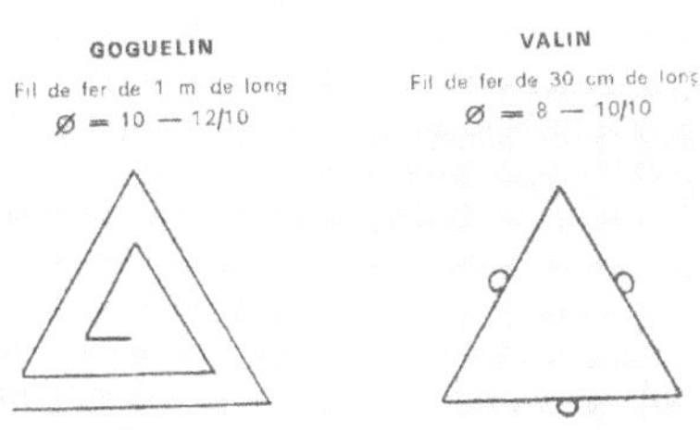

D'une façon générale, les épreuves présentent de nombreux avantages pratiques et des qualités psychotechniques certaines. On remarque que le test du « Fil de fer » a la meilleure corrélation avec les réussites professionnelles des apprentis mécaniciens laissant loin derrière lui d'autres tests :

- .29 avec la réussite à l'atelier (22 dessinatrices en figurines de mode).
- .36 avec moyenne générale deuxième trimestre (même groupe).
- .21 avec la décoration (26 filles – C.A. métiers d'art).
- .46 avec le dessin (26 filles – C.A. métiers d'art).
- .42 avec l'atelier (44 ébénistes – C.A. métiers d'art).

Ces validités sont parmi les meilleures obtenues avec des tests composant les différentes batteries. Lors de la passation, le sujet doit reproduire avec le fil de fer une figure dessinée et affichée. Le modèle est plus grand que la figure réelle obtenue avec le fil de fer. Le sujet doit respecter les proportions sans pouvoir aller effectuer des mesures sur le modèle affiché.

Notation :

Avec le test de Goguelin, lors d'un examen, on note le soin apporté au travail, ainsi que la concentration, mais aussi l'observation du candidat qui a la possibilité de distinguer ce qui est notable. Une note globale complète l'examen clinique.

Avec le test de Valin, on prend en compte la façon dont le candidat s'efforce de concilier l'objectivité et la finesse de la réalisation.

11. Test de « La Tour » (Habileté manuelle)

Auteur : J. Royer.

Producteur : Ets d'Applications Psychotechniques (EAP).

Création et diffusion : 1967 – 2014 – Sigle : TOUR – tu (Y).

Domaine psychologique évalué : Motricité.

Descriptif : le Test de « la Tour » (Photo 150) est destiné à l'examen approfondi des caractéristiques de la motricité manuelle (latéralité et adresse) utile dans les cas suivants :

Détermination de la « bonne main » pour l'écriture et connaissance de leur sens naturel de travail chez les enfants gauchers ou dyslexiques.

Détection et évaluation des troubles divers de la motricité manuelle chez les enfants normaux, débiles ou handicapés moteurs, et détermination d'une rééducation appropriée.

Appréciation, par retest, des effets sur la motricité manuelle d'une rééducation motrice ou médicamenteuse.

Connaissance des qualités motrices manuelles des adolescents et des adultes en vue d'une orientation professionnelle vers des métiers à composante de travail manuel.

Le test (passation 15 mn) et constitué d'une petite tour à trois plateaux superposés, garnis de dix pointes séparées par une ligne transversale. Le sujet est invité à garnir successivement les trois plateaux avec des billes et des demi-billes (les dimensions diminuent du 1er au 3ème plateau), en se servant, pour chaque plateau, alternativement de la main droite et de la main gauche, ce qui permet d'apprécier l'habileté « brute » (mécanique) de sa main droite et de sa main gauche. Puis il doit ranger les éléments à leurs places dans les boîtes, cette fois en se servant des deux mains à la fois et par la méthode de son choix, ce qui permet d'apprécier la part d'organisation, d'intelligence qu'il peut apporter à son travail manuel. La tâche (garnissage et rangement) est reprise une deuxième fois afin d'apprécier les capacités de progrès ou le degré de fatigabilité motrice du sujet. Les diverses parties du travail sont chronométrées. Elles permettent d'obtenir : une note de rendement du geste manuel « mécanique », un quotient de latéralité du geste, une appréciation de la finesse du geste de chaque main, une note de rendement du geste organisé.

Une appréciation des possibilités de progrès ou de fatigabilité gestuelle, une note de sûreté de la préhension, une note d'exactitude de la tâche à accomplir, l'observation de la stabilité : tendance dextrogyre (sens de l'écriture).

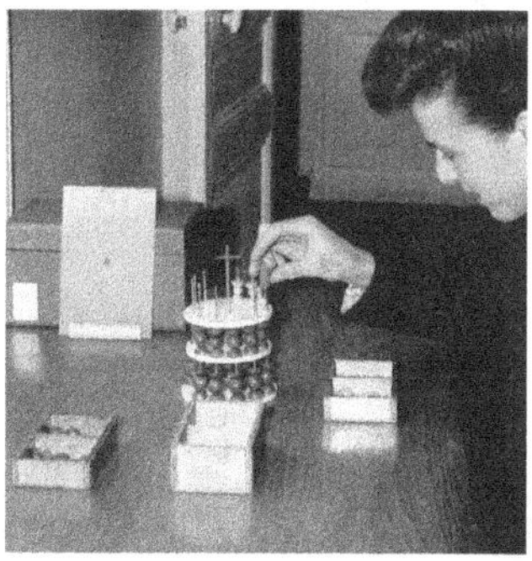

Photo 150 (1972)

L'atelier de fabrication des tests des EAP

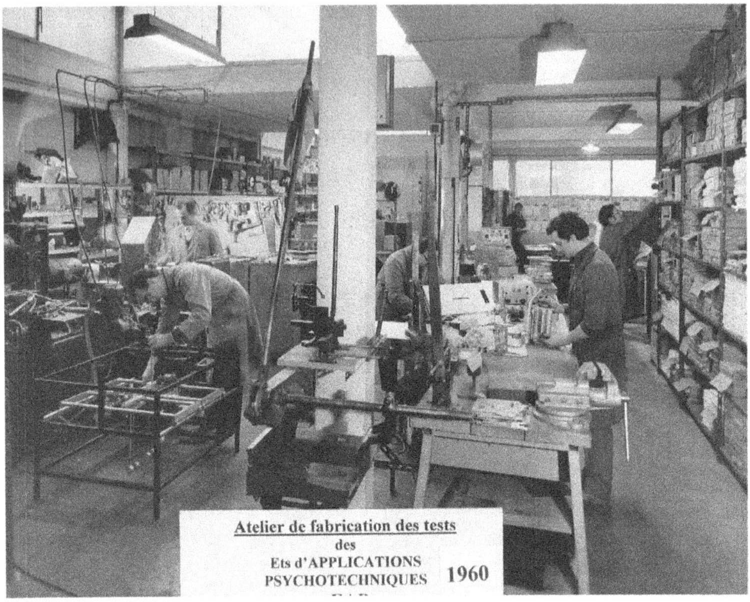

L'œuvre des EAP est inscrite au patrimoine national de la France et entre dans la grande épopée de la psychologie expérimentale.

Chapitre 6

Tests spécifiques à divers domaines professionnels ou psychologiques – G

Chaque test, répertorié dans ce domaine, correspond à des recherches, des études et des expérimentations spécifiques réalisées par des auteurs, psychologues pour la plupart, mais aussi médecins, sociologues, conseillers d'orientation et autres personnes attachées aux sciences humaines, qui ont eu, par leurs activités, un problème particulier à résoudre.Ces tests aux caractéristiques propres et exclusives sont les suivants :

- Le test de « perception et décision » de Vom Hofe.
- Le test Dynamographe «d'endurance et de force » de Lahy.
- Le test Tachodomètre «d'évaluation des vitesses et des distances » de Lahy.
- Le test des Mobiles « d'évaluation des différentes vitesses » de Boppe.
- Le test d'Attention Simultanée « surveillance soutenue » de Simonnet et Pacaud.
- Le test Dactyl-réaction « dactylographie, de déliement des doigts » de Guyot.
- Le test Audiokinetron « de coordination audio-motrice » de Anderhuber.
- Le test de « sélection des aveugles » de Xydias.
- Le test « d'aptitude au pilotage » de Placidi.
- Le test Cybernomètre «de sociométrie » de Lambert.
- Le test de suggestibilité motrice « manipulable, influençabilité » de Lahy.
- Le test de « résistance à l'éblouissement » de Bonnardel.

Nous donnons, comme exemple de ce chapitre, la démarche qui a présidé à un besoin bien particulier, celui d'évaluation de la rapidité de perception puis de la décision dans les jeux des sports collectifs. La résolution de ce problème a été menée par Alain Vom Hofe, docteur en psychologie du sport.

Etude de la « perception/décision » dans les jeux des sports collectifs

« Apport d'une tâche originale de résolution de problèmes spatiaux sous contrainte de temps dans la sélection des sportifs ». Le cadre théorique, dans lequel s'est inscrite cette recherche, à partir d'un appareil créé tout spécialement, est celui du traitement de l'information, c'est-à-dire que nous allons nous intéresser au fonctionnement cognitif de l'individu tel que « celui-ci met en jeu une activité consciente, déterminée par une situation, qu'il utilise pour organiser et ajuster une information et finalement un comportement ». Il s'agit d'une définition qui nous paraît devoir parfaitement s'appliquer au comportement du sportif qui doit :

Saisir et organiser de nombreuses informations en matière de relations spatiotemporelles impliquant partenaires, adversaires et ballon et ceci en tentant de réduire en permanence, notamment, l'incertitude évènementielle, c'est-à-dire tout ce qui concerne le type d'évènement pouvant survenir, évènement entraînant une évolution logique de la quantité d'informations.

Prendre une décision, non seulement à partir d'informations actuelles (données figuratives) mais encore en exerçant sur ces données une opération de transformation telle que permettre une estimation des relations futures. On a donc, là, les deux registres de la connaissance selon Piaget ; « Connaissances figuratives et Connaissances opératives ».

Si la psychologie cognitive constitue l'arrière-plan théorique de la construction de cet appareil, nous tenons à affirmer que nous ne nous rangeons pas, pour autant, à l'attitude quasi doctrinaire du noyau dur du cognitivisme qui postule que la connaissance du monde qu'acquiert l'individu est le fait d'un traitement de l'information de même nature que le traitement scientifique, car il nous apparaît que les dimensions attitudinales, motivationnelles modulent notre comportement comme le démontrent les approches fonctionnalistes. Nous ajoutons que la considération d'un mode de fonctionnement supra-modal n'aurait guère de sens dans les activités physiques et sportives où les modalités sensorielles – notamment dans la saisie de l'espace- jouent un rôle important.

Ces précisions sont données avec une grande conviction car nous regrettons que le milieu sportif, lorsqu'il ne se cantonne pas dans une attitude intuitive (ce qui est souvent le cas), se laisse parfois séduire par des modèles dont le formalisme étroit les rend impropres à saisir les conduites concrètes. Il en est ainsi de certains modèles scientifiques mais également de modèles empiriques, particulièrement de modèles de l'activité qui, fondés sur l'analyse abstraite du jeu du joueur expert, négligent le fait « qu'on peut aboutir aux mêmes résultats en déployant des stratégies différentes, selon la théorie des processus vicariants », « qu'à différents niveaux d'apprentissage une même stratégie peut perdre son caractère d'opérationnalité ».

Dans le cadre d'une étude de psychologie générale, l'appareil « VHDP » servira de stimulus à l'activité du sujet, activité objectivée, par exemple, à partir des méthodes électro-oculographiques, avec une vocation psychométrique.

La perception visuelle.

La perception est inhérente et à la base de la problématique de la connaissance. Celle-ci ne pouvant pas exister sans la capacité à distinguer les éléments du monde extérieur et leur relation. Percevoir, c'est donc connaître et, en la matière, on a rejeté, depuis longtemps, l'idée d'un donné perceptif qu'un organisme passif n'aurait qu'à enregistrer pour admettre, au contraire, que l'objet perçu est une véritable construction, un ensemble d'informations sélectionnées et structurées. Percevoir, c'est aussi s'adapter, c'est-à-dire appréhender la plus grande quantité d'informations utiles, mais en fait la capacité limitée de l'organisme au plan du recueil, du traitement et du stockage de l'information conduit l'individu, plus ou moins consciemment, à programmer des opérations de « choix » qui obéissent à certaines règles de priorité, de véritables « stratégies » qui dépendent tant du contenu du champ que de l'objectif poursuivi. Le processus perceptif est ainsi assimilé à un véritable processus de décision.

La décision.

Il n'existe pas de fonction de décision, mais des « processus » qui ont en commun une « conduite du choix ». A ce titre, on parle de décision aussi bien dans un registre de la perception, de la résolution de problème, de l'apprentissage de concepts. Les conduites de décision sont étudiées depuis longtemps par les psychologues dans le cadre des théories de l'apprentissage (où l'accent est mis sur les variables de renforcement de motivation), mais c'est plus récemment qu'il a été procédé à une investigation des facteurs plus spécifiquement cognitifs. La théorie de la décision, élaborée par des économistes et des mathématiciens dans un but normatif, constitue le principal référentiel de toute étude centrée sur la décision. La théorie classique de la décision part du postulat selon lequel l'individu, avant de prendre une décision, est en mesure d'établir une liste exhaustive de toutes les actions envisageables, de même que celle des évènements qui peuvent se produire. A chacune des paires constituées à partir de ces deux exemples, l'individu associe l'ensemble des conséquences de sa décision. Elle distingue plusieurs situations de choix :

- « Choix sans incertitude ou sans risque » lorsqu'il est possible d'associer à chacune des actions une conséquence certaine.
- « Choix dans l'incertitude » lorsqu'il n'est pas possible de prévoir de manière certaine lequel des évènements va se produire.
- « Choix avec risque » lorsque le sujet est en mesure d'évaluer avec un certain degré de précision les probabilités d'occurrence de différents évènements.

Cette étude est à l'origine de la réalisation du test « de perception/décision » (VHDP) où la passation s'apparente à la situation d'un jeu de « la passe à dix » qui repose sur la capacité des joueurs à passer le ballon au partenaire le mieux placé, le mieux « démarqué », celui pour lequel les risques d'interception du ballon par un adversaire sont réduits au minimum.

1. Test de Perception et Décision

Auteur : A. Vom Hofe.

Producteur : Etablissements d'Applications Psychotechniques (EAP).

Création et diffusion : 1985 - 2000 - - Sigle : VHDP -- tu (Z).

Domaine évalué : la décision liée à la perception d'une organisation dynamique.

Bibliographie

Simonnet R, Guyot D, 2008, *Un siècle de psychologie et de psychométrie,* p. 265, Paris, L'Harmattan

Descriptif : ce test reproduit expérimentalement les caractéristiques du type cognitif auxquelles sont confrontés les sportifs qui pratiquent des activités à haut degré d'incertitude événementielle (sports collectifs). Il permet le repérage de niveaux d'efficience dans les comportements perceptifs et décisionnels, l'apprentissage de ces comportements et l'amélioration du niveau de vigilance pré-compétition.

Photo 151 (1987)

Photo 152 (1987)

Le sujet est assis devant l'écran composé de 64 lampes (Photo152) qui peuvent s'éclairer en rouge, en vert et en rouge clignotant. La lampe rouge clignotante représente le joueur en possession du ballon, les partenaires, au nombre de sept, sont en rouge et les adversaires, au nombre de huit, sont en vert. Les joueurs se situent dans une configuration spatiale, ou spatiotemporelle, originale. Le sujet est invité à se mettre à la place du porteur de ballon et à préciser le choix de l'action idéale qu'il ferait en désignant le partenaire se trouvant dans la meilleure position pour recevoir le ballon.

Les programmes proposés reposent sur des configurations de stimuli – partenaires et adversaires - dont la position, les déplacements (pertinents ou non) constituent pour le sujet testé un problème « spatial » qu'il doit résoudre avec des contraintes de temps très précises.

Il a été défini une véritable combinatoire de situations à difficulté croissante qui rend possible l'application du test à des débutants ainsi qu'à des sportifs confirmés, y compris ceux de l'élite internationale. Grâce à une technologie évoluée, l'appareil « VHDP » permet à l'expérimentateur de modifier, à son gré, le temps d'exposition initiale et finale des configurations des stimuli ainsi que le temps de latence entre les configurations. La photo 151 présente la face opérateur sur laquelle le psychologue dispose des commandes de programmation, la photo 152 présente la face (écran) destinée aux sujets, sur laquelle sont disposées les lampes. Cet écran est divisé en quatre zones de seize lampes, chaque lampe est repérée par un nombre de 1 à 16. Le sujet indique sa réponse sur une feuille de papier. Des programmes spécialisés sont réalisés en tenant compte des caractéristiques essentielles, des exigences des sports de ballon de Fédération (Football, rugby, basket-ball, handball).

2. Test d'endurance et de force – Dynamographe de Lahy
Auteur : J.M. Lahy.
Producteur : Etablissements d'Applications Psychotechniques (EAP).
Création et diffusion : 1926 – 1980 -- Sigle DE – tu (Z).
Domaine évalué : évaluation de l'endurance et de la force musculaire.

Bibliographie.
Le Travail Humain, n°11 - n°12 - n°13 (III) - n°2 – 4 - n°1 (VI)

Descriptif : le test du dynamographe sert principalement à la mesure de la force et de l'endurance des candidats à des postes de conduite de véhicules, mais peut être utilisée pour des candidats à des activités professionnelles qui demandent un gros effort physique.

1929 (Photo 153)
Le dynamographe est commandé par une poire en caoutchouc remplie d'eau, tenue dans le creux de la main par le sujet, à qui on demande de la comprimer. La pression donnée par la main fait dévier l'aiguille de l'appareil qui inscrit les différentes phases du test sur la bande de papier d'un enregistreur mû par un moteur électrique.

Photo 153 (1929)

Photo 154 (1931)

1931 (Photo 154)
C'est grâce à l'ingéniosité et à la ténacité de Lahy (psychologue) et de Guyot (ingénieur), tous deux à l'origine de nombreux tests psychotechniques, que furent réalisés et expérimentés ceux qui équipèrent le laboratoire de la RATP. Pour cette expérimentation, ils faisaient très souvent appel, lors de ses moments libres durant ses activités scolaires, à celle qui allait devenir, beaucoup plus tard, lors du décès de son père en 1943, la directrice des EAP, Denise Guyot. Ceci afin de parfaire la mise au point, comme par exemple celle du test du « dyna-

mographe » (photo 154). Ce test sera utilisé pour l'évaluation de la résistance à la fatigue musculaire ou nerveuse destinée à mettre en évidence une possible régularité lors d'activités professionnelles difficiles et ardues.

1937 (Photo 155)

Elaboré vers 1924, le Dynamographe manométrique était destiné à l'examen des adultes. Le temps de passation était libre et les étalonnages furent réalisés sur les mêmes populations que celles des divers tests psychotechniques de Lahy. L'enregistrement graphique permet d'étudier la fatigabilité du candidat par l'étude des fluctuations de ses efforts. L'indice de force est mesuré par le maximum de l'effort enregistré. L'indice de ténacité est mesuré par le temps écoulé entre le maximum de l'effort et le moment où il diminue et arrive à la moitié de la valeur de son effort. La plus ou moins grande régularité de la pression met en évidence l'aptitude à la résistance à la fatigue.

Photo 155 (1937)

Photo 156 (1949)

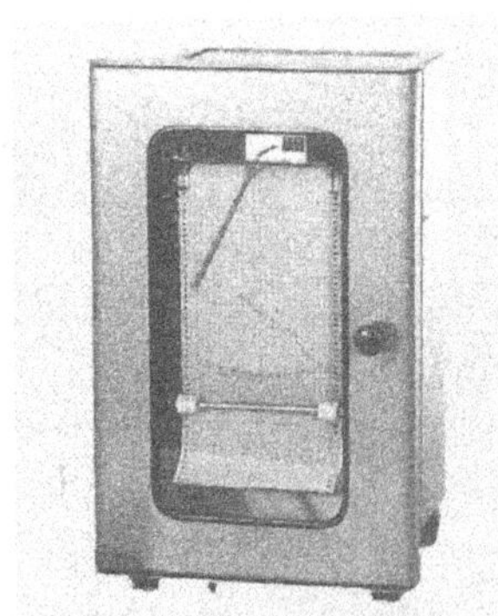

Photo 157 (1963)

1949 (Photo 156)

Déjà, à cette époque, la présentation du test du Dynamographe est réalisée dans un coffret métallique, lui permettant d'être transporté plus aisément en le soustrayant aux risques de détérioration du mécanisme relativement délicat. Lors de la lecture des résultats, pour caractériser la ténacité, on mesure le temps écoulé entre le début du relâchement de l'effort, qui correspond au déplacement du stylet sur le papier d'enregistrement, et le moment où, ne pouvant plus maintenir le niveau exigé, il atteint la moitié de la hauteur maximum qui caractérise l'indice de force. Il arrive quelquefois que le sujet lâche brusquement la pression sur la poire.

1963 (Photo 157)

Amélioration considérable en cette année, la lecture du graphique au travers d'une porte entièrement vitrée permet au candidat de constater ses résultats à la fin de l'épreuve.

On ne tient pas compte de la manière dont l'effort a été exercé, qui peut se traduire par une plus ou moins grande régularité de la pression sur la poire et qui donne une courbe de stabilité presque parfaite, ou, au contraire, par des oscillations de grandeurs variables. Ces fluctuations dans l'intensité de la pression sont inévitables, surtout quand la fatigue entre en jeu. Les différences individuelles ne sont pas, néanmoins, sans intérêt, il est intéressant d'observer comment certains sujets parviennent à transformer l'effort de résistance statique en une sorte de travail dynamique où alternent pressions intenses et relâchements. Sur le graphique (ogive de Galton) ci-dessous, qui date des années 1930, on découvre les étalonnages en déciles : des hauteurs maxima de la force (en centimètres), de la durée de l'effort en secondes (endurance), de l'effort statique (rapport).

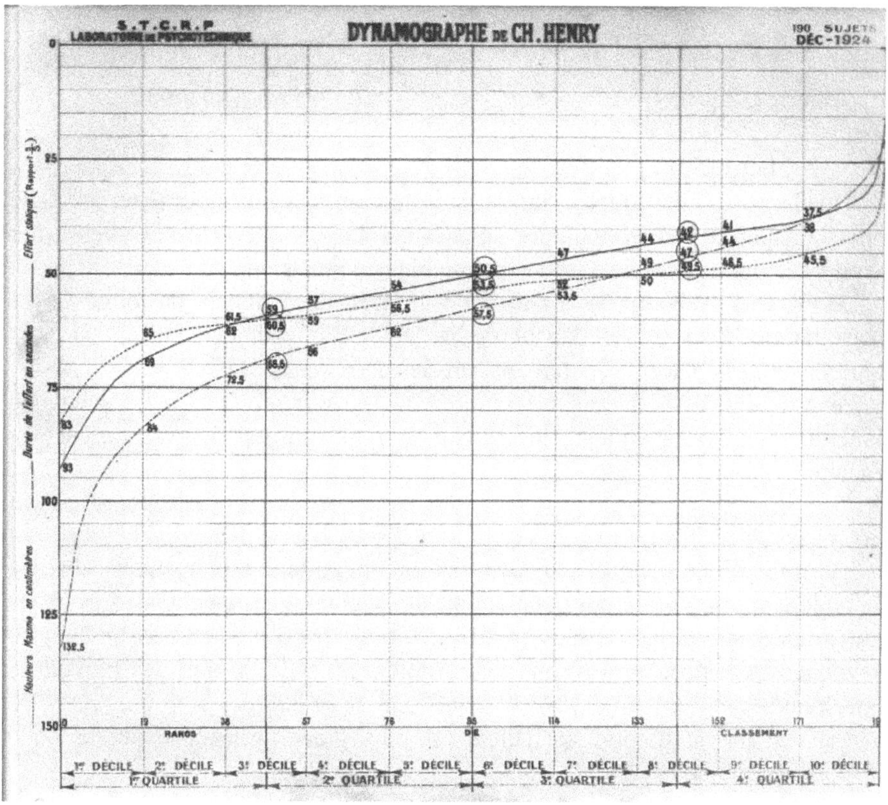

3. Test d'appréciation des vitesses/distances - Tachodomètre de Lahy
Auteur : J.M. Lahy.
Producteur : Etablissements d'Applications Psychotechniques (EAP).
Création et diffusion : 1927 - 1939 -- Sigle : TAC – tu (Z).
Domaine évalué : Appréciation de la vitesse par rapport à la distance.

1927 (Photo 158)
Le Tachodomètre, créé pour l'examen psychotechnique des conducteurs d'autobus et de véhicules automobiles, permet de déterminer l'appréciation de

la vitesse par rapport à une distance. Le matériel se compose d'une règle graduée placée horizontalement sur le dessus de l'appareil. Un moteur électrique déplace séparément deux petits disques de couleur, placés au- dessus de la règle. Le candidat doit préciser, rapidement, le chiffre inscrit sur la règle où les chariots doivent se rencontrer.

Photo 158 (1927)

Photo 159 (1932)

1932 (Photo 159)

Amélioration conséquente de la présentation du Tachodomètre en cette année, l'appareil permet toujours de mesurer l'appréciation de la vitesse par rapport à la distance, mais avec beaucoup plus de précision.

Le matériel se compose d'une règle graduée de 4 mètres de long, placée horizontalement et sur le devant de la table. Sur celle-ci se trouvent trois chariots qui se déplacent séparément dans les deux sens.

Le candidat, assis à quelques mètres de la règle, doit, en actionnant une manette, indiquer le numéro inscrit sur la règle où les chariots doivent se rencontrer.

Graphique des résultats.

Exemple d'une « ogive de Galton » se rapportant aux résultats du test Tachodomètre procédant par pourcentage des réponses des candidats. Les sujets sont alignés sur des abscisses (axe horizontal) par rang de classement. La moyenne des temps, la moyenne des différences, et le produit des moyennes sont donnés sur l'ordonnée (axe vertical). Les trois courbes sont d'autant plus invariables que le nombre de sujets est plus grand. Elles constituent donc l'étalonnage mathématique du test.

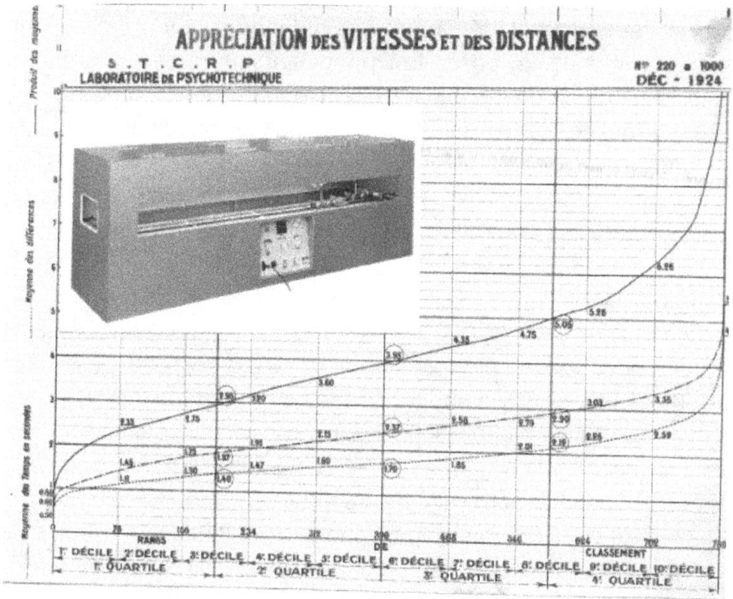

4. Test d'estimation des vitesses - Mobiles de Boppe
Auteur : P. Boppe.
Producteur : Etablissements d'Applications Psychotechniques (EAP).
Création et diffusion : 1961 - 1976 -- Sigle : TMB -- tu (Z).
Domaine évalué : Appréciation de la relation distances/vitesses.

Descriptif : ce test des « Mobiles » a été conçu dans le but de mettre en évidence, chez tous les conducteurs, mais plus particulièrement chez les conducteurs routiers et ceux des transports en commun, l'exactitude avec laquelle ils sont capables d'apprécier, dans la profondeur de leur champ visuel axial, le point de rencontre de deux masses mobiles se déplaçant l'une vers l'autre ou en directions opposées à des vitesses égales ou différentes.

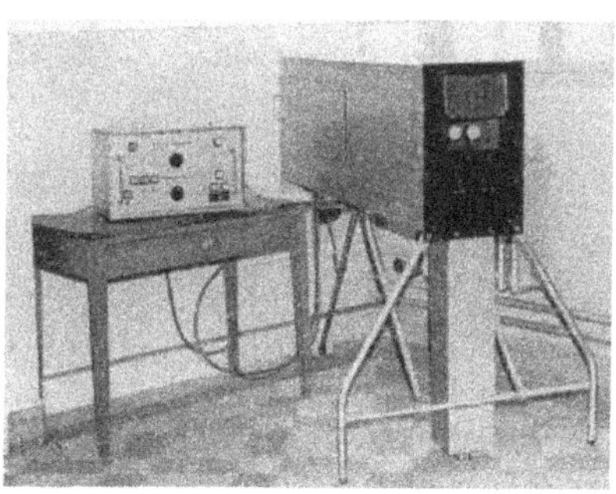
Photo 160 (1961)

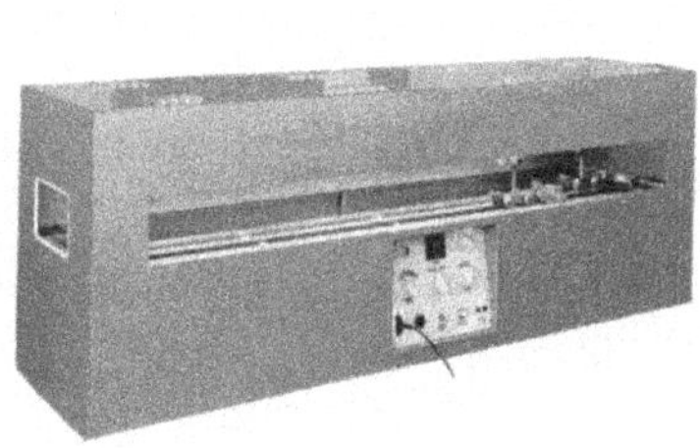
Photo 161 (1971)

1961 (Photo 160)
Le test des Mobiles prévoit que cette appréciation puisse se faire en vision diurne, en vision crépusculaire, en vision nocturne. L'appareil se compose de

deux parties. Pour le psychologue, un meuble « opérateur » regroupant tous les organes de commande, disposés fonctionnellement de façon à lui faciliter la tâche. Pour le candidat, un meuble « sujet » constituant le test proprement dit, de forme très allongée renfermant les « mobiles » et leurs mécanismes de transmission. Les dimensions sont de 1,52 x 0,54 x 0,35 mètres. Il est monté sur un trépied dont un des éléments est réglable en hauteur. Une ouverture de 0,18 x 0,10 mètres placée sur la face avant limite la vision aux seuls mobiles.

1971 (Photo 161)

A partir de cette date, le test des Mobiles ne comporte qu'un seul meuble. Celui-ci comporte, sur le côté gauche, deux larges portes à glissières donnant accès aux mécanismes des mobiles. Le tableau de commande du psychologue ne se trouve plus sur un meuble séparé, mais sur le côté gauche sous les portes à glissières. Les deux masses mobiles sont visibles, par le candidat, grâce à l'ouverture située sur le petit côté du meuble. Les mobiles sont constitués par deux boules d'un diamètre de 45 mm (photo 161). Chaque mobile est animé de vitesses différentes et 12 combinaisons de la vitesse sont possibles. Ce test permet de mesurer avec quelle exactitude un sujet est capable d'apprécier la vitesse de deux mobiles se déplaçant l'un vers l'autre ou se rattrapant dans la profondeur de son champ axial. Il reprend la notion d'exactitude du Tachodomètre de Lahy, en y ajoutant un facteur de vision stéréoscopique. Le sujet doit réagir, en appuyant sur une presselle, lorsqu'il perçoit les mobiles se croisant ou se rattrapant. La réponse déclenche, soit un compteur, qui enregistre son erreur en avance, soit un compteur, qui enregistre son erreur en retard. La note globale est la somme algébrique des deux compteurs à la fin de la passation. Chaque mobile étant animé de 3 vitesses différentes, sont obtenues 9 combinaisons de rencontres, 3 de poursuites.

5. Test d'Attention Simultanée

Auteur : R. Simonnet et S. Pacaud.
Producteur : Etablissements d'Applications Psychotechniques (EAP).
Création et diffusion : 1976 – 1995 -- Sigle – ASP -- tu (Z).
Domaine évalué : la perception, l'attention soutenue.

Descriptif : ce test (photo 162) « d'Attention Simultanée », appelé quelquefois « Attention Soutenue » de R. Simonnet, reprend une idée développée par S. Pacaud. « Les états divers qui se trouvent réunis sous le nom d'attention s'expliquent par le fait qu'ils dépendent tous d'un processus très général. Ils ont en commun de s'exprimer par un effort pour rassembler des éléments et pour tirer les conséquences de la confrontation de ces éléments. Ils sont différents par les conditions dans lesquelles ils sont diversement associés, le rôle plus ou moins grand qu'y joue l'automatisation et leur caractère individuel ».

Photo 162 (1976)

Le test « d'Attention Simultanée » implique de la part du sujet une réaction motrice fixée par la consigne, sans intervention mentale supérieure donc pratiquement indépendante de l'apprentissage. Il donnera la possibilité d'obtenir des résultats à partir de rythmes libres et imposés.

Rythme libre : Les durées de décodage du stimulus, rupture entre l'action mentale et l'acte moteur de la réaction, orientent les résultats vers l'évaluation du rythme personnel.

Rythme imposé : l'attention n'est pas monopolisée par l'une ou l'autre des actions mais par les deux. Les différents actes effectués dans un intervalle de temps très bref produisent un même effet et les deux formes d'activité mentale ne sont plus que des manifestations alternatives d'une seule et même énergie.

Les résultats des évaluations en rythmes libre et imposé sont en relation avec les postes de travail où l'attention simultanée, de type coordination optico-manuelle, doit être soutenue pendant des temps plus ou moins longs.

Le sujet doit répondre aux sollicitations présentées sous la forme d'un nombre à deux chiffres sur un écran, en appuyant sur la touche d'un clavier portant inscrit le nombre correspondant. En rythme libre, le sujet déclenche lui-même l'apparition du stimulus suivant en donnant sa réponse. En rythme imposé, les nombres défilent à une vitesse constante, le sujet doit répondre pendant la durée de présentation du nombre sur l'écran.

6. Test du déliement des doigts : Dactyl Réaction

Auteur : Denise Guyot (1914-2016)
Producteur : Etablissements d'Applications Psychotechniques (EAP).
Création et diffusion : 1946 - 1980 -- Sigle : DR – tu (Z).
Domaine évalué : évaluation de la souplesse et de l'agilité des doigts.

Descriptif : ce test « Dactyl Réaction » a été étudié à la suite d'une demande importante concernant la sélection des dactylographes, des télétypistes et des mécanographes.

Si la souplesse et l'agilité des doigts, que mesurent aussi assez finement les épreuves de tachydigimétrie, sont une base nécessaire aux emplois de dactylographie et autres métiers nécessitant d'avoir des doigts bien déliés, il n'en reste pas moins qu'un processus mental important coordonne l'action motrice dans ce genre d'activité.

1946 (Photo 163)

L'appareil « Dactyl Réaction » se compose de deux parties, un cadran de voyants lumineux permettant l'apparition de onze lettres pour la première et un clavier de touches avec les mêmes lettres disposées différemment, pour la seconde. La réponse à une lettre présentée sur le cadran se fait en appuyant sur la touche correspondante, qui commande la présentation du stimulus suivant. L'épreuve, passée trois fois de suite, est chronométrée, et permet de constater l'amélioration ou la détérioration du comportement.

Photo 163 (1946)

Photo 164 (1959)

1959 (Photo 164)

Les améliorations techniques au cours des années permirent une présentation du test plus ergonomique. Deux études permirent d'étalonner les divers résultats. La première porta sur 212 personnes « tout-venant », de 19 à 24 ans, la seconde sur 228 sujets de milieux très divers, de 20 à 25 ans.

Les résultats à partir de ces deux populations étant comparables, ils permirent de réaliser un étalonnage en 9 classes normalisées. Ultérieurement, une troisième expérimentation, sur une population de 14 à 17 ans d'un centre d'apprentissage, mit en évidence une différence non significative dans les éléments de cotation, ce qui permit d'affirmer la fidélité de ce test.

7. Test de coordination audio-motrice : Audiokinétron -

Auteur : Anderhubert.

Producteur : Etablissements d'Applications Psychotechniques (EAP).

Création et diffusion : 1972 – 1985 -- Sigle : AK – tu (Z).

Domaine évalué : Coordination audio-motrice.

Bibliographie

Brevet n°1.509.176, délivré le 4 décembre 1967.

Simonnet R, Guyot D, 2008, *Un siècle de psychologie et de psychométrie,* p. 202, Paris, L'Harmattan.

Descriptif : il avait été constaté que la manipulation et la commande des machines électroniques (radars sonores, appareils de poursuite des satellites artificiels, radiogoniométrie, appareils de réglage, sonars…) mettaient à contribution le système auditif des opérateurs. Ainsi apparaissait la nécessité d'une évaluation de la bonne coordination audio-motrice. Les recherches effectuées à cette époque aboutirent à la mise au point d'un appareil spécifique qui deviendra le test « Audiokinétron ».

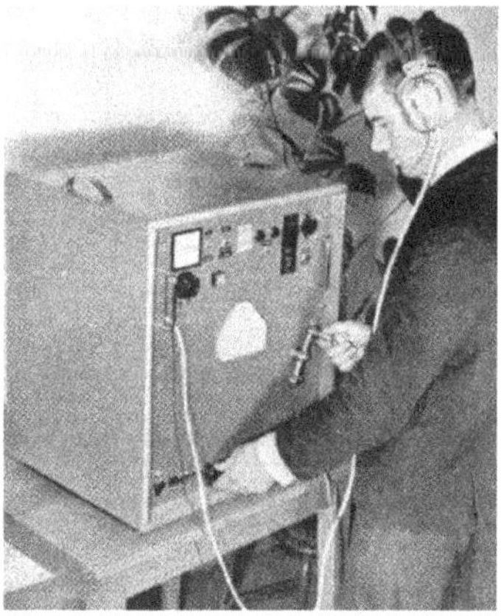

Photo 165 (1972)

Le principe de ce test (photo 165), qui pourrait être classé parmi les tests psychomoteurs, est relativement simple. A l'aide de deux commandes, une manivelle à droite, un levier à mouvement horizontal rectiligne à gauche, le sujet doit rechercher l'intensité maximale d'un son à fréquence unique préréglée, diffusé soit par haut-parleur, soit par casque écouteur unilatéral. Ce son a tendance à se dérober, c'est-à-dire à diminuer d'intensité à une vitesse proportionnelle au degré d'intensité initial obtenu par le sujet. Il est demandé à ce dernier de chercher à rétablir, au plus vite, l'intensité la plus élevée possible, ou à la maintenir à son niveau initial, en manipulant judicieusement les commandes. L'action de coordination théorique à mener dans ce but est programmée par construction, avec la possibilité éventuelle de modifier ce programme. En résumé, plus le sujet est doué, plus le programme se déroule rapidement. Un compte-secondes à démarrage et arrêt automatiques permet d'évaluer avec exactitude la durée d'exécution de l'épreuve.

Toutes les fautes de manœuvre, qu'elles aient pour origine, soit une audition déficiente, soit une mauvaise coordination motrice, soit une médiocre intégration des diverses données psycho-sensorielles, ont pour résultat une augmentation de la durée de l'épreuve. La note obtenue qui correspond au temps d'exécution est donc une note intégrée. Certains aspects de la personnalité, émotivité, impulsivité, instabilité de l'attention, psychopathies, qui peuvent jouer un rôle dans le succès ou l'insuccès de la tâche, ont fait l'objet d'études particulières.

8. Tests pour la sélection des aveugles

Auteur : N. Xydias.

Producteur : Etablissements d'Applications Psychotechniques (EAP).

Création et diffusion: 1950 – 1988 -- Sigle : BAX – tu(Y).

Domaine psychologique : Aptitudes en vue de l'orientation professionnelle.

Descriptif : les tests destinés aux voyants ne peuvent que très rarement être appliqués tels quels aux aveugles. Il faut, ou les adapter, ou en créer de nouveaux. L'Association Valentin-Hauy, fondation reconnue d'utilité publique, qui s'occupe de multiples problèmes liés à la cécité, dispose d'un important service de rééducation professionnelle, avec un département spécialisé dans l'orientation professionnelle. C'est en 1949 que, sur l'initiative d'un professeur de l'Ecole de massage, la direction de l'Association a demandé à une psychologue, N. Xydias, d'entreprendre des études destinées à compléter celles déjà recueillies par l'Ecole de massage. Durant de nombreuses années, N. Xydiax, en collaboration étroite avec les enseignants, poursuivit méthodiquement les recherches qui permirent l'élaboration des tests de sélection et d'orientation professionnelles qui furent validés sur de nombreuses promotions d'élèves.

Les batteries se composent des tests suivants :

Pour les masseurs :

Photo 166 **Photo 167** **Photo 168**

-Orthographe, - vocabulaire, - problèmes,- mémoire d'objets, - raisonnement, -spatial,- angle, - intelligence pratique, (photo 166) - encastrement de Dearborn, (photo 167)- wiggly block, (photo 168) - souricière de Moede, - dynamomètre, - situations, - Ascendance et soumission, - présentation, - lecture -dictée.

Pour les ouvriers :

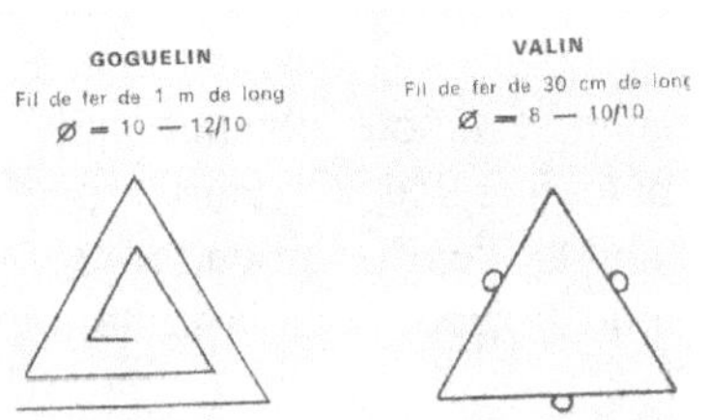

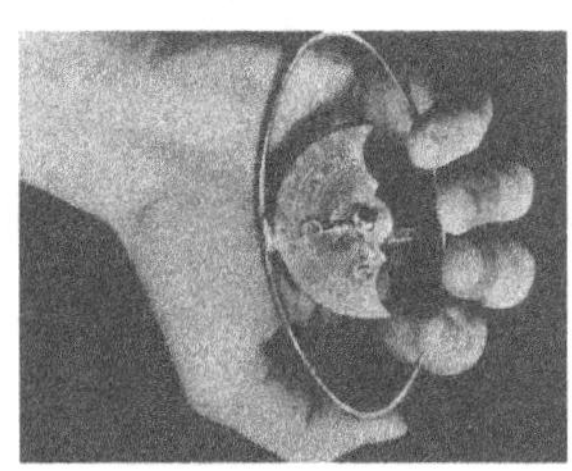

Photo 169 **Photo 170** **Photo 171**

- Planche à deux formes,- planche casuiste, - angles,- test du fil de fer, (photo 170)_- pliage, - triage, - ramassage, - souricière de Moede, (photo 169)- planche à chevilles, -dynamomètre (photo 171).

Pour les standardistes :

Photo 172 **Photo 173**

- *Vocabulaire, - mémoire, - classement des jetons, (Photo 173) - sonnerie, - planche à chevilles, (Photo 172) - triage des cartes, - recherche de fiches , - lecture, - dictée.*

9. Test d'aptitude au pilotage

Auteur : Placidi.
Producteur : Etablissements d'Applications Psychotechniques (EAP).
Création et diffusion : 1963 – 1978 -- Sigle : CMP – tu (Z).
Domaine psychologique évalué : Aptitudes au pilotage des avions.

Bibliographie.

Zurfluh J, 1976, *Les tests mentaux,* Paris, Editions Universitaires.

Descriptif : le Centre d'études psychologiques et d'instruction de l'armée de l'air avaient utilisé, pour la sélection des pilotes, divers tests psychomoteurs éprouvés depuis de nombreuses années dans l'U.S. Air Force, et validés sur plusieurs milliers de pilotes français. Le fait que ces tests ne soient pas commercialisés a entraîné l'expérimentation d'une épreuve synthétique française, susceptible de faire l'économie de plusieurs d'entre eux.

Photo 174 (1968)

Dans un panneau placé devant le sujet, s'ouvrent, l'une au-dessus de l'autre, deux fenêtres rectangulaires découvrant chacune une portion de cylindre (photo 174). Le cylindre sur lequel s'ouvre la fenêtre supérieure tourne autour d'un axe vertical, il est ceint d'une ligne sinueuse. Le cylindre sur lequel s'ouvre la fenêtre inférieure, ceint de deux lignes sinueuses, tourne autour d'un axe horizontal. Les trois lignes, matérialisées par d'étroites bandes, constituent donc trois pistes que le sujet doit suivre simultanément avec trois pointeaux indépendants, qu'il dirige par des actions sur un manche et un palonnier disposés devant lui comme dans une carlingue. Le manche, manœuvré dans le sens de la profondeur, meut le pointeau supérieur et le pointeau inférieur de gauche vers la gauche. Le palonnier meut le pointeau inférieur de droite vers la droite. Les scores traduisent le temps de contact simultané des trois pointeaux avec les trois pistes. Les sinuosités sont calculées de telle sorte que les actions nécessaires pour les suivre reproduisent quelques mouvements typiques du pilotage. Les analyses factorielles de la « batterie de sélection des pilotes » ont dégagé un facteur psychomoteur bien caractérisé, dont la validité par rapport à diverses écoles de pilotage est de l'ordre de .40, ce qui en fait le facteur le plus valide.

10. Test Cybernomètre

Auteur : R. Lambert.

Producteur : Etablissements d'Applications Psychotechniques (EAP).

Création et diffusion : 1972 – 1983 -- Sigle : CYB – tu (Z).

Domaine évalué : Sociométrie : L'influence des personnes.

Photo 175 (1972)

Ce test (photo 175) de sociométrie est destiné à mesurer l'influence de chacun des membres d'un groupe de travail, sur la performance réalisée par ce groupe, au cours d'une tâche coopérative. La tâche de type « vitesse et précision » consiste à demander à cinq sujets, assis autour d'une table ronde, mesurant environ un mètre de diamètre, de déplacer un mobile le plus rapidement possible, avec un minimum d'erreurs, au milieu d'un dispositif de chicanes. Chaque sujet dispose d'un petit câble de traction, à l'aide duquel il peut agir à tout moment sur le mobile, mais le déplacement correct de ce mobile ne peut être effectué que par l'action concertée de plusieurs membres du groupe. Tous les itinéraires possibles étant équivalents, cette coopération nécessaire peut se développer de multiples manières. Un dispositif électrique permet, chaque fois que la tête du mobile touche le dispositif de chicanes, l'enregistrement automatique de l'erreur, ainsi que la durée de l'erreur, et provoque l'allumage d'une lampe témoin sur la tête du mobile. Au départ, le mobile est placé au centre du dispositif. A chaque porte, il peut être tiré soit à droite, soit à gauche. Lorsque l'un des cinq buts, disposés symétriquement, est atteint, une sonnerie retentit, le mobile est alors replacé au centre du dispositif, et une nouvelle épreuve peut recommencer. Le test « Cybernomètre » fournit une estimation de la participation de chacun à l'action commune, et une indication sur le comportement économique du groupe, la consigne pouvant mettre l'accent sur la minimisation de l'énergie globale consommée. Il permet également de mesurer le degré de compétition à l'intérieur du groupe, lorsque cette variable est introduite par l'expérimentateur, en jouant, par exemple, sur le mode de rémunération des sujets.

11. Test de suggestibilité motrice

Auteur : J.M. Lahy.

Producteur : Etablissements d'Applications Psychotechniques (EAP).

Création et diffusion : 1925 – 1938 -- Sigle : SUG – tu (Z).

Domaine évalué : propension à être facilement et inconsciemment sous influence.

Bibliographie.

Labadie J, 1928, L'orientation et la sélection sont déterminées scientifiquement, *Sciences et Vie.*

Descriptif : ce test de « suggestibilité motrice » est constitué d'un grand cylindre actionné par deux manivelles qui permettent sa rotation et d'un appareil enregistreur (photo 177). Le sujet, les yeux bandés, et le psychologue tournent ensemble deux manivelles (photo 176), solidaires ou non suivant la volonté du psychologue, dont les rotations sont absolument quelconques. Les variations se traduisent sur un tambour noirci par une densité plus ou moins grande de hachures provenant de vibrations de diapasons. Le psychologue solidarise les deux manivelles et le sujet doit modifier le rythme de son mouvement personnel pour s'accorder avec le sien, puis le psychologue désolidarise les manivelles, à l'insu du sujet, celui-ci doit modifier une nouvelle fois son rythme. La façon dont le sujet obéit ou résiste à ces impulsions extérieures mesure sa «suggestibilité », c'est-à-dire sa facilité à être manipulable.

Photo 176 (1925)

Photo 177 (1925)

Graphiques mesurant la suggestibilité motrice :

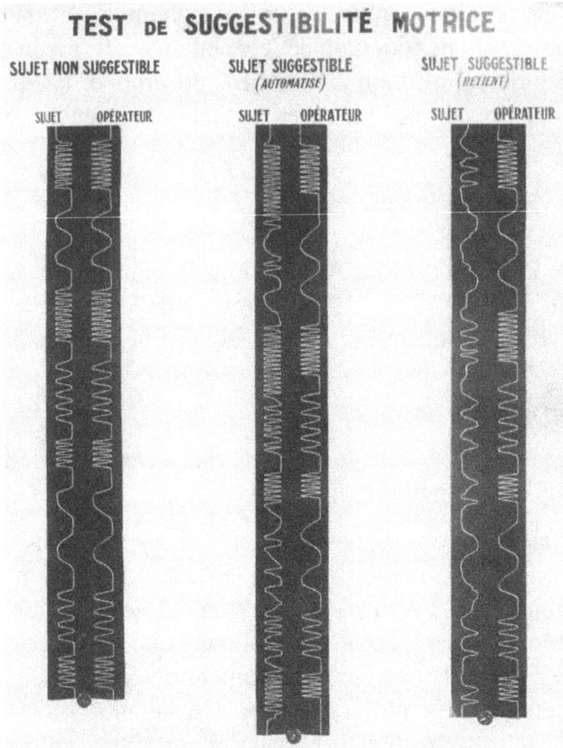

A gauche :

Le sujet a obéi avec précision à toutes les impulsions du psychologue, les deux tracés, dont celui du sujet à gauche, sont quasi identiques.

Au centre :

Le sujet, par son tracé situé à gauche, a fait preuve d'inertie. Il a obéi, avec retard, aux suggestions.

A droite :

Le sujet a fait preuve de résistance aux suggestions du psychologue, son tracé situé à gauche sur le graphique de droite, est significatif.

De nombreux examens ont permis de dégager une série d'observations précieuses qui furent à l'origine de modifications spécifiques de certains enseignements appliqués lors de formations en rapport avec des orientations professionnelles. Ces résultats pratiques ont rendu de réels services dans tous les pays industrialisés qui les ont utilisés.

12. Test de résistance à l'éblouissement

Auteur : R. Bonnardel.

Producteur : Etablissements d'Applications Psychotechniques (EAP).

Création et diffusion : 1936 – 1971 -- Sigle : EB -- tu (Z).

Domaine évalué : Adaptation de la rétine aux différences d'éclairements.

Descriptif : c'est de la rétine, écran sur lequel vient se fixer l'excitation lumineuse, que partent les réflexes accommodateurs. C'est aussi de la rétine que partent les transmissions nerveuses qui conduisent les excitations sensorielles aux centres d'élaboration. Sur la rétine s'opèrent les transformations photochimiques du pourpre rétinien. Il semblerait donc, à cette époque, que les mécanismes d'adaptation étaient, pour le moins, doubles : accommodation et transformation du pourpre, ce qui ne fut pas démenti par la suite.

1939 (Photo 178)

Les mécanismes d'accommodation et de transformation des temps de latence sont plus longs que la durée de passage d'un éclairement minime, dans la nuit par exemple, à l'attaque des flux lumineux intenses. La durée de l'adaptation nouvelle est d'autant plus grande que l'œil est adapté à de faibles éclairements. L'intensité utile de la lumière peut varier, dans les conditions optima, de la lumière solaire (estimée à 10 000 lux) à la luminosité de la nuit (estimée à 0,0003 lux). Avec ce test, l'intensité de la lumière et l'instantanéité de l'excitation produisent un désordre fonctionnel qui paralyse la vision pour un temps plus ou moins long : c'est l'éblouissement.

Photo 178 (1939)

Photo 179 (1961)

1961 (Photo 179)

Les conséquences de l'éblouissement peuvent être différentes selon les sujets. Les uns conservent assez de sang-froid après le choc éblouissant pour choisir et effectuer les gestes nécessaires, les autres perdent leur sang-froid et abandonnent pratiquement la conduite du véhicule. Le test de « résistance à l'éblouissement » n'est valable que pour le dépistage des cas anormaux.

Chapitre 7

Les tests et les appareils de psychophysiologie – H-

Tout emploi professionnel nécessite un certain niveau de vision ou audition et certains postes exigent soit une excellente vision spécialisée soit une très bonne audition.

Ce chapitre rassemble :
- d'une part, des appareils physiologiques permettant des dépistages des aptitudes visuelles et auditives : l'Audiomètre de dépistage des déficiences auditives, de Simonnet, le Visiotest de dépistage des déficiences visuelles, l'échelle d'Optotypes « évaluation du seuil de vision angulaire » Bonnardel, le test scolaire de dépistage des déficiences visuelles de Masset, les tests de discrimination de couleurs d'Ishihara et Farnsworth,
- d'autre part, des tests de psychophysiologie qui évaluent des aptitudes sensorielles particulières, comme la vision en profondeur (stéréoscope), ou la rapidité de perception (tachistoscope). Ils ont été largement développés lors des études physiologiques et psychologiques des sensations : le test de vision stéréoscopique de Galifret, le test Tachistoscope à projection, le test Tachistoscope à deux canaux de Fraisse, le test Tachistoscope à trois canaux de Fraisse,
- auxquels s'ajoute la « Table Anthropométrique Universelle » du docteur Maurice Verdun, instrument de grande précision pour les recherches d'anthropologie différentielle, qui a donné lieu à des recherches sur les mesures de l'homme d'un intérêt considérable, d'où la publication de la part de l'auteur des ouvrages le « Traité de caractérologie » et « Le caractère et ses corrélations ».

1. Audiomètre

Auteur : Robert Simonnet.
Producteur : Etablissements d'Applications Psychotechniques (EAP).
Création et diffusion : 1948 – 1995 --- Sigle AURS – tu (Z).
Domaine évalué : dépistage des troubles auditifs.

Bibliographie
Simonnet R, Guyot D, 2008, *Un siècle de psychologie et de psychométrie*, p. 224, Paris, L'Harmattan

Descriptif : la détermination des seuils sensoriels de l'acuité auditive trouve sa place dans les examens d'orientation scolaire et professionnelle tant pour le dépistage des déficiences, que pour la recherche du niveau des aptitudes lorsqu'il s'agit de métiers dans lesquels la finesse de l'audition constitue une aptitude professionnelle. On connaît le seuil d'audibilité en déterminant le son le plus faible qu'un sujet parvient juste à percevoir pour chaque fréquence donnée. Deux sons de même intensité peuvent être distingués du point de vue de la fréquence vibratoire des ondes sonores. L'oreille étant inégalement sensible aux sons de différentes fréquences, l'intensité nécessaire pour que le son soit juste perceptible décroît rapidement à partir des sons graves, au-delà, dans la région des sons aigus, la sensibilité décroît légèrement. Pour un examen complet de l'acuité auditive, il faut explorer la finesse auditive pour des sons de différentes fréquences.

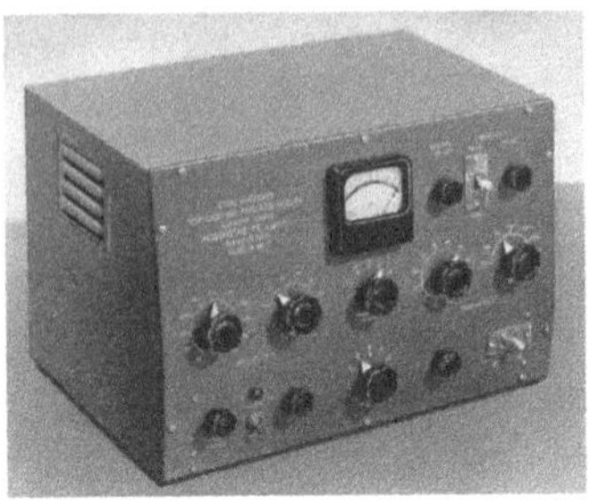

Photo 180 (1957)

Photo 181 (1976)

1957 (Photo 180)

A cette époque, la société belge ATM, dirigée par M. Libert, correspondante des EAP pour la diffusion des tests dans ce pays, produit un audiomètre de sa conception (photo 180) qui sera diffusé en France durant plusieurs années.

1976 (Photo 181)

Simonnet, aidé par J. Fer, ingénieur du département électronique des EAP, s'attelle à cette époque à la réalisation d'un audiomètre entièrement électronique comportant neuf fréquences (250 – 750 – 1000 – 1500 – 2000 – 3000 - 4000 – 6000 – 8000 Hz), un son continu ou pulsé (2,5 pulsations par seconde), une intensité de -5 à 70db, un atténuateur gradué de 5 en 5 , de -5 à 30, de 10 en 10 de 30 à 70 , une alimentation de 115 à 220 volts (50 périodes) et des écouteurs positionnés sur casque antibruit de 8 ohms. Cet audiomètre (AURS) (photo 181) a été conçu pour répondre aux contraintes décrites ci-dessus en faisant appel à une technique relativement simple et pertinente. La possibilité d'utiliser un son pulsé facilite les réponses du sujet et le niveau d'intensité maximum élargit le champ d'investigation de l'utilisateur. Pour des cas particuliers, l'AURS offre la possibilité de brancher une presselle pour obtenir une réponse non verbale.

2. Le visiotest

Producteur : Essilor.

Création et diffusion : 1950 – ininterrompu - Sigle VTE - tu (Z).

Domaine évalué : dépistage des déficiences visuelles.

Bibliographie.
Bonnardel R, 1936, Vision et Profession, *Le Travail Humain.*
Verriest G, Hermans G, 1980, *Vue et Profession,* Issy-les-Moulineaux, Editions EAP.

Descriptif : l'appareil « visiotest » était conçu suivant des principes d'optique et de mécanique rigoureux.

1959 (photo 182)
C'est un appareil de grande précision, prévu pour une évaluation rapide et précise de l'acuité visuelle. Un tableau de contrôle permet à l'examinateur d'avoir sous les yeux les questions qu'il doit poser pour obtenir les réponses précises.

1966 (Photo 183)
Plus lourd mais plus robuste, le visiotest de cette époque se simplifie quant à l'utilisation. A l'intérieur du coffret se trouve un tambour rotatif sur lequel des plaques stéréoscopiques sont montées. L'examen complet comprend les tests suivants (en vision loin, en vision près) : acuité visuelle (l'œil droit) ; astigmatisme (l'œil droit) ; acuité visuelle (l'œil gauche) ; astigmatisme (l'œil gauche) ; acuité binoculaire ; vision stéréoscopique ; dochrome ; phories ; discrimination de couleurs.

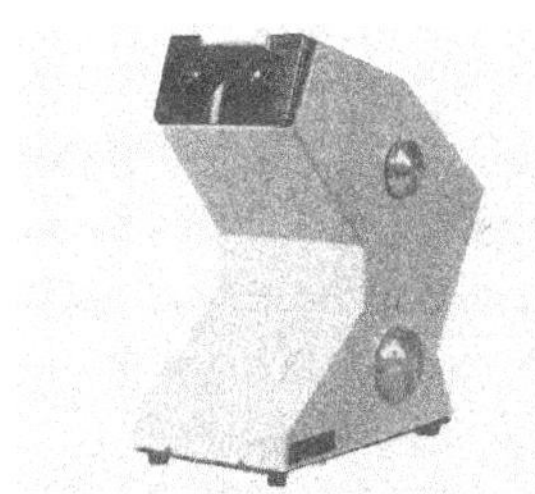

Photo 182 (1959) **Photo 183** (1966) **Photo 184** (1987)

1987 (Photo 184)
La matière plastique remplace progressivement le métal dans la composition des organes et plus particulièrement dans les boîtiers, ce qui permet un gain considérable de poids, mais aussi d'encombrement. Un dispositif de « périmétrie » destiné à un dépistage rapide du champ visuel horizontal est inséré dans ce nouvel appareil. Commandé à partir d'un pupitre, ce dispositif permet de tester le champ visuel de l'œil droit et de l'œil gauche selon des angles de 60, 70, 80, 90 et 100°, ainsi que le champ visuel nasal.

3. Test de vision stéréoscopique

Auteur : A. Michotte et Y. Galifret.

Producteur : Etablissements d'Applications Psychotechniques (EAP).

Création et diffusion : 1946 – 1985 - Sigle : VS - tu (Z).

Domaine évalué : évaluation de l'acuité visuelle du relief.

Bibliographie.

Galifret, 1940, Mesure, seuil de perception des profondeurs, *Année Psychologique.*

Henri M-P, 1946, Mesure pratique de la vision en profondeur, *Binop.*

Fraisse P, Piaget J, La perception, *Traité de psychologie expérimentale* (tome 1).

Descriptif : ce test est destiné à la mesure de l'acuité visuelle du relief. Il a été mis au point dans le laboratoire de psychologie expérimentale de l'Université de Louvain par Michotte. Le sujet pendant l'examen aura pour seule tâche d'observer les fils et de juger leur position relative (photo 185). C'est le psychologue qui présentera les écarts correspondants aux valeurs angulaires indiquées ci-dessous. Le test (photo 186) se compose d'un bâti au centre duquel sont disposés verticalement quatre fils et d'un châssis mobile avec index, se déplaçant le long d'une règle graduée. Contrairement à la position du sujet sur la photo 185, lors d'une passation du test, le sujet doit avoir la tête complètement immobile, appuyée sur une mentonnière, les yeux exactement à hauteur de la fenêtre de l'appareil. La stéréoscopie (ou stéréopsie) est la discrimination entre des distances différentes dans une perception en profondeur. Cette aptitude est un des éléments de la bonne perception des relations spatiales. La perception d'une très légère différence de position est la condition mesurable de la vision en profondeur. Les deux yeux lorsqu'ils regardent un objet à distance, constituent un ensemble géométrique triangulaire. La perception de la distance provient de l'intégration de la différence angulaire, exprimée en minutes, entre l'apparence de l'objet pour chaque œil. D'autres conditions d'une perception dans les trois dimensions peuvent améliorer celle-ci, mais ne peuvent jamais remplacer complètement la vision binoculaire. La « stéréopsie » est quantitativement mesurable comme la plupart des autres fonctions. Son évaluation est indispensable dans le cas de l'orientation scolaire et professionnelle ou des recrutements professionnels.

Photo 185

Photo 186

4. Tachistoscope à projection
Auteur : Gaston Guyot.
Producteur : Etablissements d'Applications Psychotechniques (EAP).
Création et diffusion : 1930 – 1995 - Sigle : TTCP - tu (Z).
Domaine évalué : mesure de la rapidité de perception.

Bibliographie.
Faverge M, 1949, Etude de perforeuses mécanographes, *Le Travail Humain.*

Descriptif : le sujet doit reconnaître des signes qui lui sont présentés à des vitesses de présentation différentes. Dans la vie, des erreurs existent lorsque la vitesse de perception est faible, l'exactitude des résultats à ce test permet d'évaluer les lacunes dans ce domaine.

Photo 187 (1930)

Photo 188 (1930)

1930 (Photo 187 et 188)
La technique mécanique du test, pour réussir une projection d'image à travers un disque perforé dont le temps de présentation peut varier en fonction de la vitesse de rotation de ce disque, permet des résultats valides. La projection est réalisée sur un mur blanc ou sur un écran.

Photo 189 (1949)

Photo 190 (1954)

1949 et 1954 (Photo 189 et 190)
A partir de cette date, l'appareil adopte une technique électromécanique pour la présentation des photos. Lors de la passation, le sujet doit pouvoir reconnaître les divers signes qui lui sont présentés. Le temps de présentation peut varier d'une épreuve à l'autre. L'exactitude des résultats en fonction du temps de

présentation permet d'évaluer la rapidité de perception. La projection est réalisée sur écran.

Photo 191 (1972)

1972 (Photo 191)

Le projecteur est alors d'une haute qualité technique, la lampe à quartz-diode fournissant une source ponctuelle de 1400 lumens. Une ventilation puissante et silencieuse évite tout échauffement de l'appareil et des 36 diapositives.

5. Historique du Tachistoscope à 2 canaux

Auteur : Paul Fraisse.

Producteur : Etablissements d'Applications Psychotechniques (EAP).

Création et diffusion : 1956– 1995 - Sigle TTCT – tu (Z).

Domaine évalué : évaluation de la rapidité de perception.

Bibliographie.

P. Fraisse P, 1963, Le durée de perception, *Bulletin de psychologie.*

Fraisse P, *Traité de psychologie expérimentale, La perception*, Paris, PUF.

Simonnet R, Guyot D, 2008, *Un siècle de psychologie et de psychométrie,* p. 159, Paris, L'Harmattan.

Descriptif : le test se compose de deux chambres, l'une de présentation d'un stimulus, l'autre est prévue pour le repos.

1959 (Photo 192)

Le « tachistoscope » permet de contrôler la durée de la présentation. La durée de l'éclairement donne la possibilité au sujet de reconnaître ou de ne pas reconnaître un stimulus précis. Le temps affiché au moment de la reconnaissance sera pris en considération. Le temps de l'exposition est commandé par un « timer » électronique à transistors qui permet d'assurer un équilibre rigoureux entre l'éclairement des présentations tachistoscopiques et d'obtenir une gamme de vitesses de présentation très étendue et rigoureusement étalonnée.

Photo 192 (1959)

Photo 193 (1964)

1964 (Photo 193)

Les durées de présentation sont commandées par trois sélecteurs à affichage. En position « rapide », le timer donne des durées de présentation de 1/1000 de seconde à 999/1000 de seconde. En position « lent », le « timer » donne des durées de présentation de 1/10 à 999/10 de seconde. Les brèves expositions sont indispensables pour éviter qu'au processus se rajoutent des constructions de l'esprit qui doivent alors beaucoup à la mémoire ou à l'intelligence.

Photo 194 (1973)

Photo 195 (1989)

1973 (Photo 194)

L'encombrement et l'esthétique du test s'améliorent, mais, techniquement, réaliser de brèves expositions posait des problèmes très complexes, le contrôle de la durée de l'éclairement et celui du point de fixation à assurer avant l'exposition du stimulus, mais aussi la disposition permettant l'adaptation préliminaire du sujet au niveau exact de l'éclairement du matériel ne devaient ne pas être laissés au hasard.

1989 (Photo 195)

Le Tachistoscope a été étudié en France au Laboratoire de psychologie expérimentale et comparée par le psychologue Fraisse. Il a servi à des études sur l'évolution des perceptions optico-géométriques avec l'âge et avec la culture, sur la perception des grandeurs en fonction de la place du stimulus dans le champ visuel, ainsi qu'à des recherches sur les différences individuelles dans la vitesse de la perception en rapport avec les données électro-encéphalographiques. De nouvelles technologies permettent une présentation du test mieux adaptée à une utilisation plus facile.

6. Le Tachistoscope à 3 canaux

Auteur : Paul Fraisse.

Producteur : Etablissements d'Applications Psychotechniques (EAP).

Création et diffusion : 1969 – 1995 - Sigle TT3C - tu (Z).

Domaine évalué : évaluation de la rapidité de perception.

Descriptif : l'appareil (photo 196) est composé de deux parties, l'une concerne le meuble « opérateur » sur lequel sont rassemblées toutes les commandes, l'autre, le meuble « sujet », comprenant trois chambres, l'une pour l'exposition des stimuli visuels, les deux autres de repos avec des éclairements différents en intensité et variables en couleurs. Lors d'un examen, le sujet pourra préciser, après un temps de repos bien défini et un éclairement déterminé, réglé par un système électronique, « le timer », de durées variables, s'il reconnaît une figure caractéristique qui lui est présentée dans la chambre d'exposition. La durée d'exposition de la figure varie du 1/1000 de seconde au 1/100., en passant par des durées intermédiaires du 1/500 et du 1/250. Le problème lié à la mesure de la durée des phénomènes psychologiques de perception est l'un des premiers qui ait été posé à la psychologie expérimentale, ce paramètre « durée » a pu être facilement résolu par l'obtention de la mesure physique donnée par le Tachistoscope. Les nombreuses possibilités du Tachistoscope à trois canaux ont mis en évidence que cet appareil était l'un des meilleurs quant aux recherches expérimentales à réaliser dans ce domaine. Il faut noter que les concepts définis par Piaget à propos de la perception visuelle ont été généralisés dans des sens quelque peu différents. La « centration », par exemple semble liée à l'immobilité du regard en un point de l'espace (effet topographique). Or, dans certains cas, l'effet topographique peut faire place à un effet d'ordre central aboutissant à une surestimation due à une « centration de l'attention ».

Photo 196 (1985)

7. Echelle d'optotypes de Bonnardel
Auteur : R. Bonnardel.
Producteur : Etablissements d'Applications Psychotechniques (EAP).
Création et diffusion : 1930 – 1995 – Sigle : EO - ti(y).
Domaine évalué : évaluation de l'acuité visuelle.

Descriptif : ce test « d'optotypes » se compose de 23 bristols carrés de 14 centimètres de côté, sur lesquels sont imprimés, en noir sur fond blanc, les anneaux brisés de Landolt interrompus dans certaines directions, où le sujet doit indiquer l'orientation de la brisure. L'auteur a disposé les coupures de manière circulaire, de façon à ce qu'elles déterminent avec le centre optique de l'œil un certain angle en 1/1 000 de grade. Cette échelle permet de mesurer un seuil de vision angulaire, qui demande une conversion pour pouvoir être interprété en unités d'acuité visuelle. Ces bristols sont présentés à la main par le psychologue, ils peuvent être également fixés sur un tableau. Chaque bristol porte un optotype et l'indication de l'angle, en millièmes de grade, sous lequel l'élément de cet optotype est vu par le sujet lorsque ce dernier est placé à une distance de 5 mètres de la figure. Les échelles d'optotypes sont utilisées dans la pratique médicale pour la détermination de l'acuité visuelle, mais ne peuvent être employées dans les études biométriques. Ces échelles sont plus spécialement construites en vue de l'étude des acuités pathologiques, elles ne contiennent pas d'échelons permettant d'évaluer les acuités supérieures à l'acuité dite « normale ». Dans les quelques tableaux d'optotypes qui possèdent de tels échelons, l'intervalle entre les échelons n'est pas constant, d'où l'impossibilité d'établir, par leur utilisation, des lois statistiques correctes. D'autre part, dans ces tableaux d'optotypes, l'acuité est généralement donnée en inverse de la grandeur des figures d'épreuve, en prenant comme unité l'acuité dite « normale » correspondant à la reconnaissance de figures d'épreuve dont l'élément est vu sous un angle égal à une minute. Il est préférable d'utiliser, dans les études biométriques, non pas une unité arbitraire d'acuité, mais une unité d'angle, puisque les normes de l'acuité des différents groupes humains n'ont pas été nettement précisées. Cette échelle d'optotypes a permis d'obtenir des lois statistiques satisfaisantes. Ces lois statistiques correctes sont obtenues sur des mesures faites à partir d'une unité physique bien définie. L'échelle est un instrument d'emploi facile sur n'importe quel groupement humain, permettant des déterminations précises et rapides comme l'exigent les mensurations biométriques effectuées sur des séries étendues de sujets. Ces conditions sont assez difficiles à réaliser lorsqu'il s'agit de détermination de seuil. L'échelle d'optotypes de dimensions réduites est facilement transportable.

8. Le test de dépistage des déficients visuels
Auteur : C. Masset.
Producteur : Etablissements d'Applications Psychotechniques (EAP).
Création et diffusion : 1973 – ininterrompu – Sigle : DDV - ti(y).
Domaine évalué : déficience visuelle en milieu scolaire.

Descriptif : au cours d'une expérimentation, 214 enfants âgés de 2 à 6 ans ont été examinés, 14,5 % ont échoué à ce test de dépistage et, après un examen par un médecin ophtalmologiste, il s'est avéré que 11,7 % présentaient une anomalie visuelle. La passation est très simple, la maison est placée à cinq mètres du sujet, les dessins défilent dans la fenêtre et, pour chaque œil, l'enfant est invité à montrer les dessins correspondants. La vue joue un rôle important dans le développement harmonieux de l'intelligence et de la personnalité de l'enfant. Le dépistage des anomalies visuelles doit toujours être effectué le plus tôt possible, dès l'âge de deux ans pour des raisons médicales, psychologiques, et scolaires. Tout handicap visuel s'accompagnant d'une insuffisance de l'acuité visuelle, une épreuve de dépistage doit donc mesurer approximativement cette acuité visuelle afin d'extraire de la population examinée les sujets qui éveillent des soupçons et les diriger vers un spécialiste. Les tests habituellement utilisés sont des tableaux d'optotypes, des lettres ou des dessins. Les optotypes et les lettres sont inutilisables avec de très jeunes enfants, et les dessins nécessitent que l'enfant sache et veuille bien nommer ce qu'il voit. L'épreuve décrite ici ne fait appel à aucun langage mais à l'associativité de deux images semblables ; elle comprend : une maison possédant une fenêtre évidée dans laquelle apparaissent huit dessins familiers à l'enfant à des échelles différentes, une série de huit dessins correspondants, deux paires de lunettes cachant l'œil droit ou l'œil gauche.

Photo 197 (1973)

9. Le test de dischromatopsie
Nom: Farnswworth (28 HUE) - Sigle: FARN - ti(y).
Domaine évalué : recherche des déficiences de la vision des couleurs.

Descriptif : ce test est destiné à l'origine au diagnostic des dyschromatopsies congénitales. En fait, il se prêtait particulièrement à l'étude clinique des dyschromatopsies acquises et a permis de reconnaître des déficits d'axe bleu/jaune aussi bien que ceux des axes vert/rouge. La classification la plus courante des différents types de cécité aux couleurs est basée sur la théorie trichromatique. Le suffixe « anomalie » caractérise une perception insuffisante d'une couleur. Le suffixe « anopie », la cécité complète.

Les préfixes « prot », « deuter » et « trit » correspondent au rouge, au vert et au bleu respectivement. Un « protanope », par exemple, ne voit pas le rouge mais le vert et le bleu ainsi que leur combinaison. Les « trichromates » perçoivent les trois couleurs ; les « dichromates » (ou daltoniens) n'en distinguent que deux, et les « monochromates », qu'une seule. 8% des hommes et 0,4% des femmes sont atteints d'une vision chromatique défectueuse. Ces troubles, lorsqu'ils sont congénitaux, et c'est le cas le plus fréquent, sont toujours binoculaires. Les 28 pions du test sont présentés au sujet en une seule fois. Le pion 1 sert de tonalité de référence. Il reste 27 pions à assortir par ordre de tonalités successives. Le sujet peut indifféremment les classer dans l'ordre numérique croissant ou au contraire décroissant.

Photo 198 (1978)

Le test de dischromatopsie
Nom : ISHIHARA - Sigle : ISH - ti(y).
Domaine évalué : recherche des déficiences de la vision des couleurs.

Descriptif : une série de planches rassemblées sous la forme d'un album a été conçue pour permettre de déceler rapidement et avec précision la forme la plus répandue des déficiences dans la perception des couleurs : la dyschromatopsie congénitale. Un tel cas est souvent caractérisé par une diminution de la perception du rouge et du vert. On distingue, d'une part, un type « protane » (rouge domine), chez lequel l'absence de perception des deux couleurs peut être soit complète (protanopie), soit partielle (protanomalie) et, d'autre part, un type « deutane » (vert domine) chez lequel l'absence de perception peut également être soit complète (deutéranopie), soit partielle (deutéranomalie). Une des particularités des sujets confondant le rouge et le vert est que les couleurs bleues et jaunes leur apparaissent remarquablement vives en comparaison des couleurs rouges et vertes. La recherche des déficiences de la vision chromatique à l'aide de cette série de planches est basée sur cette particularité.

10. La Table Anthropomètrique Universelle
Auteur : Maurice Verdun.
Producteur : Etablissements d'Applications Psychotechniques (EAP).
Création et diffusion : 1943 jusqu'en 1983 – Sigle : TV et TMTV - tu (Z).
Domaine évalué : corrélations entre mensurations de l'être humain et ses comportements.

Bibliographie .
Verdun M, 1950, *Traité de caractérologie*, Paris, Editions Baillière.
Verdun M, 1960, *Le caractère et ses corrélations*, Paris, Editions Baillière.

Descriptif : à cette époque, les appareils d'anthropométrie existaient, mais aucun ne correspondait aux recherches envisagées par Verdun (docteur en médecine –psychiatrie, ancien interne des hôpitaux de Paris, Professeur à l'Institut catholique de Paris). Ses recherches nécessitaient des mesures sur un être humain en position allongée, d'où la création de la « table anthropométrique universelle »(TV) (photo199), complétée par le « prosopomètre vertical » (PV) et le « pied à coulisse »(PCV), afin de mettre en évidence les corrélations existant entre le caractère (tempérament et personnalité) des individus et leurs caractéristiques anthropométriques. La Table Anthropométrique Universelle (TV) est un instrument de grande précision indispensable pour des recherches d'anthropologie différentielle sur le sujet vivant (photo 200). Elle permet de mesurer, dans les trois dimensions, les divers segments, correctement orientés et immobilisés, du corps humain, étendu en position de repos, dans des conditions identiques à chaque expertise. Toutes ces contraintes concourent à donner à cette « Table » les caractéristiques d'un outil scientifique indispensable aux futures recherches

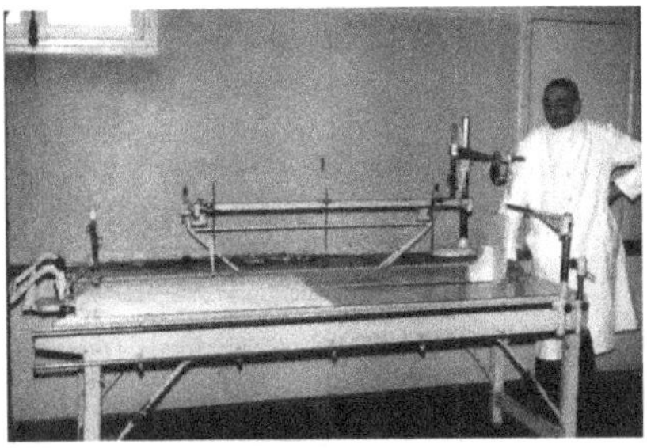

Photo 199 (1970)

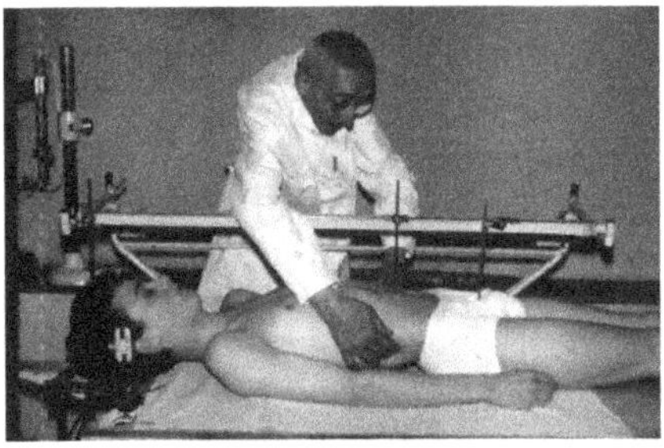

Photo 200 (1970)

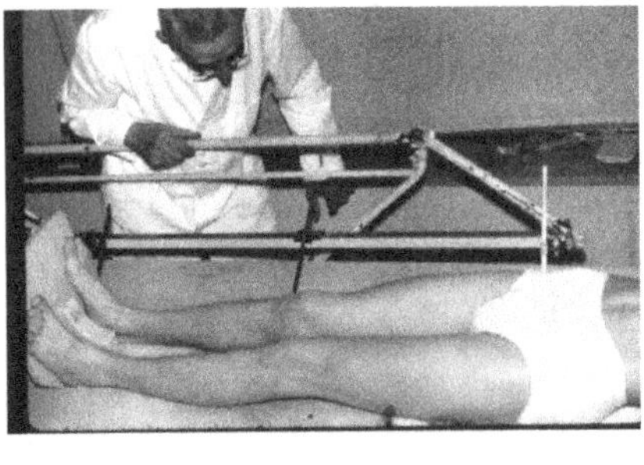

Photo 201 (1970)

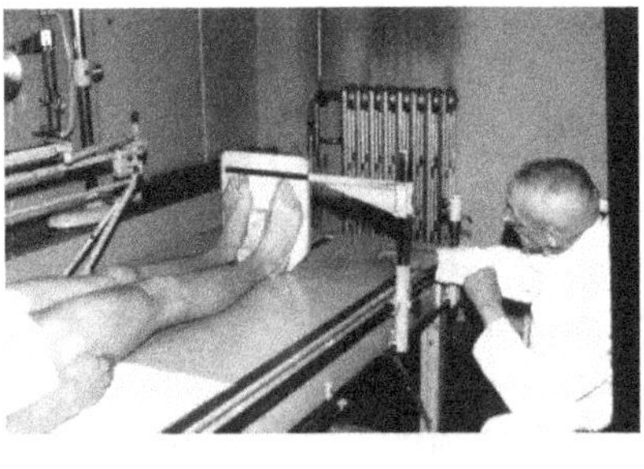

Photo 202 (1970)

La Table Anthropométrique assure, à chaque mensuration, l'orientation correcte par rapport au sujet. Sur la photo 201, il est possible de constater que le sujet est dans une position très satisfaisante pour un relevé facile des mesures difficiles à réaliser sans cet outil. La mesure des membres inférieurs du sujet, comme on le constate sur la photo 202, est réalisée avec la même facilité, dans une position qui, normalisée, permet une utilisation statistique des résultats. Sur ces deux photos, la personne qui effectue les relevés n'est autre que le docteur Verdun, auteur de la Table Anthropométrique Universelle (TV). A l'addition de mesures partielles se substitue la cotation des divers points intermédiaires entre les deux points fixes qui marquent les extrémités du buste, du membre supérieur ou du membre inférieur. Sur la photo 202 on perçoit la précision avec laquelle les dimensions des pieds sont réalisées.

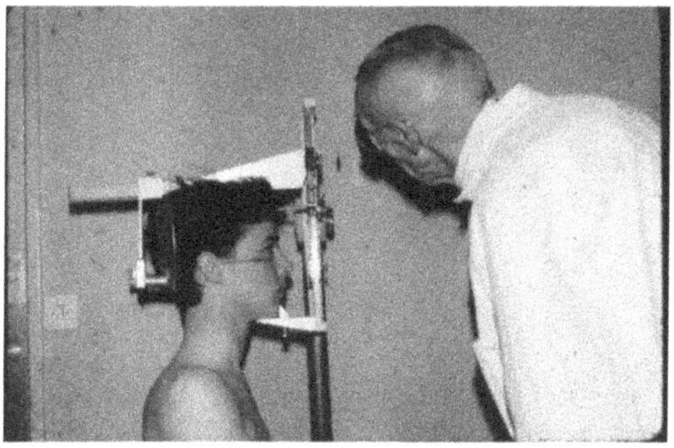

Photo 203 (1970)

Le Prosopomètre Vertical (PV) (photo 203) permet la cotation millimétrique de la hauteur de tous les points anthropométriques de la face, médians et latéraux, par rapport au point mentionné, pris comme point d'origine, sur la tête correctement orientée et immobilisée pendant les mensurations. L'auteur a recherché s'il existait, entre les caractéristiques mentales des criminels, et leurs mensurations (photo 204), des corrélations.

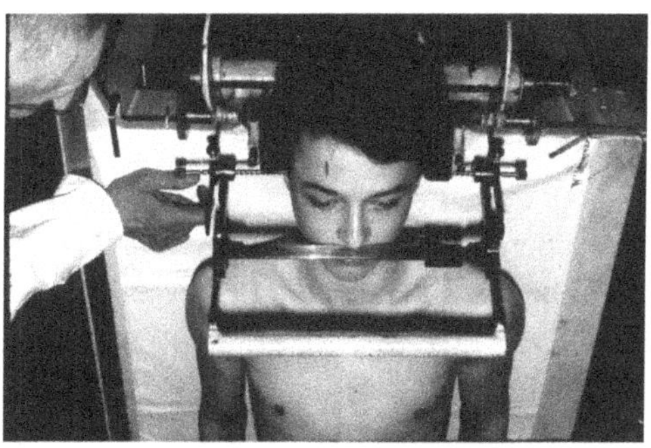

Photo 204 (1970)

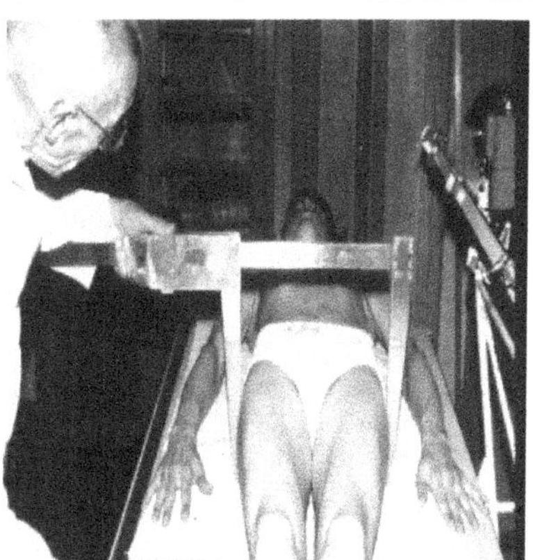

Photo 205 (1970)

Le Pied à Coulisse, (photos 205 et 206), d'une manipulation simple, permet des mensurations d'une technique parfaite.

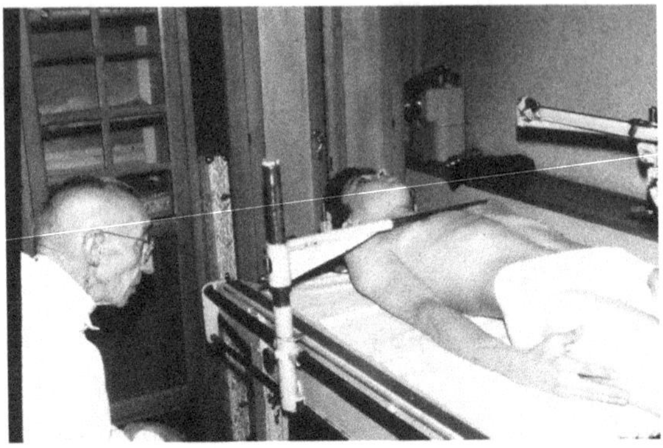

Photo206 (1970)

Le caractère et ses corrélations.

(Ouvrage couronné par l'Académie française)

L'auteur, Maurice Verdun, s'est spécialisé dans la recherche en anthropologie. Il publie, en 1950, un « Traité de caractérologie » dans lequel il y examine le caractère, le tempérament et la personnalité. Il était dans une situation exceptionnellement favorable pour faire un travail de cette envergure. Médecin et savant devenu religieux de la Compagnie de Jésus, il réunit les compétences nécessaires pour écrire une caractérologie qui soit autre chose que de la littérature. Ecrit dans un style précis, nerveux, scientifique, quelques phrases lui suffisent pour introduire le sujet, exposer l'état d'une question, éclaircir une difficulté de terminologie. Le caractère ne dépend pas seulement du milieu et de la constitution dont les corrélations sont exposées, discutées, et mesurées dans le premier volume, mais aussi du tempérament et de l'effort personnel qui forge la personnalité en fonction de l'expérience vécue. Dans le second volume, « Le caractère et ses corrélations », l'auteur étudie les diverses fonctions biologiques qui interviennent dans la formule du tempérament ; fonctions biodynamique, métabolique, neuro-végétative, endocrinienne, sanguine. Il en rappelle les variations physiologiques et les altérations, dans leurs corrélations avec les oscillations normales et les perturbations de la vie mentale, et plus spécialement dans la genèse des diverses variétés d'obsession ; anxieuse, voluptueuse, grincheuse, scrupuleuse. Dans le dernier chapitre, il montre comment la « personnalité » se dégage des tendances constitutionnelles en présence des sollicitations et des meurtrissures de l'ambiance, et au milieu des oscillations incessantes de l'équilibre biologique et mental, en fonction de l'ascèse personnelle que chacun de nous peut ou non s'imposer, et des expériences vécues que lui a ménagées sa destinée. Les conclusions générales qui se dégagent des faits analysés dans tout le cours de l'ouvrage soulignent le caractère pendulaire de tous les phénomènes de la vie organique et mentale. Elles ne peuvent manquer de retenir l'attention de tous ceux qu'intéressent les problèmes de philosophie biologique.

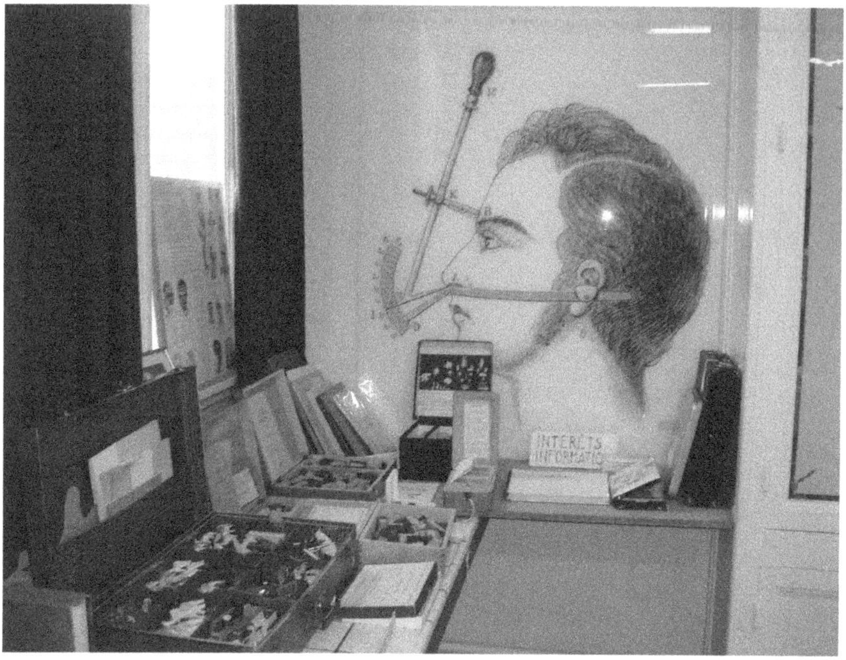

Photo 207 (La mesure de l'homme – Musée de Lille)

Chapitre 8

Tests du domaine du développement psychologique -K -

Ce chapitre rassemble les tests utilisés pour l'examen des enfants, il est divisé en deux parties. La première explore les épreuves liées à l'évaluation des différents développements psychologiques,_la seconde est consacrée aux épreuves de dépistage de certains troubles psychologiques et deux d'entre elles à des troubles psychopédagogiques.

Première partie

Les tests de développement étudient les changements se produisant pendant l'enfance, de la naissance à l'adolescence. Ils ont été conçus, pour donner une évaluation des performances des enfants dans les domaines psychologique, intellectuel, psychomoteur, moteur et affectif.

Pour l'être humain, il existe une croissance physique et une croissance psychologique. La croissance physique ou physiologique concerne le fonctionnement de l'ensemble ou des parties du corps (taille, poids...) et se termine avec la période intermédiaire entre l'enfance et l'âge adulte ; l'adolescence. La croissance psychologique, appelée « développement » en psychologie, concerne des secteurs bien définis. Pour bien les différencier, on peut admettre qu'il existe un développement psychique en liaison avec la « vie mentale », « l'activité psychomotrice et motrice », ainsi qu'un développement psychologique en liaison avec « la personnalité » (affectivité). Tous ces développements se terminent aussi avec l'adolescence.

Il est bien évident que tous ces processus biologiques, tels qu'ils sont présentés, peuvent laisser penser à une représentation fragmentée de l'enfant, il n'en est rien, ces différents aspects se développent toujours en interaction. Néanmoins, la fin des développements débouche sur une maturité ou sur une immaturité mentale et sur une maturité ou sur une immaturité affective.

On entend par « maturité » l'état de complet développement que peut atteindre un être humain lorsqu'il peut donner tout ce que l'on peut attendre de lui en rapport avec sa nature propre. Pour parvenir à cet état de maturité, il faut tenir compte de la croissance et du temps qui sont indispensables à la réalisation du développement. Comme la taille d'un individu qui sera définitivement acquise au moment de l'adolescence, la maturité ou l'immaturité intellectuelle ou/et affective restera acquise à l'âge adulte, l'immaturité pouvant être à l'origine d'inadaptation professionnelle ou/et sociale.

- Les tests qui sont répertoriés dans cette première partie sont les suivants :
- L'échelle métrique de l'intelligence (QI) : Binet et Simon et Zazzo.
- L'échelle de développement mental : Terman et Merril et Cesselin.
- L'échelle de développement de la pensée logique : Piaget, Longeot.

- L'échelle différentielle d'efficiences intellectuelles : Perron,Borelli.
- L'échelle de développement cognitif de l'enfant : Chevrie-Muller.
- Le test d'évaluation de la débilité mentale : Laurent.
- L'échelle de développement psycho de l'enfant : Brunet et Lézine.
- Le test de développement moteur, le quotient moteur Ozéretski-Zazzo.
- L'évaluation du caractère du jeune enfant : Balleyguier.

Deuxième partie.

Les tests de dépistage rassemblés dans la seconde partie de ce chapitre sont des épreuves utilisées pour l'évaluation de certaines capacités et potentialités (langage, imitation de gestes, musique) des enfants, ce sont :

- Le test d'imitation de gestes : Bergès et Lezine.
- Le test analytique de l'âge préscolaire : Aufaure.
- Le test des troubles du langage : Piterman.
- Le test de dépistage précoce des troubles du langage : Ferrand.
- Les tests de langage : Borel-Maisonny.
- Les tests musicaux pour jeunes enfants : Zenatti.
- L'épreuve de rééducation et rééquilibration sensorimotrices : Klingebiel.

1. Test : Mesure de l'intelligence : Binet et Simon

Test : Echelle Métrique de l'intelligence : Zazzo

Auteur : A. Binet et T. Simon -- R. Zazzo.

Producteur : Ets d'Applications Psychotechniques (EAP).

Création et diffusion : 1905 – ininterrompu -- Sigle : (BS) et (NEMI) - tu (Y).

Domaine psychologique évalué : développement mental (3 à 14 ans).

Bibliographie.

Simonnet R, Guyot D, 2008, *Un siècle de psychologie et de psychotechnique*, p. 166, Paris L'Harmattan.

Zazzo R, 1982, *La nouvelle échelle métrique de l'intelligence,* Issy –les-Moulineaux, Editions EAP.

Descriptif.

Test de Binet, Simon (BS) : c'est en 1899/1900 que Binet et Simon entreprennent leurs premiers essais sur l'évaluation de l'intelligence. Binet était à cette époque préoccupé par des corrélations qui devaient exister entre le développement physique et le développement mental. Avec une perspicacité surprenante, il constituera une échelle métrique qui permettra de déterminer si un enfant donné a l'intelligence correspondant à son âge ou bien s'il est en retard ou en avance et de combien d'années. Ainsi, un enfant qui réussit les épreuves réussies en moyenne par les enfants de 6 ans aura un niveau mental de 6 ans. Pour pouvoir mettre en rapport l'âge mental du sujet et son âge réel, il faut appliquer la formule classique du quotient intellectuel : QI = (AM/AR) x 100, AM correspondant à l'âge mental du sujet exprimé en mois, et AR à l'âge réel du sujet exprimé en mois. Le QI moyen est donc de 100 puisque, par construction, l'âge mental est égal à l'âge réel. Pour Binet la conception globale de l'intelligence peut se résumer en quatre termes : « compréhension, invention, réflexion, esprit critique ». Un individu est intelligent s'il comprend les données d'un problème posé en trouvant la solution au problème par une réflexion, puis en faisant preuve d'esprit critique. La débilité étant un retard dans ce développement, retard trop important pour pouvoir être jamais rattrapé.

Test de R. Zazzo (NEMI).

En 1966, Zazzo a procédé à un réétalonnage et à une reconstruction partielle de la dernière version proposée par Binet. Ce travail conduit à la création de la NEMI, épreuve de développement mental global applicable aux enfants entre 3 et 14 ans. La première épreuve provisoire a été expérimentée sur des groupes de garçons de 9, 10, 12, et 14 ans pendant l'année scolaire 1960 /1961. Ce premier sondage a permis de préciser les consignes d'application et de cotation, et d'éprouver la valeur génétique des différentes épreuves afin de ne retenir que les plus discriminatives d'âge en âge. L'étalonnage proprement dit a été effectué au cours des années scolaires 1961/1962 et 1962/1963 sur des groupes de garçons et de filles de 8, 9, 10, 12, et 14 ans. Deux types d'étalonnages peuvent être utilisés : une échelle d'âges allant de 3 à 14 ans et, secondairement, des échelles de dispersion pour les âges de 12 et 14 ans.

2. Test de niveau mental : Terman et Merrill

Auteur : L.M. Terman et Merrill et F. Cesselin.

Producteur : Ets d'Applications Psychotechniques (EAP).

Création et diffusion : 1950 – ininterrompu -- Sigle : TNM -- tu (Y).

Domaine psychologique évalué : évaluation du niveau intellectuel (2 à 14 ans).

Bibliographie.

Clapared, 1937, *Diagnostiquer les aptitudes chez les écoliers*, Paris, Editions Flammarion.

Terman, Maud, Merrill, 1927, Measuring intelligence.

Cesselin F, 1978, *Comment évaluer le niveau intellectuel,* Issy-les-Moulineaux, Editions EAP.

Simonnet R, Guyot D, 2008, *Un siècle de psychologie et de psychotechnique,* p. 107, Paris, L'Harmattan

Descriptif: on fait remonter à Binet en 1905 la création du premier test d'intelligence qui comprenait une série d'épreuves permettant d'apprécier les différences individuelles dans l'étude des fonctions de l'acte mental. L'évaluation des capacités intellectuelles par le test de Binet et Simon est présentée sur la page précédente. Par la suite, de nombreux tests reprenant l'idée de Binet seront diffusés dont voici un schéma non exhaustif : 1905, la mesure du développement de l'intelligence ; 1917, l'échelle Terman. Révision Stanford (première publication aux USA), 1937, l'échelle Terman Merrill (forme L et

M), adaptation française de F. Cesselin (photo 208) ; 1950, version INETOP du Terman-Merrill (version M).

C'est en 1937 que le test de Terman et Merrill apparaît aux USA, édité sous deux formes ; L, pour le test et M, pour le retest. Cesselin, professeur de psychopédagogie dans les écoles normales, puis chargé de recherches à l'Université de Stanford en Californie, le traduit en langue française. Encouragé aux USA par l'auteur avec lequel il avait eu la chance de travailler à l'Université de Standford, et en France par Piéron, professeur et directeur de l'INETOP, qui préfaça son livre « comment évaluer le niveau intellectuel », Cesselin l'étalonne sur une population française enfantine en 1949, et proposa aux EAP de le diffuser dans tous les pays francophones sous le sigle TNM.

Photo 208 (1960)

Utilisée par de nombreux psychologues à travers le monde, cette échelle de développement mental a fait l'objet en Afrique d'une réadaptation en fonction de la civilisation africaine où il existe des centaines d'ethnies, de langues, de groupes culturels, différents. Cette diversité a influencé chaque instant de ce travail, et il fut admis que ces particularités soient l'objet d'avis favorables par tous les psychologues attachés à cette nouvelle adaptation. Par l'immense variété des items, par l'intérêt suscité chez l'enfant, par l'appel qu'elle fait aussi bien à la mémoire qu'à l'imagination ou à la réflexion, par sa façon de cerner l'intelligence sous toutes ces formes, cette échelle (sigle DMAC) permet un contact étroit et vivant entre le jeune enfant africain, l'adolescent ou l'adulte et le psychologue.

3. Test : développement de la pensée logique

Auteur : J. Piaget et F. Longeot.

Producteur : Ets d'Applications Psychotechniques (EAP).

Création et diffusion : 1976 - ininterrompu -- Sigle : EPL -- tu (Y).

Domaine psychologique : les stades du développement de l'intelligence (8 à 16 ans).

Descriptif : la psychologie génétique, centrée sur l'aspect évolutif des comportements, sur leur genèse, a conduit Piaget à s'intéresser aux enfants en tant que moyen d'accès aux processus évolutifs qui ont abouti à la pensée de l'adulte. « Il est plus facile de comprendre le fonctionnement mental de l'adulte si on sait comment ses structures mentales se sont développées ».

Le développement de l'intelligence passe par des phases successives qui ont une originalité propre. Les stades diffèrent qualitativement les uns des autres. Chacun a sa structure qui consiste en un ensemble cohérent de moyens, de possibilités intellectuelles. Ce sont ces ensembles structurés qui caractérisent les différentes phases du développement. Pour Piaget, la succession des formes du raisonnement va dans le sens d'une mobilité de plus en plus grande des activités intellectuelles qui leur assure une généralité de plus en plus étendue, et, par la suite, un équilibre de plus en plus stable.

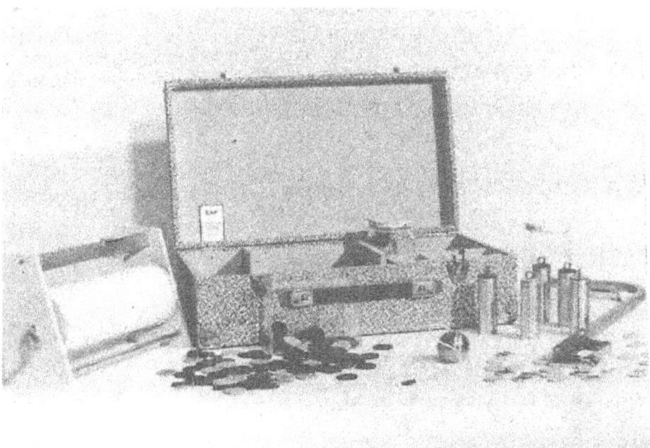

Photo 209 (1980)

La pensée enfantine est d'abord prisonnière de l'aspect des données perçues, de leur configuration statique. A ce « stade préopératoire ou intuitif », l'enfant croit qu'un objet qui a changé de forme a changé aussi de quantité, de matière et de poids, etc. La pensée devient ensuite capable, entre 7 et 11 ans, de dépasser la perception grâce à des opérations de classification et de sériation. A ce « stade opératoire concret », l'enfant peut emboîter des concepts dans d'autres concepts et de les désemboîter, comprendre par exemple que si l'on supprime les tulipes d'un bouquet de fleurs composé de tulipes et de roses, il reste des fleurs ; les roses, ou encore qu'il y a plus de fleurs que de roses dans le bouquet. Sa pensée manifeste déjà une mobilité et une réversibilité quand elle s'applique à des objets concrets. Les opérations de classification et de sériation lui permettent également de comprendre la notion de nombre et de calcul élémentaire. Mais c'est seulement à la période suivante, le « stade opératoire formel », qu'il devient capable, entre 12 et 16 ans, de raisonner par hypothèse et tout à fait abstraitement, d'envisager de ces cas possibles et de considérer le réel comme un cas particulier. La méthode expérimentale, la nécessité de démontrer les propositions énoncées, la notion de probabilité lui sont accessibles.

Ce bref rappel de la théorie des stades du développement intellectuel selon Piaget éclairera le choix qui a été fait des épreuves entrant dans la composition de l'EPL de Longeot (photo 209) : 1°) Epreuves d'opérations combinatoires dans le cas de permutations, 2°) Epreuves faisant appel aux notions de proportion et de probabilité, 3°) Epreuves faisant appel à la logique des propositions, 4°) Epreuve exigeant de coordonner deux systèmes de référence distincts dans l'espace, 5°) Epreuves de conservation de poids et de volume associées à une épreuve de dissociation poids et volume.

L'ensemble de ces cinq épreuves ont été retenues à partir de trois critères : 1°) La durée d'application, 2°) Le matériel des épreuves, 3°) La limitation des épreuves parmi les plus significatives et se complétant.

4. Echelles différentielles d'efficiences intellectuelles

Auteur : Perron-Borelli.

Producteur : Ets d'Applications Psychotechniques (EAP).

Création et diffusion : 1970 – ininterrompu -- Sigle : EDEI -- tu (Y).

Domaine psychologique évalué: efficiences intellectuelles de l'enfant (3 à11 ans).

Bibliographie.

Perron-Borelli M, Perron R, 1970, *L'examen psychologique de l'enfant,* Paris, PUF.

Descriptif: les Echelles différentielles d'efficiences intellectuelles (EDEI) (photo 210) furent créées pour permettre l'analyse des efficiences intellectuelles de l'enfant suivant quelques grands axes de développement. Les différents aspects du développement intellectuel qui sont évalués par sept échelles de la batterie ont été choisis à partir d'une réflexion critique intégrant la tradition psychométrique issue de Binet et certains apports fondamentaux de la psychologie génétique. L'un des axes principaux de l'analyse est constitué par une « évaluation de l'activité catégorielle » dont les travaux de Piaget, mais aussi de Wallon, ont montré qu'il s'agit d'un aspect majeur du fonctionnement intellectuel.

Photo 210 (1975)

Trois échelles permettent cette évaluation ; elles se différencient par le degré variable de recours au langage que nécessitent les tâches proposées. Il en découle qu'un aspect important de l'analyse des efficiences, étroitement articulé avec le précédent, porte sur les possibilités d'utilisation du langage en tant qu'instrument de la pensée. Une « échelle de vocabulaire » permet, en outre, d'évaluer directement le développement du langage. Une autre dimension essentielle de l'évaluation des efficiences concerne les possibilités de compréhension et de maîtrise des données de l'univers social dans lequel vit l'enfant. Une « épreuve d'intelligence sociale » concerne les repérages et la compréhension de certaines situations sociales et, ultérieurement, des rôles et des valeurs qui organisent les relations humaines. Une autre échelle permet d'évaluer les possibilités « d'adaptation pratique » dans une tâche consistant à organiser spatialement un « matériel concret ». Enfin, les EDEI comprennent une « échelle de connaissances » qui permet une évaluation distincte de cet aspect du développement intellectuel qui est toujours représenté dans les échelles classiques d'intelligence.

Le temps de passation tourne autour de 1 h à 1 h 30 pour la batterie complète et l'âge d'application est de 3 ans à 11 ans. Utilisation possible sur des âges plus élevés dans les cas de retard mental.

5. Test de développement cognitif de l'enfant

Auteur : C. Chevrie-Muller et A. M. Simon.

Producteur : Ets d'Applications Psychotechniques (EAP).

Création et diffusion : 1975 – ininterrompu-- Sigle : EPC -- tu (Y).

Domaine psychologique : évaluation du développement cognitif (5 à 8 ans).

Bibliographie.

Tourette C, 1994, *Introduction à la psychologie de développement.* Paris, Editions Armand Colin.

Descriptif : l'échelle de développement cognitif (EPC) (photo 211) a été construite à partir d'épreuves décrites par Piaget pour tester les premiers mécanismes opératoires. Ces épreuves, légèrement modifiées, ont été standardisées et étalonnées.

Photo 211 (1977)

L'échelle, qui peut être utilisée pour les enfants de 5 à 8 ans, comporte quatre tests qui font chacun l'objet d'une notation, ceux-ci se regroupent deux par deux.

Epreuves évaluant les opérations concrètes simples : « Classement de jetons » avec changement de critère (couleur, forme, taille) et « Sériation de bâtonnets » en fonction de la taille. Ces deux subtests, qui n'exigent pas de réponse orale de la part de l'enfant et dont la consigne peut être donnée sans intervention orale de l'adulte, sont donc utilisables chez les enfants ayant des troubles de l'expression et même de la compréhension du langage.

Epreuves évaluant les opérations concrètes complexes qui concernent deux modalités opératoires : la « conservation de la quantité de matière » et la « conservation de la longueur », avec, pour chaque épreuve, deux niveaux : renversement et réversibilité. L'enfant doit expliciter verbalement sa réponse.

Durand le stade opératoire concret, de 7-8 ans à 11-12 ans, Piaget à mis en évidence que la mobilité croissante des structures mentales de l'enfant le conduit à envisager d'autres points de vue que le sien propre. Il devient capable d'opérations mentales, c'est-à-dire d'actions intériorisées et réversibles : l'enfant peut concevoir qu'à chaque action réalisée correspond une action inverse qui permet par exemple de revenir à l'état antérieur. Il devient capable de comprendre qu'une modification d'une propriété de l'objet n'affecte pas simultanément toutes les propriétés possibles de l'objet, et que certaines propriétés invariantes permettent le retour à l'état antérieur.

Les opérations mentales se coordonnent en systèmes d'ensemble qui sont des structures (par exemple logico-mathématiques). Ce qui différencie ce stade du suivant, c'est le fait que les opérations mentales de l'enfant de cet âge portent sur du matériel concret qui sert de base à son raisonnement, qui est donc encore très dépendant du contenu auquel il s'applique.

6. Test d'évaluation de la débilité mentale

Auteur : P. Laurent, Kettler, Thireau.
Producteur : Ets d'Applications Psychotechniques (EAP).
Création et diffusion : 1956 – 2014 -- Sigle : KLT -- tu (Y).
Domaine psychologique évalué : évaluation de l'inintelligence (18 à 20 ans).

Bibliographie.

Laurent P, Philonenko A, 1972, Le débile mental dans le monde du travail, *C.E.R.P.*

P. Laurent P, 1981, *L'insertion des débiles mentaux dans le monde du travail,* Yssy-les-Moulineaux, Editions EAP.

Simonnet R, Guyot D, 2008, *Un siècle de psychologie et de psychotechnique*, p. 191, Paris, L'Harmattan.

Descriptif : au cours des années 1955-1961, les auteurs eurent pour mission de détecter tous les débiles d'une population tout-venant de 300 000 jeunes adultes (18 à 20 ans). Ils devaient détecter parmi eux ceux qui seraient susceptibles de s'adapter à la vie communautaire et de participer à des activités polymorphes simples. Après avoir utilisé toutes les échelles d'intelligence existant jusqu'alors, il est apparu qu'il n'existait qu'une faible corrélation entre les résultats aux tests, et, d'une part, le diagnostic psychiatrique, et, d'autre part, l'autonomie sociale et la réussite professionnelle.

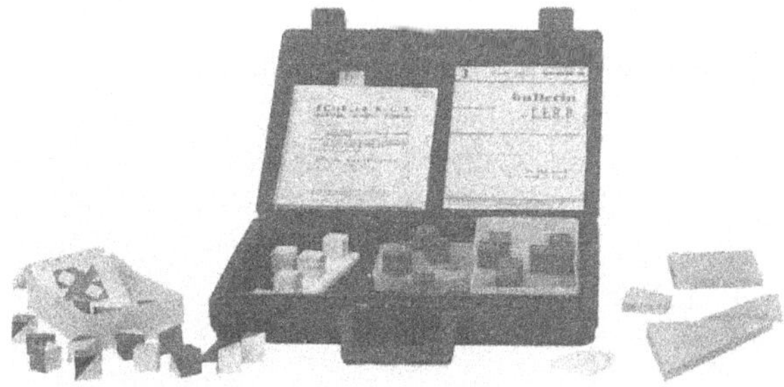

Photo 212 (1963)

Etaient alors mises en évidence deux caractéristiques : la notion de Q.I. est illusoire et fallacieuse quand il s'agit de débiles adolescents ou adultes ; il ne peut exister d'échelle d'inintelligence. Il fallait donc créer un instrument d'évaluation, ou de mesure, exclusivement réservé à la débilité dans lequel la notion classique de zone de débilité se substituerait à celle de Q.I. Cette échelle (photo 212) a été élaborée à partir de tests usuels qui, expérimentés sur 6 000 débiles, se sont montrés particulièrement sélectifs à l'égard de cette population. Elle corrèle étroitement avec le diagnostic clinique et les possibilités d'intégration sociale et professionnelle. Composée de deux épreuves verbales et de six épreuves de performance (cubes de Kohs, cubes de Knox, 20 cubes rouges, éléments en bois à assembler), elle s'administre selon deux modes, l'un rapide (durée 25 à 30 minutes) permet un tri efficace, l'autre plus complet (40 à 50 minutes) réservé aux cas limites.

Ces caractéristiques en font un procédé d'exploration précis et fidèle dont le psychologue peut difficilement se priver tant en psychologie clinique (consultations psychiatriques en milieu hospitalier, conseils pédagogiques en centre d'orientation ou de rééducation), qu'en psychologie du travail lors des périodes de plein emploi où l'embauche recrute parmi les niveaux intellectuels bas, ce qui n'exclut pas un bon rendement et une parfaite adaptation à des tâches répétitives.

7. Test de développement psychologique de la première enfance

Auteur : I. Lézine et O. Brunet.

Producteur : Ets d'Applications Psychotechniques (EAP).

Création et diffusion : 1951 – ininterrompu -- Sigle : BL -- tu (Y)

Domaine évalué : évaluation du développement psychomoteur (1 mois à 6 ans).

Bibliographie.

Brunet O, Lezine I, 1950, *Le développement psychologique de la première enfance,* Paris, PUF.

Lezine I, 1953, *Propos sur le jeune enfant,* Paris, PUF.

Brunet O, Lezine I, 1977, *Le développement psychologique de la première enfance*, Issy-les-Moulineaux, Editions EAP.

Descriptif : cette échelle (photo 213) est née de l'étude comparée de diverses échelles dont celles de Bulher-Hetser et Gessell. Un travail de recherches entrepris en 1942 a permis aux auteurs de sensibiliser l'échelle en choisissant les épreuves les plus caractéristiques pour chaque niveau d'âge. Ce travail est basé sur la passation de 1500 sujets et a permis de réaliser un étalonnage établi sur un échantillonnage représentatif de la population française.

Photo 213 (1959)

L'échelle définitive s'étend sur dix-neuf niveaux, comprenant dix tests chacun, pour les âges de 1, 2, 3, 4, 5, 6, 7, 8, 9, 10, 12, 15, 18, 21 , 24, et 30 mois et six tests pour les âges de 3, 4, et 5 ans. L'enfant y est étudié sous l'angle de son développement postural, de sa coordination oculo-manuelle, de son développement verbal, de ses conduites sociales, et de ses jeux. Le test est facile à manier et sa cotation soigneusement mise au point permet de calculer rapidement un quotient de développement.

Des observations suivies pendant neuf ans ont permis aux auteurs d'établir des conclusions intéressantes sur la valeur pronostique de l'échelle et de concevoir un profil de développement sur une feuille spécialement étudiée. L'estimation du développement visuel est appréciée par l'échelle de vision qui est insérée dans une observation d'ensemble portant sur les mouvements de l'enfant et sur certains aspects de sa réactivité émotionnelle. Cet examen est conseillé pour compléter les résultats obtenus lors de la passation du test, ou pour y suppléer dans le cas de retards moteurs importants dus à des causes diverses. Il peut fournir un moyen rapide de situer les possibilités d'exploration du jeune enfant, servant d'introduction à une étude plus complète de l'organisation des activités visuelles en fonction des progrès de l'intelligence et du plaisir provoqué par l'exercice du regard.

Il existe aussi des épreuves complémentaires pour 2 ans à 6 ans, permettant d'enchaîner l'examen en passant aux épreuves de la NEMI (Zazzo, Binet, Simon) de développement de l'intelligence. Utiles pour l'étude longitudinale du développement des jeunes enfants, ces épreuves permettront aussi de renseigner sur l'intelligence pratique d'enfants retardés sur le plan du langage.

8. Test du développement moteur et de d'évaluation du quotient moteur
Auteurs : Ozeretski et René Zazzo pour l'échelle du quotient moteur.
Producteur : Ets d'Applications Psychotechniques (EAP).
Création et diffusion : 1936 – ininterrompu -- Sigle : OZ -- tu (Y).
Domaine psychologique évalué : motricité (6 à 14 ans).

Bibliographie.

Guilmain E, 1935, Tests psychomoteurs pour les enfants d'âge scolaire, *Foyer Central d'Hygiène.*

Guilmain E, 1948, Tests moteurs et tests psychomoteurs, Foyer Central d'Hygiène.

Guilmain E, , 1978, *L'activité psychomotrice de l'enfant ; tests moteurs*, Issy-les-Moulineaux, Editions EAP.

Descriptif: l'échelle métrique d'Ozeretski (photo 214) a été traduite en français en 1936. La structure bipolaire, qui distingue l'examen psychomoteur et l'examen moteur regroupant, pour le premier, des phénomènes psychologiques cognitifs et, pour le second des phénomènes moteurs, est due aux chercheurs du laboratoire de psychologie de l'hôpital Henri Roussel (Paris). Le développement de la motricité chez l'enfant et chez l'adolescent a fait l'objet de nombreuses études, plus particulièrement par Guilmain (1901-1983).

L'échelle métrique d'Ozeretski se compose de 60 tests. Cette batterie de tests constitue, certainement, l'un des outils le mieux adapté pour une appréciation générale du développement moteur et psychomoteur de l'enfant ou l'adolescent. Cette échelle a fait l'objet, en 1943, au laboratoire de psychologie de l'hôpital Henri Roussel, d'une étude importante réalisée par Zazzo et Guyot. Cette recherche est à l'origine, entre autres, d'une feuille de notation qui laisse apparaître le développement global de la motricité pour obtenir un « niveau moteur » auquel s'ajoute une analyse des composantes de cette motricité et permet de tracer un « profil moteur » qui met en évidence les déficiences particulières à chaque cas de troubles, répertoriés dans les domaines suivants : la coordination statique, la coordination dynamique des mains, la rapidité des mouvements, les mouvements simultanés, la présence ou l'absence de syncinésies, permettant de calculer finalement un « quotient moteur »(QM).

Zazzo a toujours eu pour habitude de comparer les deux quotients, le « quotient moteur» (QM) et le « quotient intellectuel » (QI) de la « NEMI », pour accéder à une meilleure compréhension des résultats et accéder ainsi à un pronostic plus pertinent.

Photo 214 (1962)

9. Test d'évaluation du caractère de l'enfant
Auteur : G. Balleyguier.
Producteur : Ets d'Applications Psychotechniques (EAP).
Création et diffusion : 1979 – ininterrompu -- Sigle : FCB -- tu (Y).
Domaine psychologique évalué ! Formation de la personnalité (1 à 36 mois).

Descriptif: l'intérêt porté à la petite enfance provenait, à cette époque, de nombreuses études montrant l'importance capitale de cette période pour la formation de la personnalité. Si les théories et même les observations cliniques étaient nombreuses, rares étaient les publications portant sur des vérifications expérimentales. Les quelques tests concernant cette période évaluaient le développement psychomoteur, les débuts de l'intelligence ou la sociabilité. Ils n'abordaient pas l'affectivité parce que ce domaine paraissait très complexe. Le test FCB décrit ici vise au contraire à l'évaluer, telle qu'elle se manifeste dans les multiples situations de la vie quotidienne.

Mais qu'est-ce que l'affectivité, comment l'évaluer ? Une recherche reconnaît trois composantes : le tempérament, les attitudes relationnelles, l'imaginaire. Les deux premières sont directement traduites dans le « comportement », et permettent donc de définir le « caractère » d'un enfant, celui-ci étant son comportement habituel. Le « tempérament » est la manière habituelle d'agir et de réagir, l'aspect formel de la conduite. Il dépend des variations d'intensité de la tension nerveuse, de son contrôle et de ses modalités de décharge. Les relations avec autrui s'élaborent au cours des premières années, à partir de l'attachement ; elles se diversifient ensuite en plusieurs attitudes relationnelles (l'imitation, la soumission, l'agression, l'autonomie) ; qui sont diversement développées selon les personnes de l'entourage.

L'évaluation de ces variables a été effectuée à l'aide d'un questionnaire posé à la mère et d'observations faites sur l'enfant. Les réponses sont notées en termes de comportement, dans des situations précises.

Les caractères correspondent à des constellations déterminées de variations par rapport à la moyenne. On en distingue cinq, qui vont de l'enfant « hypertendu, coléreux et agressif », à l'enfant « passif, hypotendu et centré sur lui-même », en passant par des caractères où la tension est mieux équilibrée et les relations interpersonnelles diversement développées. On peut donc situer l'ensemble des résultats concernant un enfant par rapport à l'un de ces caractères, tout en repérant ses particularités individuelles.

L'entourage familier de l'enfant est aussi évalué par ce test. Les attitudes relevées sont : pour la mère : relâchement du lien avec l'enfant, affection, faiblesse, anxiété, rigidité, cohérence, éducation, sévérité, dressage à la propreté ; pour le père, affection, sévérité ; pour les autres enfants, affection, agression.

L'étalonnage permet de situer les notes obtenues pour un sujet par rapport aux moyennes et à la variabilité normale pour son âge. Les constellations des différences importantes sur l'ensemble de ces variables permettant de distinguer « quatre types d'entourage », portant essentiellement sur les attitudes éducatives des parents : « Hyper stimulant » (l'enfant est à la fois stimulé, choyé, ainsi que sévèrement éduqué) ; « Affectueux » (les parents sont stimulants, à l'écoute des désirs de l'enfant et y répondent, sans insister sur l'éducation) ; « Sévère ou rigide » (les parents sont peu affectueux et stimulants, la bonne éducation et l'obéissance étant leur principal objectif) ; « Carenciel » (les parents s'occupent peu de l'enfant de toutes les manières, mais souvent les frères et sœurs ont des relations importantes avec le sujet).

10. Test d'imitation de gestes

Auteur : I. Lézine et Bergès.

Producteur : Ets d'Applications Psychotechniques (EAP).

Création et diffusion : 1953 – ininterrompu -- Sigle : IG -- tu (Y).

Domaine évalué : Développement neurologique, acquisition du schéma corporel.

Descriptif : parmi les modes d'approche d'une recherche sur le développement neurologique et psychologique de l'enfant, l'acquisition du schéma corporel est très importante, ainsi que la genèse de son utilisation praxique, par l'exploration de la connaissance du corps, de son orientation, de son efficience posturale et motrice aux diverses étapes du développement.

Il est apparu que cette exploration devait, chez l'enfant de 3 à 6 ans, être non verbale, le meilleur instrument étant le corps lui-même, sans aucun intermédiaire. C'est en prenant le corps comme champs d'expérience, moyen d'investigation, référence, instrument d'utilisation, que sera mis au point le test d'imitation de gestes simples et complexes. Il permet d'étudier, de façon génétique, la possibilité pour l'enfant d'imiter correctement une série de gestes effectués par l'examinateur placé devant lui. L'imitation correcte d'un geste proposé comme modèle suppose la connaissance et la maîtrise du corps en tant qu'instrument, et l'utiliser dans un but de conformité au modèle. Elle suppose, corrélativement, la connaissance du corps de l'autre qui est le modèle, ainsi que la compréhension de ce qu'il signifie. A chaque niveau de l'épreuve, sont mis en jeu et étudiés des facteurs d'ordre « perceptif », et d'ordre de coordination des mouvements (praxie).

A°) Facteurs perceptifs : facteur sensoriel, optique ; correspondant à « l'image du corps » qui coïncide avec les images du monde extérieur, et celle du corps de l'autre ; facteurs sensitifs, afférentiels, s'unifient et se totalisent dans le schéma corporel ; facteurs cénesthésiques, kinesthésiques, qui permettent la révélation du schéma corporel, les structures posturales, et le mouvement.

B°) Facteurs praxiques (coordination des mouvements). Les éléments perceptifs et perceptivo-moteurs vont conditionner l'accommodation du corps agissant à l'imitation proposée : le déclenchement, le déroulement, l'aboutissement du geste représentant une séquence motrice qui s'organise dans le temps et l'espace et cherche la plus efficace parmi les voies possibles de l'imitation. Il s'agit ici d'un processus proprement praxique.

Le schéma corporel de l'enfant est engagé dans un mouvement imitant, chargé du «symbole d'imitation ». Les éléments perceptifs du schéma corporel sont utilisés dans un « geste symbolique ». Cette fonction « practo-gnostique » va entraîner une meilleure connaissance du schéma corporel.

En mesurant par une séries d'épreuves étalonnées la possibilité de l'imitation de gestes à un moment donné, il est possible d'apprécier le degré de maturation de cette fonction practo-gnosique, et le degré d'acquisition du schéma corporel. Lorsqu'un enfant imite un geste, il imite une forme, une direction, qui lui sont proposées, et permet ainsi d'étudier l'organisation générale de son geste.

11. Epreuves analytiques de l'âge pré-scolaire

Auteur : L. Aufaure.

Producteur : Ets d'Applications Psychotechniques (EAP).

Création et diffusion : 1969 – 2000 -- Sigle : APS -- tu (Y).

Domaine évalué : développement de secteurs particuliers (3 à 6 ans).

Descriptif : ce test (photo 215) a été élaboré afin d'examiner des enfants dans des circonstances diverses telles que la mauvaise adaptation à l'école maternelle, les difficultés psychomotrices, les difficultés de latéralisation, et bien d'autres.

Photo 215 (1979)

Dans leur pratique quotidienne, certains psychologues furent confrontés au manque d'épreuves analytiques standardisées permettant une mesure du développement de certains secteurs particuliers de la psychologie de l'enfant.

C'est surtout lorsque l'évolution de l'enfant se fait de manière dysharmonique, qu'il est alors important de pouvoir apprécier, grâce à des repères précis et objectifs, quelles sont les zones qui évoluent normalement et quelles sont celles qui présentent des troubles ou des déficits dans leur fonctionnement.

C'est pour tenter d'apporter une contribution dans ce domaine, à l'intention des personnes qui auront à examiner des jeunes de 3 à 6 ans, que ces épreuves, étalonnées sur 500 enfants fréquentant des écoles maternelles, ont été créées. Les épreuves, mises au point par des psychologues attachés aux consultations de psychiatrie infantile de l'hôpital Saint-Vincent-de-Paul et de guidance de l'institut de puériculture de Paris, portent sur : le vocabulaire, le graphisme, la motricité manuelle, la latéralité usuelle. Les indications recueillies à l'aide des épreuves spécifiques de ce test complètent les résultats globaux de base obtenus aux échelles de mesure des développements ; moteur, psychomoteur et intellectuel. Le matériel des épreuves analytiques se compose de perles rouges et bleues, billes rouges, peigne, ciseaux, gomme, scie, flacon, bobine, cubes orange et bleus, carnet d'images, graphisme.

12. Test d'évaluation des troubles du langage

Auteur : H. Caracosta, S. Piterman-Scoaterin, Van Waeyenberghe, J. Zivy.
Producteur : Ets d'Applications Psychotechniques (EAP).
Création et diffusion : 1973– ininterrompu -- Sigle : TLP -- tu (Y).
Domaine psychologique : appréciation des retards du langage (5 à 10 ans).

Descriptif : pour apprécier les troubles ou les retards du langage des enfants, les cliniciens avaient pour habitude de se référer à la fois au langage adulte normatif et au langage enfantin, dont les incorrections étaient jugées empiriquement selon des critères assez subjectifs liés à leur expérience clinique. A cette époque, un inventaire minutieux des moyens d'investigation connus avait montré qu'il n'existait pas d'instrument étalonné pour apprécier les niveaux de langage des enfants d'âge préscolaire et scolaire.

Ce test TLP (photo 216), composé de 73 items, a été étalonné sur une population de 40 enfants pour chaque classe d'âge de 5, 6, 8, et 10 ans. Il distingue les performances des sujets dans les quatre catégories linguistiques suivantes : lexèmes, flexions, référents, circonstants.

Photo 216 (1964)

La méthode de sollicitation du langage, assez originale, consiste à demander à l'enfant de poursuivre le discours entamé par l'examinateur à propos d'images spécialement conçues pour ce test. Cette méthode présente l'avantage de réduire le fonctionnement métalinguistique du sujet. Ce test dont la passation est relativement rapide, 45 minutes, est d'un usage et d'une interprétation aisés. Il permet de situer les résultats d'un enfant par rapport à la réussite moyenne des autres enfants de son âge, de donner son niveau de langage, de différencier les erreurs, de noter dans l'évolution du langage des retards pathologiques, d'affiner les indications de rééducation orthophonique, de communiquer des résultats précis aux autres spécialistes (psychologues, médecins, éducateurs). Pratiqué par des spécialistes du langage, il complétera de façon très fructueuse leur examen clinique.

13. Test : dépistage des troubles du langage
Auteur : P. Ferrand.
Producteur : Ets d'Applications Psychotechniques (EAP).
Création et diffusion : 1982 – ininterrompu -- Sigle : TDP -- tu (Y).
Domaine évalué : Dépistage précoce des troubles du langage (3 ans à 5 ans).

Descriptif : ce test de dépistage des troubles du langage (TLP) peut être considéré comme une épreuve de dépistage précoce. Il permet de déboucher sur des actions de prévention, par des conseils aux parents, des informations données au médecin, d'engager un dialogue avec les pédagogues, de proposer des suggestions d'orientation, comme la réalisation de bilans orthophoniques, ou des examens divers. Le test comprend plusieurs épreuves qui explorent les aptitudes de l'enfant dans les domaines suivants : l'audition, la reproduction des structures rythmiques, les aptitudes instrumentales hors langage, les aptitudes audio-perceptives, l'articulation des phonèmes, la parole.

Le langage oral ; compréhension et complexité syntaxique du discours.

Ces épreuves se répartissent en quatre chapitres : 1°) Dépistage grossier de la surdité par répétition d'une phrase en voix chuchotée ; 2°) Epreuves de langage oral : compréhension par questionnement, expression par analyse d'énoncés ; 3°) Epreuves d'articulation et de parole : répétition de logatomes, articulation de phonèmes isolés, répétition de syllabes, mots et phrases ; 4°) Epreuves instrumentales hors langage : rythme reproduit, dessins, encastrements d'images à compléter, sériations.

Le système de cotation et d'évaluation permet d'obtenir un profil d'évaluation qui comporte quatre plages correspondant aux quatre chapitres décrits ci-dessus.

Les plages 2, 3, 4, sont divisées en secteurs, eux-mêmes divisés en trois sections correspondant à trois niveaux de gravité : la pointe : atteinte légère (doute), le corps : atteinte importante, la marge : atteinte massive. Les étalonnages ont été réalisés sur des enfants de 3 ans 6 mois à 5 ans 6 mois.

14. Test : Appréciation niveau du mental
Test : Investigation des aptitudes
Aide à la découverte des difficultés
Auteur : Borel-Maisonny.
Producteur : Ets d'Applications Psychotechniques (EAP).
Création et diffusion : 1980 – 2000 -- Sigle : BMP – BMP - BMO -- tu (Y).
Domaine psychologique évalué : Investigations sur les troubles de langage.

Descriptif : le test sans parole (BMP), (photo 217 à gauche) a été établi pour répondre aux besoins des médecins qui, dans des consultations de neuro-psychiatrie, désiraient être rapidement informés sur une approximation d'un niveau mental d'enfants qui ne parlaient pas ou avaient un langage informe. Il se compose de deux épreuves, l'une permettant d'examiner des enfants de 18 mois à 3 ans et demi d'âge mental (dite test des bébés). La seconde épreuve (dite ; test des petits enfants) permet d'apprécier le niveau mental chez les enfants de 1 an ½ à 5 ans ½.

Le test d'aptitude (BMA) (photo 217 au centre) n'est pas un test à proprement parler, il n'a pas été étalonné, et ne peut être à l'origine d'une évaluation du quotient intellectuel. Son usage est limité à des investigations précises sur des points importants autour desquels certaines lacunes sont intéressantes à connaître.

Le test d'orientation du jugement et du langage (BMO) (photo 217 à droite) est utilisé chez les enfants de 5ans ½ à 9 ans qui présentent des difficultés de langage, de lecture ou d'orthographe. Il est complémentaire des deux autres et s'inscrit dans une suite logique de mise en évidence de faiblesses dans le niveau mental, de troubles du langage, et de lacunes orthographiques.

Ces épreuves ne prétendent à rien de plus qu'à aider à la découverte et au redressement de certaines lacunes dont un mauvais rendement scolaire est souvent le signal.

Photo 217 (1981)

15. Tests musicaux pour jeunes enfants
Auteur : A. Zenatti.
Producteur : Ets d'Applications Psychotechniques (EAP).
Création et diffusion : 1981 – ininterrompu -- Sigle : TMZ -- tu (Y).
Domaine évalué : évaluation, retard du développement musical (5 à 8 ans).

Bibliographie

Zenatti A, 1981, Tests musicaux pour jeunes enfants, *Revue psychométrie et psychologie.*

Simonnet R, Guyot D, 2008, *Un siècle de psychologie et de psychotechnique*, p. 258, Paris Editions l'Harmattan

Descriptif : cette batterie de tests, étudiée sur 2300 enfants de 4 à 8 ans, est susceptible d'être appliquée à des enfants plus âgés et à des adultes quand « un retard du développement musical ou une régression des capacités musicales peuvent résulter d'un état psychopathologique », par exemple dans le cas de troubles du langage et de la parole, dyslexie, dysorthographie, débilité mentale, tendance psychotique, lésions cérébrales. Il peut être utile de tester, dès le plus jeune âge, les capacités des enfants d'accéder à un enseignement musical plus ou moins approfondi qui leur permettra de devenir, non pas nécessairement des musiciens professionnels, mais de bons amateurs, aimant la musique. Les résultats obtenus aux tests ne doivent pas avoir d'effets négatifs. De mauvais résultats ne doivent pas interrompre une éducation musicale déjà commencée ou déconseiller d'entreprendre celle-ci lorsque l'enfant manifeste le désir de la recevoir. En revanche, les effets positifs de cette batterie de tests sont de déceler suffisamment tôt l'existence de capacités musicales et de pouvoir ainsi conseiller aux éducateurs de les développer au mieux.

Une formation musicale précoce est toujours importante pour l'épanouissement musical futur de l'enfant, de l'adolescent, et de l'adulte.

Dans le domaine pathologique, venant en complément des investigations pratiquées habituellement lors de bilans psychologiques, qu'apporte un examen des capacités musicales ? L'originalité des tests musicaux est d'utiliser un matériel non verbal qui met en jeu la perception des sons et celle de leur organisation. D'une part, certains facteurs d'inhibition liés à l'utilisation du langage verbal peuvent disparaître dans des situations musicales. D'autre part, une perturbation de certains mécanismes psychologiques tels que la discrimination perceptive, ou l'apprentissage, pourrait parfois affecter divers domaines, dont le domaine musical. Des informations susceptibles d'avoir une portée générale, concernant le fonctionnement de ces mécanismes, sont données quand les résultats aux tests musicaux ne sont pas homogènes et se caractérisent par un niveau particulièrement bas des réussites dans une série de tests musicalement différents par leur structure (harmonie, mélodie, rythme) mais faisant intervenir une même procédure expérimentale. Enfin, lorsqu'une musicothérapie est envisagée, un examen musical paraît indispensable, si l'état du malade le permet. Pratiqué avant et en cours de traitement, il est un élément de contrôle de l'action de la musicothérapie et des capacités du malade à bénéficier de ce traitement.

Les examens sont individuels. En raison des capacités d'attention limitées des jeunes enfants, trois séances sont prévues, la durée de chacune d'elles allant de 5 minutes à 15 minutes selon l'âge des enfants et les tests proposés.

16. Rééducation, Rééquilibration Sensorimotrice
Auteur : P. Klingebiel.
Producteur : Ets d'Applications Psychotechniques (EAP).
Création et diffusion : 1958 – 2000 -- Sigle : MRPK -- tu (Y).
Domaine évalué : examen des coordinations sensorimotrices.

Bibliographie.
(Avis favorable commission ministérielle d'agrément délivré 26/06/73 (MDG 403-72).

Descriptif : ce triple matériel (MRPK), qui comprend : les mosaïques NILK, les mosaïques LEIBEG et les mosaïques NUMKIN, n'est pas un test. Il permet d'explorer les coordinations sensorimotrices, de dépister une organisation perceptive visuelle mal élaborée à l'origine, et de rééduquer le sens de l'espace. Ce matériel (photo 218) est une aide à l'enfant qui lui permettra de disposer de lui-même, d'exercer toutes ses possibilités motrices et d'affronter de nombreux apprentissages nécessaires à son épanouissement. Il est destiné à tous les enfants souffrant de troubles de la latéralisation et de la coordination sensorimotrice reconnues ou non, puisque l'on peut supposer l'existence de tels troubles derrière des manifestations diverses comme la dyslexie, la dysorthographie, la lenteur, la paresse et bien d'autres encore.

Mosaïques NILK.
L'élaboration d'une méthode fertile examine, à tous les âges, d'abord la façon dont les perceptions visuomotrices se mettent en œuvre, bien ou mal, puis les coordinations sensorimotrices acquises au cours du développement antérieur, initial si possible. Le dépistage est assuré par les mosaïques NILK permettant l'examen des coordinations sensorimotrices et l'extension de l'intelligence.

Mosaïques LEIBEG.
Par les éléments lisses et rugueux de la mosaïque, le toucher seul reprend par la base la constitution mentale d'ensembles élémentaires, d'abord simples puis compliqués. Les exercices assurés par ces mosaïques qui font appel au toucher sans le secours visuel (voir la photo 218), c'est-à-dire à la séparation du rôle de la vision de celui du sens tactile et moteur. A la suite d'exercices de rééquilibration de gauchers, ces mosaïques furent jugées d'une valeur irremplaçable comme détection de niveau de carences et comme exercices capables de créer les coordinations entre l'œil et la main restées non éduquées.

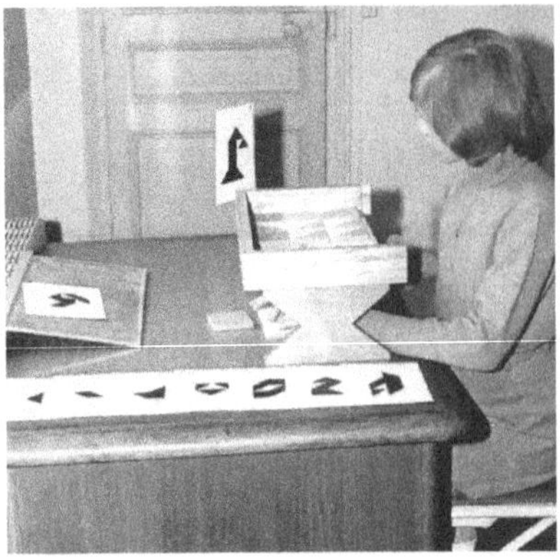

Photo 218 (1963)

Mosaïques NUMKIN.

Le rythme d'acquisition des données imposées aux enfants est sans cesse accéléré. En présence d'enfants jugés un peu rêveurs, hésitants, maladroits, les parents et les maîtres vigilants peuvent préciser leurs préoccupations éducatrices en observant et en notant avec les mosaïques NUMKIN les réactions bizarres qui révèlent des déficiences du « sens de l'espace ».

Spécialement étudiées et mises au point pour obtenir un rôle correctif mais aussi rééducatif, beaucoup mieux que les jeux de hasard, ces mosaïques permettent de comprendre le désarroi des écoliers déjà grands, chez qui les gestes ne correspondent pas à une construction logique de leur monde extérieur, et par voie de conséquence de leur monde intérieur.

Chapitre 9

Domaine affectif : tests de personnalité –J-

Les tests de personnalité du domaine affectif sont répertoriés en deux catégories qui correspondent à leur utilisation. La première regroupe les tests qui utilisent un appareil, ou un instrument, la seconde utilisant le papier et le crayon.

Les tests utilisant des appareils (Z) et des instruments (Y) sont les suivants : le test des tendances caractérielles : le kinésigraphe d'Alquier, le test projectif du village imaginaire de Mucchiell, le test d'investigation médico-psychologique d'Aufaure.

La liste, non exhaustive, des tests utilisant le papier et le crayon (X) est la suivante : les échelles d'évaluation des comportements de Cottraux, le psychorater (test d'investigation de la personnalité de Laurent), le test d'auto-estimation des traits de comportement de Lavoëgie, le questionnaire des tendances de Samper, l'inventaire de personnalité de Brémond.

Les comportements sont, à la personnalité, ce que sont les capacités aux aptitudes. Les tests de personnalité peuvent appréhender un trait particulier ou la personnalité dans son ensemble. Certains s'intéressent à la sociabilité, d'autres tentent d'appréhender toute l'affectivité. Pour simplifier, les tests papier/crayon les plus utilisés sont regroupés en deux catégories, les questionnaires et les épreuves projectives.

Les questionnaires de personnalité.

D'une utilisation rapide et faciles à faire passer et à corriger, ils peuvent être individuels ou collectifs et orientés soit vers un trait particulier, soit vers la personnalité globale (tests multiphasiques). Ils se composent de questions, sous forme d'affirmations à classer « vrai ou faux », ou encore « je ne sais pas ». Ces questions sous forme de phrases sont généralement des opinions des goûts, des intérêts, des sentiments, des conduites dans certaines circonstances. Ces phrases doivent être univoques et compréhensibles par tous. La formulation des questions, la détection du mensonge et toutes les méthodes de validation sont primordiales. Le psychologue doit reconnaître que, malgré la bonne efficacité de ces techniques certains candidats gardent toujours l'art du mensonge. Comme toutes les méthodes d'observation clinique, les questionnaires doivent être passés par une population témoin au cours de l'élaboration et pour l'étalonnage, y compris l'échelle de mensonge ou de sincérité. Cette population doit être un échantillon représentatif de la population qui utilisera l'épreuve, soit une population aux caractéristiques particulières, comme, par exemple, des sujets atteints d'une maladie mentale, ou des personnes exerçant une profession donnée.

Certains inventaires de personnalité, comme l'IP9, visent la mesure des traits de la personnalité pouvant entrer en jeu dans certains domaines professionnels comme, par exemple, l'extraversion et l'introversion, ou la stabilité émotionnelle, ou l'anxiété, ou encore des tendances dépressives.

Tous les tests de personnalité doivent être complétés par un entretien qui permettra de vérifier et d'exploiter les résultats obtenus.

Tests projectifs.

Le test des « taches d'encre » de Rorschach, le test « projectif pour sportifs » de Missoum, le test « des contes » de Royer sont des épreuves projectives. Ils sont utilisés individuellement et le sujet par ses réponses livre une partie de sa vie affective contrôlée ou inconsciente. Toutes les réponses sont codifiées, comptées, transformées en pourcentage et comparées à des populations témoins. Ces épreuves sont utilisées en psychologie clinique et pathologique. D'autres tests utilisent des dessins, des phrases à compléter, leur passation est plus simple, et l'examinateur, lors de la passation, pourra noter les réactions du sujet, lapsus, mots déformés, hésitations, confusion des mots et autres. L'affectivité et les mécanismes de défense feront l'objet d'une attention particulière de la part du psychologue.

1. Le Kinésigraphe automatique

Auteur : G. Alquier.

Producteur : Etablissements d'Applications Psychotechniques (EAP).

Création et diffusion : 1946 – 1989 -- Sigle : TMA -- tu (Z).

Domaine psychologique évalué : La personnalité (tendances caractérielles).

Descriptif : le test « kinésigraphe automatique » a été conçu et réalisé à partir du test dit des « réglettes de Carrard », dans le but d'éliminer l'influence motrice de l'opérateur. Par la complète autonomie du sujet, le tracé obtenu avec le « kinésigraphe » est individualisé. Il émane directement de l'individu qui trace des traits. La vitesse d'exécution, l'amplitude du mouvement discontinu, la qualité du trait, la morphologie du tracé, sont nettement différenciées. Le sujet doit avoir les yeux fermés ou bandés pendant la passation.

1951 (Photo 219)

Il s'agit d'un test de recoupement, précieux dans la détermination de facteurs caractériels et affectifs. Une étude, qui portait sur le degré prédictif du test quant aux tendances caractérielles et affectives et sa corrélation avec l'évolution constatée chez les adolescents après 3 années d'apprentissage, a donné une corrélation assez élevée : r =.58. Les analyses qualitatives et quantitatives, faites par la suite, ont permis de classer divers types de réactions selon les critères énumérés.

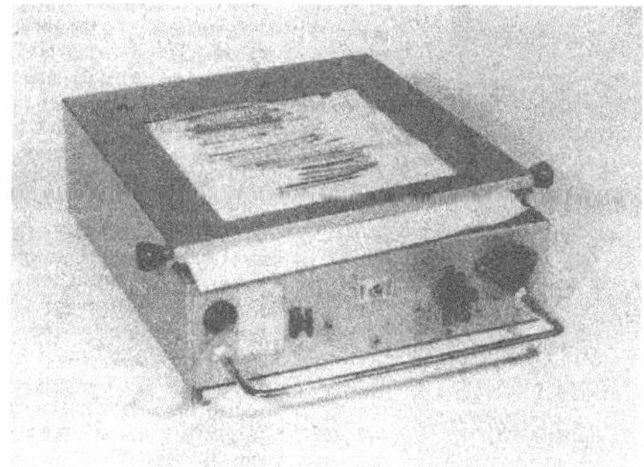

Photo 219 (1951) **Photo 220** (1964)

1964 (Photo 220)

L'analyse quantitative du graphique obtenu donne des renseignements intéressants sur le rythme propre au sujet et les tendances habituelles d'activité. L'amplitude du geste se disperse autour d'une limite propre à chacun qui dénote le besoin d'expansivité de l'individu. Les diverses analyses qualitatives ont porté sur des points tels que le degré de pression exercée sur le trait, la sûreté de la main dans le trait, la direction du geste, l'identification des signes de perturbation, les retours de direction.

L'interprétation qualitative de ce test requiert une certaine application basée sur une bonne formation psychologique pour discerner les nuances des signes à interpréter.

2. Le test du village imaginaire

Auteur : R. Mucchielli.

Producteur : Etablissements d'Applications Psychotechniques (EAP).

Création et diffusion : 1975 – ininterrompu -- Sigle : VIM -- tu (Y).

Domaine psychologique évalué : la personnalité profonde.

Bibliographie.

Mucchielli R, *Le jeu du monde et le test du village imaginaire*, Paris, PUF.

Mucchielli R, 1973, *Le village imaginaire,* Issy-les-Moulineaux, Editions EAP.

Simonnet R, Guyot D, 2008, *Un siècle de psychologie et de psychométrie*, p. 220, Paris, Editions l'Harmattan

Descriptif : le jeu du village imaginaire de Mucchielli (photo 221) est un test projectif original, il permet une étude profonde de la personnalité. La mallette contenant 300 pièces (maisons, personnages, signaux, arbres, animaux etc…) est présentée à des personnes de plus de 10 ans, et se trouve à portée de leur main, en tenant compte de leur main directrice (droitier ou gaucher). Le plateau standardisé est installé face à la personne. La consigne, toujours la même est : « construisez, à votre idée et en utilisant les pièces que vous voulez parmi celles-ci, un village imaginaire dans lequel vous habiteriez ». En construisant son monde, selon la consigne « un village imaginaire dans lequel vous habiteriez » sur un plateau standardisé, et un matériel d'environ 300 pièces, qui constituent le lexique codifié de son expression, le sujet examiné traduit l'univers des significations dans lequel il se situe. Il exprime, en dehors de sa conscience réfléchie, mise hors jeu par l'appel à l'imaginaire et par l'implication affective totale que suscite ce test, les structures actuelles de sa manière d'être au monde et de réagir. La construction est suivie d'une explication par le sujet à l'examinateur, de ce qu'il a voulu signifier, et des réponses à des questions indirectes. Le test révèle l'univers de signification du sujet et les structures actuelles de son monde vécu qu'il traduit à la fois métaphoriquement et symboliquement grâce à la valeur expressive des pièces et à l'implication affective complète suscitée par ce jeu. Il existe des étalonnages par âge et par syndromes pathologiques.

Photo 221 (1979)

3. La méthode d'investigation médico-psychologique

Auteur : L. Aufaure.
Producteur : Etablissements d'Applications Psychotechniques (EAP).
Création et diffusion : 1969 – 2000 -- Sigle : JPS45 -- tu (Y).
Domaine psychologique évalué : la position psychique des enfants.

Descriptif : cette méthode d'investigation médico-psychologique contribue à l'étude approfondie de la position psychique de l'enfant devant les êtres et les choses du monde extérieur, notamment de sa vie affective, compte tenu des facteurs psychologiques. Elle donne une vision de la structure générale de l'enfant, de sa nature, de ses dons, de ses tendances conscientes et de ses traits de caractère. C'est avec une sûreté et une logique étonnantes que les enfants réalisent, à l'aide de ce matériel (photo 222), des scènes qui, d'une manière ou d'une autre, ont trait à leur propre vie et à leurs propres problèmes.

Ces scènes réalisées spontanément permettent en même temps d'entrevoir comment le sujet lui-même conçoit le monde, et comment il prend position, consciemment ou inconsciemment. Bien interprétées, ces réalisations scéniques contribuent à approfondir le diagnostic de la personnalité. Elles tendent en même temps à enrichir le diagnostic de la situation en apportant des éléments nouveaux à l'anamnèse qui est souvent déformée par les parents.

Photo 222 (1974)

Les animaux et les véhicules visent à animer la scène et l'action. Incorporés dans le jeu, ils renseignent sur la position affective du sujet devant ses familiers représentés par des personnages et donnent plus d'expressivité à certaines attitudes ou habitudes ayant marqué tout particulièrement la vie affective de l'enfant. Les animaux domestiques sont, eux aussi, porteurs de qualités ou de défauts symboliques, par exemple, la vache, image maternelle par excellence, évoque l'abondance mais aussi l'autorité pesante et répressive. Les animaux sauvages représentent, chacun à leur façon, les multiples nuances de l'agression subie. Ils renseignent en même temps sur la nature de l'hostilité que le sujet voue au monde et à l'humanité. La vaisselle appartient au domaine oral, alors que la problématique anale est représentée par un pot de chambre, élément inséparable de toute la vie infantile. Ces jeux aident le psychologue à comprendre et lui permettent d'utiliser à des fins psychothérapiques les diverses données mises en mouvement.

Les tests de personnalité dits papier/crayon

De nombreux tests ou questionnaires évaluant des traits de personnalité, des traits de comportement ou de caractère ont été étudiés et publiés au cours des dernières années. Un petit nombre ont été répertoriés et décrits dans ce chapitre. Ils sont là pour donner une idée des diverses attitudes humaines étudiées. Nombre d'entre eux ont été informatisés ces dernières années tant en ce qui concerne la passation que la correction.

4. Les méthodes et les échelles d'évaluation des comportements

Auteurs : J. Cottraux - M. Bouvard - P. Légeron.

Editions EAP: 1984 Sigle: 1KEEC.

Domaine psychologique évalué : évaluation des comportements.

Bibliographie : Guide pratique qui rassemble les principales méthodes d'évaluation du comportement et des attitudes humains.

Description : à côté d'instruments classiques, des procédures originales sont présentées ainsi que des validations d'échelles jusque-là incertaines.

Les principes généraux de méthodologie sont rappelés au début. Couplés avec une disquette interactive d'évaluation de la dépression et de l'anxiété sur ordinateur.

Cet ouvrage est destiné aux psychiatres, psychologues, travailleurs de santé mentale, épidémiologistes, chercheurs en sciences humaines. Il traite aussi du problème crucial : « comment évaluer les effets des traitements psychologiques et psychopharmacologiques ? ». Lisible sans donnée statistique préalable, il guidera le lecteur dans un domaine où plus qu'ailleurs « l'homme est la mesure de toute chose ». Les chapitres traitent de nombreux problèmes. Domaines abordés :

Analyse comportementale.

Phobie/attaques de panique – d'auto-évaluation quotidienne des phobies (Cottraux).

Obsessions / compulsion – Echelle d'évaluation des obsessions (Marks)

Anxiété généralisée – Echelle d'appréciation de l'anxiété (Hamilton)

Problèmes sexuels et de couple – Questionnaire d'auto-évaluation (Cotttraux)

Affirmation de soi – Echelle d'affirmation de soi (Rathus)

Dépression – Echelle d'Hamilton

Etats psychotiques – Echelle NOSIE (Pichot)

Psychogériatrie – Echelle SCAG (Shader)

Psychopathologie de l'enfant-Evaluation de la dépression chez l'adolescent (Chabrol)

Médecine comportementale- Echelle d'intensité des céphalées (Cottraux)

Evènements vitaux- Questionnaire de filiation (Guyotat)

Echelles de personnalité- Inventaire de personnalité (Eysenck)

Inventaire de symptômes psychiatrique- Le psychorater (Laurent)

5. Le psychorater

Auteurs: J. Bernot, Ph. Laurent, A. Philonenko.

Editions EAP: 1970. Sigle**:** PSY.

Domaine psychologique évalué : Investigation de la personnalité.

Description : le questionnaire permet de différencier très rapidement, du reste de la population, soit les sujets atteints de troubles psychiatriques, soit des sujets non atteints de troubles psychiatriques, mais qui ont une personnalité fragile, qu'il s'agisse d'états mineurs de troubles de la personnalité qui ne font que compromettre l'adaptation sociale ou d'états majeurs, facteurs de graves perturbations dans la vie professionnelle et sociale. C'est une technique d'appoint indispensable à un bilan médical sérieux avec évaluation des traits de personnalité.

Le questionnaire, qui est destiné à un grand nombre de candidats, quels que soient le niveau intellectuel (lecture courante), le milieu social, le sexe, l'âge (16 à 85 ans), comprend deux parties : la première, qui cherche à déceler la nature psychosociologique (l'adaptation familiale, l'adaptation matrimoniale, l'adaptation professionnelle, les contacts sociaux ; la seconde recherche les troubles de la personnalité (tendances) et les troubles psychiatriques (les antécédents, la sexualité, l'hyperémotivité, l'hypocondrie, l'hystéroïdie, l'instabilité, l'anxiété, la dépression, la paranoïa, la schizothymie).

6. L'échelle d'auto-estimation
Auteur: M. Lavoëgie.
Editions EAP: 1964.Sigle: EAE.
Domaine psychologique évalué : Traits de comportement.

Description : l'échelle d'auto-estimation est destinée à servir de base aux interviews individuelles, d'adolescents ou d'adultes, en apportant des éléments d'information sur les sujets examinés, quels que soient leurs niveaux intellectuel ou économico-social. L'échelle, dont les études ont porté sur des populations importantes et différentes (279 étudiants en psychologie, 102 étudiants en chimie, 143 employés de bureau, 194 candidats cadres supérieurs, 741 étudiants de gestion, 206 agents de maîtrise, 300 ingénieurs, 767 bacheliers), donne des informations, sur neuf comportements bien différenciés entre eux qui sont : le dynamisme, la sociabilité, la ténacité, l'intelligence sociale, l'ambition, la confiance en soi, la réflexion, la circonspection, l'optimisme, la sincérité, la pondération.

L'étude interne du test a mis en évidence l'importance de la valeur implicite des traits de comportement étudiés et, corrélativement, l'importance de l'appariement des items à l'intérieur de l'épreuve. Comme dans tout questionnaire, les réponses sont fonction de divers éléments tels que l'âge, la formation, le statut social, l'expérience professionnelle, la motivation immédiate, la volonté. Les résultats sont à considérer, comme dans tout questionnaire, comme guide pour mener l'entretien.

7. Le questionnaire des tendances
Auteur: M. Samper.
Editions EAP: 1949. Sigle: QSS.
Domaine psychologique évalué : Traits de comportement et de tendances liées aux intérêts.

Description : le test se compose de trois questionnaires. Le premier évalue le comportement « d'ascendance ou de soumission ». Il permet de savoir si le sujet est « ascendant », c'est-à–dire capable de réagir avec autorité dans les circonstances courantes de la vie et dans quelle mesure il pourrait être « soumis », c'est-à-dire s'il accepte sans réagir les difficultés de la vie courante. Le deuxième évalue le comportement « d'introversion ou d'extraversion ». Il permet de savoir dans quelle mesure un individu est introverti, c'est-à-dire s'il vit replié sur lui-même et dans quelle mesure il est extraverti, c'est-à-dire s'il est en symbiose avec son environnement social. Le troisième évalue les « tendances liées aux intérêts ». Il permet de classer les tendances du sujet dans les secteurs : théoriques (sont d'ordres critique et rationnel), utilitaires (sont d'ordre pratique), esthétiques (sont d'ordre artistique), sociaux (sont d'ordre humanitaire), dominateurs (sont d'ordres autoritaire et de persuasion), spirituels (sont d'ordres religieux et philosophique).

8. Inventaire de personnalité

Auteur: Jacques Brémond.

Editions EAP: 1988. Sigle: IP9 et TD9.

Domaine psychologique évalué : tendances psychopathologiques.

Bibliographie.

Brémond J, 1994, Gestion des ressources humaines, *Revue de Psychologie et Psychométrie.*

Description : l'inventaire de personnalité « IP9 » est une épreuve de détection des troubles de la personnalité (tendances psychopathologiques) pouvant entraîner des difficultés d'adaptation à la formation ou à l'emploi. Destiné à des adolescents et adultes présumés normaux, il peut être utilisé dans deux contextes qui ne s'excluent pas obligatoirement : le recrutement et la sélection du personnel et l'utilisation clinique, comme aide au diagnostic ; et, dans ce dernier cas, complémentairement avec d'autres questionnaires psychologiques ou plus spécifiquement psychiatriques. Le test IP9 accorde plus de place aux comportements dans la vie courante qu'aux symptômes psychopathologiques caractérisés. Les réponses à choix multiples permettent de fournir une réponse plus nuancée et plus précise par rapport à la représentation que le sujet a de lui-même.

Parmi les 9 échelles cliniques, 8 évaluent les tendances suivantes : anxiété (évaluation de la capacité d'activation, de la mobilisation, indispensable à l'adaptation et favorable au succès), dépression (évaluation d'une tendance à la fatigabilité), psychosomatisation (évaluation de troubles susceptibles d'être contradictoires à une adaptation satisfaisante), hystéroïdie (évaluation de la tendance à l'hyperréactivité), obsession (évaluation du goût de l'ordre et de la méthode), psychopathie (évaluation d'un trait de personnalité agressive et antisociale), paranoïa (évaluation de la susceptibilité), schizoïdie (évaluation de la tendance à l'isolement). La neuvième échelle correspond à une personnalité particulière. La dixième échelle met en évidence une mauvaise connaissance de soi et des réalités.

Les études de validité prédictive ont mis en évidence des relations très significatives sur le plan statistique entre de nombreux items et des difficultés d'adaptation à des situations professionnelles précises. Le rassemblement de toutes les questions, prédisant des performances dans ces activités, a donné lieu à des « échelles composites » qui sont décrites dans l'ouvrage ci-dessus mentionné. Dans ce même ouvrage est décrit l'inventaire de personnalité décisionnelle TD9.

Chapitre 10

Domaine cognitif - Les tests mentaux –A-

Ce chapitre rassemble des tests dits « d'intelligence » et se compose de deux parties : la première concerne les tests utilisant des instruments « manipulatifs » (Y), c'est-à-dire qui emploient des objets à manipuler, la seconde rassemble les tests utilisant le « papier-crayon » (X).

Les tests « manipulatifs », qui évaluent l'intelligence concrète ou pratique, sont conçus pour une utilisation individuelle, conjointe, d'activités intellectuelles et manuelles. Ils utilisent le raisonnement déductif ou inductif, et les résultats permettent une analyse fine des diverses procédures intellectuelles extériorisées dans l'action manuelle. En général, la tâche proposée induit chez le sujet un désir d'atteindre un but, en lui posant un certain nombre de problèmes plus ou moins apparents à résoudre. Dans certains cas comme avec la Batterie Factorielle Standard de Bonnardel, qui utilise plusieurs tests pour un même facteur, il est possible d'obtenir, soit une « note IPO » (Intelligence pratique ; niveau ouvrier), soit une « note IPC » (intelligence pratique ; niveau collaborateur), soit une « note IPS » (intelligence pratique ; facteur lié à la « sécurité »).

Les principaux tests d'intelligence concrète ou pratique de ce chapitre sont les suivants :

- Test d'intelligence pratique (B101) de Bonnardel
- Test d'intelligence concrète (B20) de Bonnardel
- Tests des disques (BOD) de Bonnardel
- Test de raisonnement et structuration spatiale (B43) de Bonnardel
- Test de raisonnement et visualisation spatiale (B22) de Bonnardel
- Test perceptivo- spatial (B3132) de Bonnardel
- Test d'intelligence concrète (PIG) de Goguelin
- Test d'encastrement (ICG) de Goguelin
- Test des mosaïques (G52) de Morin
- Test du bloc puzzle (LBP1) de Laborde
- Test des leviers ((LV) de Meili
- Test du bloc de wiggly (WY) de O'Connor
- Test des cubes (KO) de Kohs
- Test d'encastrement (DB) de Dearborn
- Test des rondelles (RP) de Piorkowski
- Test d'assemblage d'objets (WG) de Weinberg

La seconde partie de ce chapitre concerne les tests dits « papier-crayon » du domaine cognitif. D'une façon générale, ces tests sont utilisés pour les évaluations psychologiques dans les trois domaines, cognitif (intelligence), conatif (motivation, volonté et intérêts) et affectif (personnalité). Seules dans ce chapitre, sont présentées, à titre indicatif, quelques batteries de tests. L'examen en psychologie devant permettre de nombreux recoupements, il est impossible de juger un critère à partir d'un seul résultat à un seul test. Puisqu'il faut un faisceau de preuves pour pouvoir conclure des possibilités de réussite, la batterie de tests qui regroupe plusieurs tests cognitifs permet de mettre en évidence la qualité des résultats. Dans la pratique, pour compléter l'examen psychologique, le psychologue utilise toujours d'autres tests du domaine conatif et de celui de la personnalité.

Il existe deux catégories de batteries de tests. La première catégorie regroupe les « batteries de tests spécifiques ». Elles sont composées par le psychologue en fonction des problèmes qu'il a à résoudre. Pour ce faire, il choisit des tests validés dont il connaît les critères qui sont capables de mesurer ou d'apprécier, et permettront de diagnostiquer un niveau atteint dans chaque critère par le sujet. Par comparaison avec l'exigence dans le critère, il pourra porter un pronostic sur la réussite de l'individu dans le travail. La seconde catégorie regroupe les « Batteries Factorielles d'Aptitudes ». Elles utilisent les méthodes d'analyse factorielle figurant parmi les modèles psychométriques les plus connus. L'objectif de l'analyse factorielle est de condenser un ensemble de résultats. Pour pouvoir condenser les résultats, il faut postuler l'existence de variables appelées « facteurs » qui rendent compte des relations entre les variables. L'explication de ces facteurs sera donnée par des extractions successives qui préciseront la part attribuable à chaque facteur successivement extrait.

Le modèle de Spearman isole un facteur général commun à tous les tests (g) et des facteurs spécifiques liés à chaque test (théorie bi-factorielle). Le modèle de Holzinger énonce trois niveaux de facteurs : un facteur général commun à tous les tests, un ou des facteurs de groupe communs à un certain nombre de tests, et des facteurs spécifiques propres à chaque test (théorie tri- factorielle). Le modèle de Thurstone propose plusieurs facteurs communs et des facteurs spécifiques (G, V, N, S, P, Q), sans facteur général (théorie multifactorielle). Toutefois, Thurstone revient ultérieurement sur sa première affirmation en analysant, au second degré, les facteurs communs et découvre la possibilité d'un facteur général comme avec la Batterie Générale d'Aptitudes BGA. Le modèle de Bonnardel utilise la méthode centroïde de Thurstone et le modèle bifactoriel d'Holzinger. Dans l'ensemble, la « batterie Bonnardel », qui évalue des aptitudes professionnelles, utilise les facteurs suivants :

- P.I. (potentiel intellectuel) correspondant à la notion des facteurs « g » de Spearman, « G » de la batterie de Thurstone et « R » de Guilford-Zimmermann.
- V (facteur verbal)
- I.P.C. (intelligence pratique au niveau collaborateur « cadre »)
- I.P.O. (Intelligence pratique au niveau ouvrier)
- C.P.M (célérité perceptive et mentale) groupant les facteurs « P » et « Q » de Thurstone, correspondant aux travaux routiniers de bureau.
- CA (calcul), rapidité dans la résolution d'opérations arithmétiques et de problèmes arithmétiques simples.
- OR (orthographe).

Les principes de base de la « batterie Bonnardel » sont intéressants à relever : chacune des « notes » dans ces facteurs est établie à partir de plusieurs épreuves de courte durée afin d'éliminer le plus possible, d'une part, le facteur spécifique inhérent à chacune d'entre elles et, d'autre part, les fluctuations de l'examiné. La durée de chaque épreuve est réduite dans toute la mesure compatible avec l'obtention de résultats suffisamment stables. De toutes les batteries qui existent, c'est très certainement celle qui permet les diagnostics et les pronostics les plus valides.

1 – Les tests « manipulatifs » (Y)

1.1 Test d'intelligence pratique (B101)

Auteur : R. Bonnardel.
Producteur : Etablissements d'Applications Psychotechniques (EAP).
Création : 1953 – utilisation ininterrompue - sigle : B101 -- tu(Y).
Domaine psychologique évalué : cognitif, raisonnement concret.

Bibliographie.

Bonnardel R, 1953, le test B101, *Le Travail Humain.*

Bonnardel R, 1955, Analyse factorielle d'une batterie de tests manipulatifs, *Le Travail Humain.*

Tiffin et Mc Cormick, 1967, La psychologie industrielle, Paris, PUF.

Zurfluh, 1976, *Les tests mentaux,* Editions Universitaires.

Bonnardel R, 1983, *Intelligence pratique et psychométrie*, Issy-les-Moulineaux, Editions EAP.

Descriptif : Le test B101 (photo 223) permet d'évaluer l'expression analytique et synthétique de la pensée conceptuelle concrète en éliminant au maximum l'aptitude à la structuration spatiale.

Au cours d'études réalisées par Bonnardel, les résultats obtenus au moyen du test des cubes de Kohs s'étaient montrés intéressants dans diverses séries de travaux, après modification des techniques de passation préconisées par l'auteur. Des recherches en vue d'améliorer les méthodes ont amené Bonnardel à établir un nouveau matériel, le test B101. Celui-ci, contrairement au test des cubes de Kohs, ne comporte qu'une seule face utilisable pour la reproduction des tableaux. Dans les études sur le test de Kohs, il avait été noté que les retournements nécessaires pour rechercher la bonne face à employer apportaient, en fait, un facteur de hasard non négligeable.

Le test B101 a été appliqué à plus de 60 000 personnes. La documentation statistique porte sur 17 000 cas comprenant les éléments suivants, des étalonnages des quelques séries-types, une étude de l'évolution des résultats en fonction de l'âge, une comparaison de différentes catégories professionnelles, une comparaison des résultats obtenus par des groupes de différentes origines ethniques, une comparaison des résultats obtenus au moyen, d'une part, du présent test et, d'autre part, du test des disques qui fut publié antérieurement. .

Comme la photo 224 le laisse entrevoir, le sujet doit reproduire à l'aide des cubes les figures du carnet d'images, qui lui sont présentées successivement. L'épreuve est effectuée dans un temps limité.

Photo 223 (1959)

Photo 224 (1959)

1.2. Test d'intelligence concrète (B20)

Auteur : R. Bonnardel.
Producteur : Etablissements d'Applications Psychotechniques (EAP).
Création : 1955 – utilisation ininterrompue - sigle : B20 -- tu(Y).
Domaine psychologique évalué **:** cognitif.

Bibliographie.

Bonnardel R, 1955, Le test B20*, Le Travail Humain.*

Bonnardel R, 1957, Analyse factorielle d'une batterie de tests manipulatifs, *Le Travail Humain.*

Tiffin et Mc Cormick, 1967*, La psychologie industrielle*, Paris, Editions PUF.

Bonnardel R, 1983, *Intelligence pratique et psychométrie, Issy-les-Moulineaux,* Editions EAP.

Zurfluh J, 1976, *Les tests mentaux,* Paris, Editions Universitaires.

Simonnet R, Guyot D, 2008, *Un siècle de psychologie et de psychométrie,* p. 109, Paris, Editions L'Harmattan.

Descriptif : de nombreuses recherches poursuivies par recoupements avec les renseignements d'ordre professionnel, à partir des intercorrélations et au moyen d'analyses factorielles, ont montré que certains tests, basés sur la reproduction de figures géométriques plus ou moins complexes à partir d'éléments simples, donnaient les meilleurs résultats en vue de pronostiquer l'adaptabilité aux catégories de travaux les plus divers, et étaient les plus saturés dans un facteur global d'intelligence concrète.

Le test B20 (photo 225) a été conçu dans le but d'apprécier les divers niveaux d'intelligence concrète et permet de différencier d'une façon satisfaisante les niveaux les plus élevés. Voici quelques exemples des coefficients de corrélation obtenus sur un groupe de niveau élevé : (.83) avec le test B101, (.69) avec le test collectif non verbal B53, (.19) avec un test collectif verbal BV8.

Le test B20 est utilisé sous 2 formes : Forme A pour les niveaux moyens. Forme B pour les niveaux plus élevés. Le même matériel est utilisé pour les 2 formes. Par sa conception, le test B20, comme le test B101, permet de différencier aisément « l'esprit d'analyse » et « l'esprit de synthèse ». Entrant dans la composition de la « note IPC », composée de 4 tests (B20-B101-B43-B22) de la Batterie Factorielle Standard destinés à l'examen des « haut-niveaux », il est alors le plus valide des tests permettant un pronostic de réussite. Présenté sur la photo 226, lors de la passation, le sujet doit reproduire, à l'aide des cubes, les figures du carnet d'images, qui lui sont présentées successivement. Cette présentation est effectuée dans un temps limité.

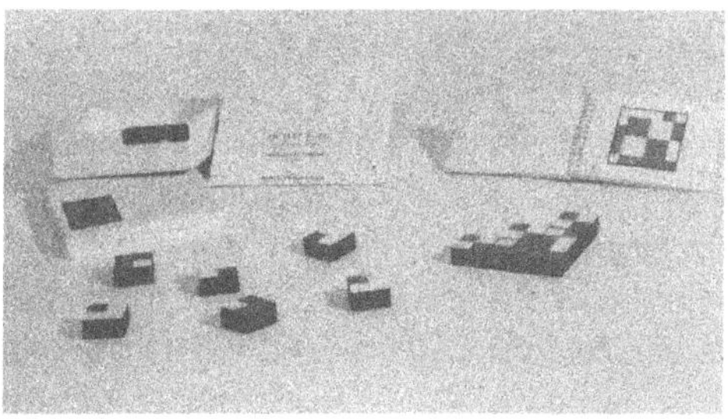

Photo 225 (1967)

Photo 226 (1967)

1.3. Test des disques de Bonnardel (BOD)

Auteur : R. Bonnardel.

Producteur : Etablissements d'Applications Psychotechniques (EAP).

Création : 1952 – utilisation ininterrompue -- sigle : BOD -- tu(Y).

Domaine psychologique évalué : Intelligence pratique liée à la compréhension mécanique.

Bibliographie.

Bonnardel R, 1952, Le test des disques, *Le Travail Humain.*

Bonnardel R, 1983, *Intelligence pratique et psychométrie*, Issy-les-Moulineaux, Editions EAP.

Tiffin et Mc Cormick, 1967, *La psychologie industrielle*, Paris, Editions PUF.

Descriptif : le test des disques (BOD) (photo 227), conçu en 1952, résulte d'une réflexion critique du test des rondelles de Piorkowski, qui se compose d'un ensemble de 4 tiges d'acier de longueurs différentes, montées sur un manche métallique, et d'une série de petits disques de métal percés de sept trous dont quatre correspondent à la position des quatre tiges du manche. L'exercice consiste à enfiler sur les tiges d'acier la série des petits disques.

Une première étude faite avec le test des « rondelles de Piorkowski » ne s'était pas révélée très satisfaisante. L'interprétation des résultats était complexe parce que ce test, lors de la passation, comporte deux temps très différents. Le premier correspond à la reconnaissance des positions respectives des tiges et de la configuration qu'elles forment ; le second, à la rapidité d'enfilage des disques une fois la solution trouvée. Ces deux temps ne mettent pas en jeu les mêmes aptitudes, le premier permet de noter l'esprit d'observation, la capacité de réflexion, la rapidité de compréhension, le deuxième, la dextérité.

Le test BOD se rapproche de ce principe, mais s'en distingue totalement par le matériel utilisé. Il se compose, d'une part, de 10 disques présentant 4 trous, ces trous étant disposés de façon différente pour chacun des disques, d'autre part, de 2 plateaux comprenant 10 séries de 4 ergots. C'est donc 10 configurations différentes que le sujet a à examiner. C'est un test où le raisonnement est lié à la compréhension mécanique. Cette notion, très complexe, inclut différents facteurs comme les aptitudes perceptives et l'aptitude à se représenter les choses dans l'espace ainsi que les déplacements dans l'espace, liés à la manipulation d'objets.

Les analyses factorielles effectuées à partir des résultats ont montré que le test des disques était représenté, pour la plupart des groupes étudiés, avec une saturation de .6 à .7, dans un facteur global d'intelligence concrète basé sur l'ensemble des données d'une batterie de tests de performance. Ce test fait aussi intervenir un facteur perceptif. Il entre dans la composition de la « note IPO »de la Batterie Factorielle. Comme le montre la photo 228, le sujet, très concentré, cherche à emboîter les disques, qui ont été soigneusement mélangés, sur les ergots respectifs, le plus rapidement possible.

Photo 227 (1959)

Photo 228 (1964)

1.4. Test : raisonnement et structuration spatiale (B43)

Auteur : R. Bonnardel.

Producteur : Etablissements d'Applications Psychotechniques (EAP).

Création : 1957 – utilisation ininterrompue -- sigle : B43 -- tu(Y).

Domaine psychologique évalué : Cognitif, raisonnement et restructuration spatiale.

Bibliographie.

Bonnardel R, 1957, Etude d'un test « manipulatif » spatial B43, *Revue Biotypologie.*

Bonnardel R, 1957, Analyse factorielle d'une batterie de tests manipulatifs, *Le Travail Humain.*

Bonnardel R, 1983, *Intelligence pratique et psychométrie,* Issy-les-Moulineaux, Editions EAP.

Zurfluh J, 1976, *Les tests mentaux,* Paris, Editions Universitaires.

Descriptif : la liaison, observée entre les résultats dans certains tests « manipulatifs » spatiaux et l'adaptation à des tâches professionnelles concrètes de différents niveaux de difficulté, a orienté certains travaux sur la réalisation d'épreuves permettant, en étant utilisées conjointement, de prédire au mieux cette adaptation.

Dans des analyses factorielles effectuées par Bonnardel sur différents groupes de sujets, les tests BOD-B101-B22-B43 se sont montrés très groupés dans une seule direction dans l'espace des facteurs communs. Il était intéressant de rechercher si, en comparant les résultats des différents groupes de sujets, des particularités apparaîtraient pour certains groupes dans certains tests. Les comparaisons des médianes des divers groupes étudiés, dans le test B43 (photo 229), ont laissé apparaître des particularités qui ne pouvaient, naturellement, pas se manifester dans les analyses factorielles portant sur des corrélations intra-groupes. Ces particularités s'expliquent par la plus ou moins grande importance des données perceptivo-spatiales. Une analyse factorielle réalisée par l'auteur sur un groupe de 600 ouvriers « tout-venant » (âgés de 20 à 29 ans), candidats à un emploi dans l'industrie, fait apparaître une saturation de .86 en facteur global d'intelligence concrète.

Une autre étude de Bonnardel a établi une corrélation de .70 entre le facteur d'intelligence concrète et le facteur d'intelligence/adaptabilité (ce dernier ayant été apprécié suivant la façon dont les ouvriers s'adaptent à des tâches nouvelles, et ce, suivant l'opinion de la maîtrise). Les corrélations de l'épreuve avec le test B22 et le test B101 sont de .62 et .69 d'après une étude portant sur un groupe de 481 garçons de 14 à 15 ans.

Utilisé seul, ou avec l'ensemble des tests des « notes IPO et IPC » (intelligence pratique), le test B43 a permis de donner, en orientation professionnelle, comme pour l'examen d'embauche dans l'industrie, un pronostic de réussite très valide. Comme le montre la photo 230, le candidat doit, à l'aide des 40 éléments en bois, reproduire chacune des 10 images qui lui sont présentées. Chaque image, de forme carrée, est composée de plusieurs éléments. Chaque élément ne pouvant servir qu'une seule fois.

Photo 229 (1959)

Photo 230 (1964)

1.5. Test : raisonnement et visualisation spatiale (B22)

Auteur : R. Bonnardel.
Producteur : Etablissements d'Applications Psychotechniques (EAP).
Création : 1956 – utilisation ininterrompue - sigle **:** B22 -- tu(Y).

Domaine psychologique : Raisonnement et visualisation spatiale bidimensionnelle.

Bibliographie.

Bonnardel R, 1956, Etude d'un test de représentation spatiale, *Le Travail Humain.*

Bonnardel R, 1955, Analyse factorielle d'une batterie de tests manipulatifs, *Le Travail Humain.*

Bonnardel R, 1983, *Intelligence pratique et psychométrie*, Issy-les-Moulineaux, Editions EAP.

Descriptif : la visualisation spatiale suppose : la possibilité de se représenter dans l'espace une figure tracée dans un plan (bidimensionnelle), quel que soit le plan dans lequel elle se trouve tracée par rapport à l'observateur, quels que soient les retournements ou les rotations qu'on lui fait subir ; la possibilité de se représenter une figure tridimensionnelle dans l'espace, quelle que soit la position qu'on lui fait prendre dans cet espace ; mais aussi la possibilité de se représenter une figure tridimensionnelle à partir d'une figure plane et de transformer une figure plane en figure tridimensionnelle, en la pliant, ou en la roulant sur un cylindre, ou encore en la collant sur une sphère. Les tests de visualisation spatiale sont toujours liés aux tests d'intelligence pratique.

Le test B22 (photo 231) fait partie de la Batterie Factorielle Standard (BFS) établie par Bonnardel, et entre dans la composition de la « note IPO » pour l'évaluation de l'intelligence concrète. Cette intelligence concrète doit être comprise, non comme facteur isolé par analyse d'une factorielle, mais comme caractère global traduisant la liaison observée entre les résultats à certains tests manipulatifs spatiaux et l'adaptation à des tâches professionnelles concrètes.

Les tests de la BFS furent décrits, avec l'analyse des résultats de leur application à des groupes de sujets appartenant à de nombreuses catégories professionnelles, dans les différents manuels des tests B101, B20, B43, B22, BOD et DTB, ainsi que dans les publications faites par l'auteur (voir bibliographie). Ces ouvrages rapportent le détail des résultats obtenus sur un ensemble portant sur plus de 20 000 examens concernant les tests de cette Batterie Factorielle Standard. Dans une analyse factorielle effectuée sur le groupe des ouvriers « tout-venant » de 20 à 25 ans (600 cas), la saturation du test B22 observée dans un facteur représentant au mieux l'intelligence concrète a été de .86. La photo 232 présente un sujet en cours de passation du test B22. La plaque en métal, gravée de 10 figures, lui a été présentée, il doit, en assemblant les éléments en bois par 2 ou par 3, reproduire les 10 figures. Chaque élément ne pouvant servir qu'une seule fois.

Photo 231 (1959) **Photo 232** (1964)

1.6. Tests de perception spatiale (B31.32)

Auteur : R. Bonnardel.

Producteur : Etablissements d'Applications Psychotechniques (EAP).

Création : 1957 – utilisation ininterrompue - sigle **:** B31.32 -- tu(Y).

Domaine psychologique : capacité de visualisation spatiale tridimensionnelle.

Bibliographie.

Bonnardel R, 1957, Une nouvelle épreuve, le test 31 et 32, *Revue Biotypologie.*

Zurfluh J, 1976, Les tests mentaux, Paris, *Editions Universitaires.*

Bonnardel R, 1983, *Intelligence pratique et psychométrie*, Issy-les-Moulineaux, Editions EAP.

Descriptif : le test B31.32 (photo 233) se compose pour la première partie (B31) de 8 pièces en bois, de formes différentes en trois dimensions, qui sont présentées au candidat. Il doit apparier les 8 formes en bois aux 8 dessins en perspective qui les représentent, puis, après réussite de cette épreuve, lors de la seconde partie (B32), il doit mettre en évidence la similitude qui existe entre les 16 pièces en bois de formes différentes et les 16 mêmes pièces dessinées en perspective sur des cartons.

Pour le niveau ouvrier, l'utilisation de tests d'intelligence, comme le test des disques (BOD) ou le test B101, s'est révélée très fructueuse dans les recherches effectuées par Bonnardel.

D'autres analyses ont démontré que certains d'entre eux font intervenir un facteur général bien différencié. Les travaux de l'auteur l'ont amené à la même conclusion, mais, contrairement au schéma proposé par d'autres psychologues, le facteur d'intelligence concrète (facteur global très complexe), que ses tests permettent d'estimer avec une bonne précision, ne semble pas pouvoir être considéré comme un simple résidu subsistant après extraction d'un facteur d'intelligence générale « g » de Spearman, plus orienté par les résultats aux tests collectifs géométriques de type « papier/crayon ». En effet, si, au niveau « ouvrier de série », il existe un facteur général se rapprochant du facteur « g », son estimation reste possible, d'une façon bien plus satisfaisante, au moyen des tests individuels comme le test BOD ou le test B43, ou encore le test B101 qu'en utilisant des tests collectifs géométriques, et surtout pas des tests verbaux. Réalisé à partir des échecs obtenus lors des passations de tests « papier/crayon », le test B31.32 avait pour objectif de déceler l'aspect « perceptivo-spatial » tridimensionnel en éliminant au maximum l'aspect raisonnement dont le facteur d'intelligence concrète est saturé. Les tests B31 et B32, utilisés séparément à leur origine, furent rassemblés pour donner le test B3132 composé de 2 parties, la première, plus facile, de visualisation spatiale, la seconde, plus complexe, de représentation spatiale mettant en jeu des capacités perceptives. Le test B3132 entre dans la composition de l'examen A de la Batterie Factorielle Standard Bonnardel « note IPO : intelligence pratique niveau ouvrier ». La photo 234 présente un sujet en cours de passation du test B3132.

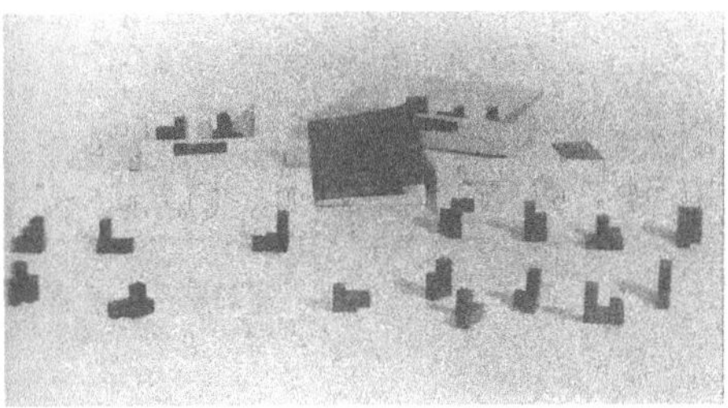

Photo 233 (1959)

Photo 234 (1964)

1.7. Test d'intelligence concrète (PIG)

Auteur : Pierre Goguelin.
Producteur : Etablissements d'Applications Psychotechniques (EAP).
Création : 1957– utilisation ininterrompue - sigle : PIG -- tu(Y).
Domaine psychologique évalué : Intelligence concrète.

Descriptif : Le test PIG (photo 235) est destiné à évaluer les capacités des adultes de niveau scolaire élevé. Le sujet, à l'aide d'un jeu de plaquettes, doit reconstituer des figures qui lui sont présentées sur un carnet, d'abord à l'échelle, puis à des échelles différentes et les reproduire avec le minimum de plaquettes. Ce test est très classant au niveau ingénieur. Les étalonnages furent réalisés sur les élèves de Grandes Ecoles : Ecole Polytechnique, Ecole des Mines, Ecole des Arts et Métiers, Licence de sciences, Licence de chimie, Ingénieurs du Conservatoire des Arts et métiers (CNAM), Ecole Sudria, Ecole Bréguet, E.S.E.M. de Nancy et Strasbourg, Ecole des Travaux Publics.

L'identification d'un facteur d'intelligence concrète, qui conditionnerait le niveau de réussite, tant dans les activités scolaires d'ingénieurs que dans les activités professionnelles au niveau cadre, par l'utilisation de tests de performance, a toujours été à l'origine du diagnostic permettant le pronostic de réussite.

Le test PIG est une épreuve de performance complexe, dont les résultats sont liés au facteur de groupe pratique « F » de Spearman, indépendant de son facteur « g » qui conditionnerait tous les processus mentaux dans les deux dimensions compréhension et extension, mais indépendant de la mémoire. L'intérêt de l'utilisation de cette épreuve est double, d'une part, elle propose une tâche dont la difficulté est croissante d'un bout à l'autre du déroulement de l'épreuve, et, d'autre part, elle permet de noter, au point de vue de la performance, les individus de faible capacité, qui obtiennent aussi dans les examens collectifs traditionnels des notes en dessous de la moyenne.

La « capacité » est utilisée pour désigner la performance atteinte par un individu dans un domaine particulier comme par exemple les tests psycho-moteurs, mais aussi mentaux comme dans celui de l'intelligence pratique. Les tests de performance mesurent un niveau de réussite, ils sont toujours métriques puisque le résultat est quantitatif, ils appartiennent donc à la psychométrie. La photo 235 présente un sujet en cours de passation du test PIG.

Photo 235 (1961)

1.8. Test d'encastrement (ICG)

Auteur : P. Goguelin.
Producteur : Etablissements d'Applications Psychotechniques (EAP).
Création : 1957 – utilisation ininterrompue - sigle **:** ICG -- tu(Y).
Domaine psychologique évalué : intelligence pratique.

Bibliographie.

Goguelin P, 1953, Le test d'intelligence pratique, *Travail Humain.*

Tiffin et Mc Cormick, 1967, *La psychologie industrielle*, Paris, Editions PUF.

Zurfluh J, 1976, *Les tests mentaux,* Paris, Editions Universitaires.

Simonnet R, Guyot D, 2008, *Un siècle de psychologie et de psychométrie*, p. 131, Paris, Editions L'Harmattan.

Descriptif : le test ICG (photo 236) de type « encastrement (form board) » appartient à la tendance expérimentale essayiste, et est néanmoins plus un test d'aptitude que de capacité car il est peu lié à des connaissances et à l'expérience mais à des facteurs tels que la visualisation spatiale. C'est un test de manipulation, non verbal et métrique avec possibilité de l'observation du comportement au cours de l'épreuve. Les tests « d'encastrement » sont composés généralement de petites pièces. Ils ont été étudiés sur des populations d'enfants et d'adultes et de professionnels de métiers fins.

Les recherches avaient pour but d'évaluer l'habileté manuelle mais aussi l'intelligence concrète. Afin de satisfaire les populations de professionnels habitués à de gros travaux, fortement gênés par la manipulation des pièces de petites tailles, le test ICG fut conçu avec des pièces plus massives. Lors de la passation, il est prévu de noter le temps passé ainsi que le nombre des essais incohérents, par exemple essayer de faire entrer une pièce manifestement plus grande que l'espace qu'elle doit combler, ou encore essayer d'ajuster une face courbe sur une face plane. Le test comporte trois exercices de difficulté croissante qui peuvent être donnés soit isolément, soit tous ensemble, ce qui permet de s'adresser à des niveaux variés. La préparation de la passation consiste à disposer les éléments du puzzle sur une table dans un ordre déterminé autour de la planche. Le psychologue demande au candidat de les assembler dans les espaces vides à l'intérieur de cette planche. La photo 237 montre la concentration d'un candidat lors de la passation de ce test, pour trouver l'élément à placer dans l'espace vide de la planche en évitant, le plus possible, d'utiliser la méthode « essai-erreur », prise en considération par l'examinateur lors de la notation.

Photo 236 (1969)

Photo 237 (1969)

1.9. Test des mosaïques (G52)

Auteur : J. Morin.

Producteur : Etablissements d'Applications Psychotechniques (EAP).

Création : 1953 – utilisation ininterrompue - sigle : G52 -- tu(Y).

Domaine psychologique évalué : facteur perceptivo-spatial.

Bibliographie.

Morin J, 1953, Le test des boulons de Chlique, *Le Travail Humain.*

Morin J, 1955, Etude psychotechnique du travailleur marocain, *Journal de Psychologie.*

Bonnardel R, 1955, Analyse factorielle d'une batterie de tests manipulatifs. *Travail Humain.*

Descriptif : ce test (photo 238) de reconstitution est une adaptation, pour les Africains adultes sans grande formation scolaire, du test des cubes de Kohs, révélé non classant et donc impropre à l'utilisation sur la population africaine. L'épreuve des mosaïques (G52) a été ajustée par de nombreux remaniements.

Sa forme actuelle constitue l'un des meilleurs tests d'intelligence pratique pour les Africains.

Très fidèle (.80), valide pour des postes variés, ce test se caractérise par une saturation élevée en facteur général « g » de Spearman plus important que dans d'autres tests utilisés (.88 pour la 2ème partie). Deux parties existent lors de la passation, la première est uniquement utilisée pour familiariser le sujet avec le matériel, la seconde, la passation proprement dite, est seule significative du niveau intellectuel pratique.

Première partie : reconstituer à l'aide de palets carrés jaunes et bleus des figures simples présentées sur des planchettes de même nature et de même dimension. Seul est noté le temps total pour les 10 planches, qui paraît lié non à l'intelligence mais au niveau de civilisation, les ouvriers ayant vécu en ville sont plus rapides que les bergers ayant eu peu de contacts avec les Européens.

Seconde partie : même genre de travail, mais avec des palets dessinés de figures qui doivent être, non seulement placés, mais orientés correctement.

Le système de notation ressemble à celui du test des cubes de Kohs, avec des temps limites par planche, et en tenant compte du nombre de palets bien placés. Outre son intérêt pratique lié à une validité généralement bonne, ce test paraît très lié à un des problèmes les plus typiques de la mentalité africaine : la représentation des figures et la structuration spatiale.

Des particularités, liées à une difficulté de représentation spatiale des lignes droites, comme elles existent dans les cubes de Kohs, furent mises en évidence lors de la passation de ce test. Celles-ci sont à l'origine de la création du test « des mosaïques » avec des lignes courbes. Cette découverte fut d'un intérêt important sur le plan de l'adaptation de l'individu au monde industriel. Elle a été à l'origine de modifications lors de la formation des ouvriers. La photo 239 montre la concentration d'un candidat lors de la passation de ce test, pour trouver l'élément susceptible de pouvoir retrouver la figure « modèle » en le plaçant à l'endroit adéquat.

Photo 238 (1971)

Photo 239 (1971)

1.10. Test du bloc puzzle (LBP1)

Auteur : P. Laborde.

Producteur : Etablissements d'Applications Psychotechniques (EAP).

Création : 1976 – utilisation ininterrompue - sigle : LBP1 -- tu(Y).

Domaine psychologique évalué : organisation et raisonnement concret.

Bibliographie.

Bonnardel R, 1949, La psychomotricité et la prévention des accidents, *Travail Humain.*

Meili R, Expériences, observations sur l'intelligence pratique, *Année psychologique.*

Meili R, 1964, *Manuel du diagnostic psychologique*, Paris, Editions PUF.

Faverge J.M., 1972, *L'examen du personnel et l'emploi des tests,* Paris, Editions PUF.

Oléron P, 1974, *L'intelligence*, Paris, Editions PUF.

Simonnet R, Guyot D, 2008, *Un siècle de psychologie et de psychométrie,* p. 226, Paris, Editions L'Harmattan.

Descriptif : Le test du « Bloc puzzle » (LBP1) est composé d'un bloc parallélépipédique composé de 20 éléments en métal, empilés et encastrés entre 5 montants latéraux fixés sur un socle. Les éléments et les montants sont de formes et de dispositions variées, ce test LBP1 entre dans la catégorie des épreuves analytiques d'encastrement. L'épreuve consiste à reconstituer le bloc avec les éléments qui sont présentés au sujet mélangés. On note le temps total et la méthode utilisée.

Dans ce test (photo 240) de reconstitution, la difficulté réside dans la similitude des différentes pièces pour reconstituer le bloc. Ce test a été conçu dans le but d'apprécier en situation l'intelligence concrète chez l'adulte. Il permet une analyse fine des diverses procédures intellectuelles extériorisées dans l'action. La tâche proposée induit chez le sujet un désir d'atteindre un but en lui posant un certain nombre de problèmes plus ou moins apparents, elle permet : l'exercice des qualités d'observation du sujet ; l'appréciation des formes ; des surfaces ; des rapports dimensionnels ; la manipulation mentale des informations recueillies visuellement.

Le nombre relativement élevé des pièces nécessite une organisation matérielle du travail (tri préalable effectif ou implicite plus ou moins élaboré) et la mise au point d'une méthode pratique d'assemblage. L'observation du sujet donne également des informations sur les qualités de dynamisme personnel dans une tâche concrète, ainsi que les possibilités d'analyse et de logique dans l'exécution d'un travail.

Plusieurs recherches ont prouvé que ce genre de test analytique, concernant les activités supérieures liées aux gestes, mesure effectivement un facteur d'intelligence pratique autre que le facteur général « g » de Spearman. Ce facteur d'intelligence pratique (ou concrète), qui est plus ou moins saturé en facteur spatial « S » peut être justifié de la façon suivante : les résultats obtenus conduisent à penser que la réussite aux enseignements classiques est liée aux deux facteurs « g » et « v » (facteur verbal), alors que la réussite aux enseignements techniques est liée aux deux facteurs « g » et « S » (énergie mentale générale et intelligence pratique).

Photo 240 (1980)

1.11. Test des leviers (LV)
Auteur : R. Meili.
Producteur : Etablissements d'Applications Psychotechniques (EAP).
Création : 1950 – utilisation ininterrompue - sigle : LV -- tu(Y).
Domaine psychologique : Intelligence pratique et compréhension mécanique.

Bibliographie.
Revue BINOP, 1950, n° 7/8 et n° 9/10.

Descriptif: le test des « leviers » de Meili (photo 241) est composé d'une plaque percée de 5 trous, de 4 barrettes (appelées leviers) à 5 trous, de 4 barrettes à 4 trous, de 4 à 3 trous, et de 3 à 2 trous, ainsi que de 6 tenons et 4 fiches. L'épreuve consiste à fixer 2 barrettes sur la plaque, puis à demander au sujet de construire, à l'aide du matériel restant, un système de leviers tel qu'un mouvement donné à une des barrettes ait pour conséquence le déplacement, dans un sens donné, de l'autre barrette.

Ce test met en jeu la pensée intimement liée au maniement d'objets. Il permet au candidat de prendre conscience de ses erreurs au fur et à mesure que se déroule l'épreuve et, de ce fait, d'être à même de comprendre les problèmes qui lui sont soumis.

La conception de la technique de l'expérience donne la possibilité au psychologue de montrer au candidat les erreurs qu'il commet. Ces remarques lui permettent de pouvoir s'adapter. L'examen s'apparente ainsi à la situation dans laquelle se trouve un sujet ayant à résoudre des problèmes nouveaux se présentant à lui. L'étude du comportement permet de dégager : une activité organisée constituée par le mouvement qui convient parfaitement à la situation en tenant compte des conditions fixées ; une activité rapide obtenue dès la fin de la consigne par un mouvement adéquat pouvant résoudre le problème ; une activité inorganisée, par exemple, la pose de barrettes en diagonale, la réalisation d'un système erroné, la conception d'un système défectueux, ou encore la chute d'un élément.

L'auteur pense que les résultats obtenus avec ce test montrent qu'il est permis de parler d'une forme « pratique / technique » de l'intelligence. Pour cela, il compare les coefficients de corrélation obtenus entre le test des leviers, d'une part des tests analytiques d'intelligence « papier/crayon », et d'autre part des tests de manipulation. La confrontation des deux corrélations fait ressortir une plus grande parenté du test des leviers avec les tests manipulatifs qu'avec les tests d'intelligence « papier/crayon ». En fait, l'aspect intellectuel, dans le test des leviers, domine nettement l'aspect manipulatif, car dans la progression du travail il y a une utilisation des expériences faites au cours de ce travail. Il y a contrôle permanent de l'effet de chaque mouvement et une adaptation immédiate de l'action au résultat qui vient d'être obtenu.

A l'appui de cette thèse, l'auteur fait état de corrélations obtenues entre son test et les appréciations des contremaîtres d'une classe d'apprentis de première année qui sont de l'ordre de .50. Cette corrélation est significative étant donné qu'elle est obtenue sur un groupe d'apprentis fortement sélectionnés.

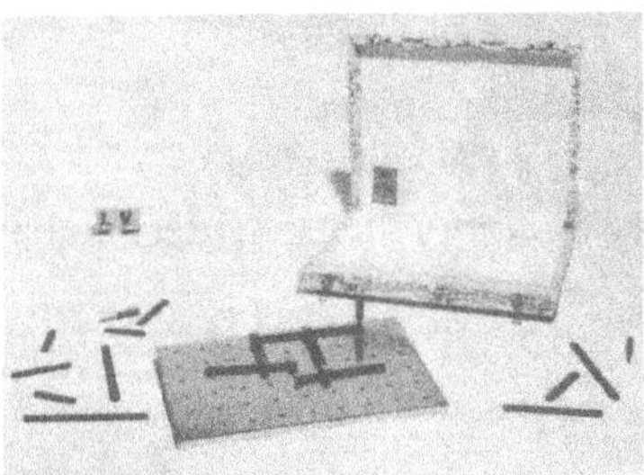

Photo 241 (1955)

1.12. Le test Wiggly-Bloc (WY)

Auteur : O'Connor et Keane.

Producteur : Etablissements d'Applications Psychotechniques (EAP).

Création : 1927 – utilisation ininterrompue - sigle : WY -- tu(Y) .

Domaine psychologique évalué : aptitude technique / pratique.

Bibliographie.

Reuchlin, 1950, Réponse à Dietrich, *revue du BINOP.*

Tiffin et Mc Cormick, 1967, *La psychologie industrielle*, Paris, PUF.

Xydias, 1949, Wiggly-Block nouvelle cotation et étude du test, *BINOP*.

Duchapt, 1949, L'examen des aptitudes en vue du dossier d'orientation. *BINOP.*

Descriptif : ce test (photo 242) se compose d'un bloc de forme parallélépipédique de 9 pièces en bois découpées suivant des formes arrondies et s'emboîtant exactement les unes sur les autres dans une position déterminée. L'expérience consiste à reconstituer le bloc correctement, le plus rapidement possible, avec les pièces qui sont présentées au sujet mélangées, dans un ordre déterminé. L'épreuve est chronométrée. Lors de l'examen, sont pris en compte : le degré de compréhension de la structure du bloc ; les erreurs logiques, une erreur est logique si une pièce n'est pas mise à une place de façon déductive du fait de son identification (pièce latérale, centrale, etc.). Les erreurs et le temps de la passation mettent en évidence deux aspects de l'individu : une participation intellectuelle ; et un mode d'activité (réfléchi, impulsif).

Sur le plan comportemental, le test est susceptible de donner des renseignements sur la façon d'observer, l'attention portée à la tâche, ainsi qu'à l'ordre et la minutie, complétés par la patience, la perfectibilité, le goût du fini ou de l'à-peu-près. Cette observation du comportement met aussi en évidence la rapidité d'exécution de l'activité ainsi que le dynamisme et doit permettre de pouvoir situer le plus objectivement possible les sujets qui parviennent à des résultats satisfaisants grâce essentiellement à la multiplicité de leurs manipulations. Sur le plan intellectuel, la façon de s'organiser, le bon sens, la concentration, mais aussi l'analyse d'une réflexion inductive ou déductive complétée par une méthode logique portent, comme le confirme la photo ci-contre, à une analyse liée à la représentation spatiale et à la synthèse d'un raisonnement pratique. La photo 243 montre la participation intellectuelle avec laquelle le candidat, lors de la passation de ce test, recherche l'élément susceptible de pouvoir être placé à l'endroit adéquat.

Photo 242 (1938)

Photo 243 (1961)

1.13. Test des cubes de KOHS (KO)

Auteur : Samuel. C. Kohs - (1890 – 1984).
Producteur : Etablissements d'Applications Psychotechniques (EAP).
Création : 1923 – utilisation ininterrompue - sigle : KO -- tu(Y).
Domaine psychologique évalué : intelligence pratique.

Bibliographie.

Kohs S.C, 1923, The black design test , *revue Intelligence Measurement.*
Long J, 1954, La forme réduite du test des cubes de Kohs. *Revue BINOP.*
Zurfluh J, 1976, *Les tests mentaux*. Paris, Editions Universitaires.

Description : le test des cubes de Kohs (photo 244) se compose d'un jeu de 16 cubes peints différemment sur leurs 6 faces mais identiques entre eux. Chaque couleur (bleu, rouge, blanc, jaune) remplit une face complète ou une demi-face limitée selon des diagonales. Il est proposé au sujet une série de cartons qui représentent des figures à reproduire dans un temps limité pour chacune d'elles et en utilisant le minimum de cubes. Selon la figure la plus complexe que le sujet est capable de réussir dans le temps fixé, on peut en déduire un âge mental.

Le test permet de mesurer, de 5 ans à l'âge adulte, l'intelligence concrète et la visualisation spatiale, ainsi que de pouvoir calculer un QI (quotient intellectuel) corrélant correctement avec le QI de Binet-Simon. Il est peu sensible aux facteurs culturels et scolaires, ce qui laisse entrevoir une mesure possible de l'expression analytique de la pensée conceptuelle en laissant apparaître certaines aptitudes à la structuration spatiale. Administré avec un test verbal, il permet d'apprécier le degré de la détérioration mentale à laquelle il est très sensible.

Le développement d'un individu représente les états successifs que va traverser cet individu de sa naissance à l'âge adulte, d'une part sous l'influence de la maturation génétique conditionnée, d'autre part en fonction de l'influence du milieu (facteurs psychologiques, et, particulièrement, affectifs, mais aussi facteurs sociaux et économiques). Le développement est rarement continu mais procède le plus souvent par sauts, par paliers, par étapes. Au début de la vie, on ne peut vraiment pas parler d'intelligence car celle-ci ne dispose pas encore de l'appareil conceptuel lui permettant de s'exprimer. Il faut alors s'appuyer sur le développement psychomoteur, donc un comportement non verbal, considéré comme traduisant le développement général du système nerveux, développement qui sera à la base de l'intelligence. On calcule un quotient de développement (QD) obtenu en comparant ce qu'arrive à faire un sujet à l'échelle de performances psychomotrices des sujets normaux, selon leurs âges. On détermine ainsi son âge de développement que l'on rapporte à son âge d'état civil d'où QD = âge de développement / âge d'état civil (multiplié par 100). A partir de l'âge de 3 ou 4 ans, l'appareil conceptuel se met en place et l'on peut considérer le rapport entre l'âge mental de développement obtenu, par comparaison avec l'échelle de performances intellectuelles des sujets normaux, selon leurs âges d'une part, et, d'autre part, son âge d'état civil. On détermine ainsi son quotient intellectuel. QI = âge mental (ou âge intellectuel de développement) / âge d'état civil (multiplié par 100). On admet qu'un QI $<$ 0,70 ou 70 (si on a multiplié par 100) est un signe de débilité et qu'un QI $>$ 1,30 ou 130 est un signe d'intelligence supérieure.

La capacité intellectuelle va se développer de la naissance jusqu'à l'âge adulte, mais le maximum se produit à des âges différents selon les capacités considérées, puis décroît. On peut alors étudier cet « amortissement » de l'individu. Par exemple, un individu qui a 60 ans a eu un résultat « R » à un test d'intelligence « X ». Si l'optimum de réussite « O » de l'individu moyen dans ce test « X » est obtenu à l'âge de 19 ans, dans l'étalonnage de sa classe d'âge, si le résultat moyen normal est « R », cet individu est normal et son QI est égal à 100 ; mais si on rapporte sa performance « R » à la réussite « O » d'un individu également normal à l'âge optimum, on peut calculer un coefficient d'efficience intellectuelle QE = R / O $<$ 100. Les tests de développement sont aussi dits « tests de niveau ».

Photo 244 (1956)

1.14. Le test d'encastrement (DB)

Auteur : Dearborn.
Producteur : Etablissements d'Applications Psychotechniques (EAP)
Création : 1910 – utilisation ininterrompue - sigle **:** DB -- tu(Y)
Domaine psychologique : Raisonnement pratique et perception spatiale.

Bibliographie.

Tiffin et Mc Cormick, 1967, *La psychologie industrielle*, Paris, PUF.
Zurfluh J, 1976, *Les tests mentaux,* Paris, Editions Universitaires.
Simonnet R, Guyot D, 2008, *Un siècle de psychologie et de psychométrie,* p.42, Paris, Editions L'Harmattan.

Descriptif : ce test « d'encastrement », appelé parfois « form-board » (photo 245), se compose d'une planche dans laquelle sont découpées 5 figures géométriques (carré, losange, rectangle, triangle) ainsi que 14 formes de bois découpées permettant de remplir exactement les figures, à raison de 2 ou 3 éléments dans chacune d'elles. Lors de la passation, la planchette est placée à la droite du candidat. Les formes en bois, dans le gabarit découpé, permettant une présentation toujours identique, à sa gauche. Celui-ci doit replacer toutes les formes par 2 ou par 3 dans les espaces libres de la planchette. Ce test permet, outre une étude du comportement, traduisant l'esprit de méthode, le bon sens, d'apprécier l'habileté manuelle et d'étudier, par voie de manipulations, l'aptitude aux opérations faisant intervenir l'activité combinatoire spatiale.

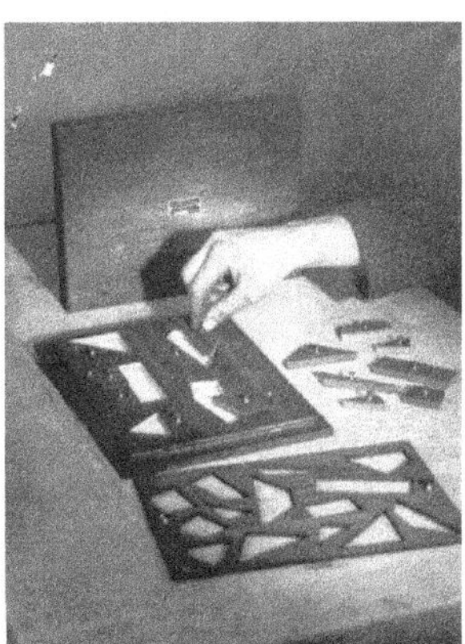

Photo 245 (1952)

1.15. Le test des rondelles (RP)

Auteur : C. Piorkowski.

Producteur : Etablissements d'Applications Psychotechniques (EAP).

Création : 1922 – utilisation ininterrompue - sigle : RP -- tu(Y).

Domaine psychologique évalué : Compréhension et habileté manuelle.

Bibliographie.

Piorkowski C, 1934, *Der rechte Mann am rechten Platz,* Berlin.

Arbousov, Gourewitch , 1934, Analyse expérimentale du test de Piorkowski *Année Psychotechnique.*

Descriptif : le test des « rondelles » (photo 246) se compose d'un manche métallique sur lequel sont fixées 4 tiges d'acier de 0,8 mm de diamètre d'inégales longueurs, d'une série de 15 petites rondelles de 14 mm de diamètre et 3 mm d'épaisseur dans lesquelles sont percés 7 trous, dont 4 correspondent à la position des 4 tiges. Lors de la passation, le psychologue, ayant enlevé toutes les rondelles, demande au candidat d'enfiler les rondelles sur les tiges. L'épreuve comporte 2 parties, la première de compréhension, la seconde d'habileté manuelle.

Première partie : épreuve de compréhension. Le raisonnement doit amener le candidat à comprendre qu'à la position des quatre tiges ne correspond qu'une seule position de 4 des 7 trous des rondelles. Cette partie de l'épreuve permet de noter l'esprit d'observation, la capacité de réflexion, la rapidité de compréhension, l'ingéniosité du sujet. On laisse au sujet un maximum de cinq minutes pour l'enfilage de la première rondelle et on lui demande d'expliquer comment il a procédé. On note le temps de ce dernier essai. En cas d'échec, on lui explique, pour passer à la deuxième partie de l'épreuve.

Seconde partie : épreuve d'habileté. Le candidat, après avoir compris la position « trous-tiges », doit enfiler les rondelles le plus rapidement possible. L'observation de cette deuxième partie porte sur le tremblement des mains, la dextérité, le choix de la meilleure méthode, la fidélité à la méthode choisie, la rapidité d'adaptation, l'apprentissage et la régularité du rendement.

Le sujet doit enfiler les 15 rondelles le plus rapidement possible. On note le nombre de rondelles enfilées à chaque minute et le temps total pour les 15 rondelles.

Deux analyses factorielles, selon la méthode centroïde de Thurstone , effectuées, l'une en 1955 par Bonnardel, l'autre en 1956 par Bernyer, ont fait apparaître deux facteurs. Un facteur global d'intelligence concrète équivalant à un facteur de raisonnement, (1ère partie). Un facteur de dextérité manuelle, appelé aussi facteur d'agilité manuelle (2ème partie). Le facteur général représente 22,7% de la variance totale des tests et 56% de la variance commune. Ces résultats, relativement faibles, s'avèrent valides en ce qui concerne les métiers de la mécanique.

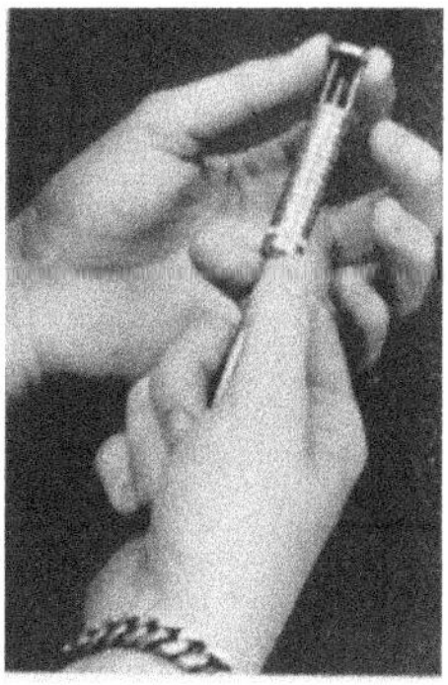

Photo 246 (1954)

1.16. Le test d'assemblage d'objets (WG)

Auteurs : J. Stenquist et D. Weinberg.
Producteur : Etablissements d'Applications Psychotechniques (EAP).
Création : 1946 – utilisation ininterrompue - sigle **:** WG -- tu(Y).
Domaine psychologique évalué : aptitude à la mécanique.

Bibliographie.

Stenquist J, 1923, Measurements of Mechanical ability, *Review.*

Paterson D, Elliot R, 1930, Minnesota mechanical ability tests, *Review.*

Sinoir Y, 1934, Observations sur une application du test de Stenquist, *BINOP.*

Weinberg D, 1934, Le test de montage d'objets, *BINOP.*

Pujol M, 1956, Quelques observations sur l'application du Stenquist , *BINOP,*

Descriptif: le test, dérivé du « Minnesota Mechanical-Assembly Tests », suggéré primitivement par Thorndike, a été imaginé et réalisé vers 1928 par Stenquist. L'adaptation française a été réalisée par Weinberg, sous la direction de Laugier, en 1934. Ce test (photo 247) se compose de 10 objets ; une targette simple, une poignée de porte, une pince à linge, une targette à ressort, un robinet à gaz, un tournevis démontable, une chaine de 6 maillons, une clef anglaise, un bouton de sonnerie, une serrure avec clé.

Lors de la passation, les différents éléments de chaque objet sont placés, démontés et mélangés, devant le sujet. Celui-ci, disposant de la liste des 10 objets, doit en effectuer un montage correct. Lors de la notation, chaque montage correspond à l'attribution d'un certain nombre de points suivant la difficulté qu'il représente. La note maximum est de 36 points. Si le sujet termine les 10 assemblages avant les 30 minutes qui lui sont accordées, on lui attribue 1/4 de point supplémentaire par minute gagnée.

Cette épreuve met en jeu une forme d'intelligence technique pratique qui permet de faire ressortir le goût du bricolage et de mesurer l'habileté mécanique. Divers travaux, notamment ceux d'Earte et Mocrae s'orientant vers la recherche de la nature de l'aptitude testée, ont démontré, dans l'aptitude mécanique, trois éléments de succès : l'intelligence générale, une aptitude à l'appréciation des formes, l'adresse manuelle. Certains auteurs pensent que les tests de montage et autres tests de manipulation mécanique fournissent, en plus de la valeur prédictive de leur note, des indications qualitatives appréciables sur la méthode avec laquelle le sujet aborde les problèmes, son intérêt, sa concentration.

Photo 247 (1951)

2 - Les tests « papier-crayon » (X)

2.1. Batterie Générale d'aptitudes

Auteur : Louis-Léon Thurstone (1887-1955).
Adaptation française : J. B. Dupont et F. Gendre – sigle BGA.
Adaptation psycho-informatique : R. Simonnet.

Tous les documents de l'examen sont réunis de façon pratique dans un dossier d'orientation. Les pages intérieures du dossier permettent : l'établissement du profil d'aptitudes et un premier diagnostic, le calcul aisé des chances de succès professionnel dans 22 familles d'emplois et dans 20 catégories professionnelles, soit au total dans plus de 600 voies professionnelles différentes, le profil des probabilités d'appartenance à quinze voies de formation professionnelle (résultats empiriques suisses).

La dernière page est réservée aux intérêts professionnels. La BGA fournit onze notes d'aptitudes intellectuelles et motrices, dont une estimation de l'intelligence générale. Par construction, elle englobe toutes les aptitudes qui ont été reconnues importantes pour le succès professionnel. Des analyses factorielles américaines et suisses· ont précisé la signification réelle de chacun des tests. Après son adaptation en français (origine USA), elle a été passée par 1.000 jeunes gens de 15 ans (échantillon stratifié). Les étalonnages sont ainsi exactement adaptés à la situation typique de l'orientation professionnelle européenne. Une partie de ces jeunes gens ont terminé avec succès leur formation professionnelle et ont fourni des normes par groupe de métiers et par voie de formation professionnelle. A ces données de validation s'ajoutent des études pilotes réalisées à l'Université de Neuchâtel (Institut de Psychologie). La BGA a été la première batterie d'orientation professionnelle qui utilise la technique des fonctions discriminantes. Aux aptitudes fondamentales pour le succès professionnel s'associent 15 échelles d'intérêts incorporées à la batterie aiguillant le psychologue et lui permettant de concentrer l'entretien avec le sujet sur les domaines d'activités qu'il préfère.

Ce fut la première batterie d'aptitudes et d'intérêts professionnels dont le traitement a été réalisé, en France, par l'informatique, le recueil « BGA et micro-ordinateur » donnait toutes les informations sur ce sujet. Cette « batterie » informatisée donnait une note, dans six facteurs (G.V.N.S.P.Q.) (G-raisonnement, V-verbal, N-numérique, S-spatial, P-perceptif, Q-routine), définis par Thurstone et mettait en évidence l'efficience intellectuelle générale et différenciée. Elle permettait aussi d'établir un profil psychologique suffisamment étendu et sensible dans les domaines suivants : Efficience intellectuelle verbale (EIV) ; Efficience intellectuelle scientifique (EIS) ; Efficience intellectuelle globale (EIG) ; Aptitude Scolaire (AS). La passation pouvait être individuelle ou collective.

2.2. Batterie Factorielle d'aptitudes

Auteur : J.G. Manzione.
Version logiciel, présentation écran d'ordinateur : A. Dilax - Sigle BFA.
Version psycho-informatique : R. Simonnet.

La Batterie Factorielle d'Aptitudes pour adolescents et adultes est destinée à apprécier et à approcher au mieux l'efficience intellectuelle générale et différenciée. En effet, toute démarche intellectuelle requiert la mise en disponibilité d'un certain nombre de mécanismes et, en particulier, d'aptitudes. Elle se subdivise en 6 tests, et certains d'entre eux en subtests. La passation de chaque subtest se fait suivant l'ordre voulu par Manzione.

1° - Test de Vocabulaire :

Epreuve A : trouver le bon synonyme - 5 minutes.

Epreuve B : trouver le mot qui ne fait pas partie de la série - 6 minutes.

2° - Test Spatial :

Epreuve A : rapidité perceptive, trouver la figure identique parmi plusieurs, - 3 minutes.

Epreuve B : visualisation spatiale, trouver les figures ayant subi une rotation sur un plan - 5 minutes.

Epreuve C : perception, trouver le nombre de briques contenues dans une figure - 3 minutes 30.

3° - Test de Raisonnement :

Epreuve A : trouver la suite logique de suites numériques - 10 minutes. Epreuve B : résoudre différents problèmes faisant appel à la souplesse mentale - 12 minutes.

4° - Test de Compréhension Verbale :

Trouver la signification de différents proverbes - 15 minutes.

5° - Test Numérique:

Epreuve A : additions, résoudre des additions - 4 minutes.

Epreuve B : multiplications, résoudre des multiplications - 4 minutes.

Epreuve C : opérations, résoudre des opérations simples- 6 minutes.

Epreuve D : problèmes, résoudre des problèmes élémentaires de mathématiques - 6 minutes.

6°- Test d'Aisance Verbale : trouver le plus grand nombre de mots commençant par une certaine lettre - 5 minutes.

Les résultats portent sur l'ensemble des tests passés et sur un certain nombre de notes en facteur : vocabulaire, raisonnement, spatial et numérique. De plus, quatre notes synthétiques sont calculées, permettant au psychologue d'avoir une vue d'ensemble des résultats du sujet : Efficience Intellectuelle Verbale (aptitudes et adaptabilité dans le domaine du langage, de la communication, de l'expression orale et écrite) ; Efficience Intellectuelle Scientifique (aptitudes et adaptabilité à la résolution de problèmes, au traitement de données numériques, à la structuration spatiale) ; Efficience Intellectuelle Globale (indique le niveau général de la personne, son potentiel d'apprentissage, ses facultés à évoluer sur le plan professionnel) ; Aptitude Scolaire (indique l'adaptabilité à des situations scolaires et de façon plus générale à toute situation de formation ou d'apprentissage).

Qualités métriques et étalonnages

La batterie BFA de Manzione est une de celles ayant donné lieu, dès l'origine, à de nombreuses études sur ses qualités métrologiques. Ainsi, on relève une fidélité test-retest à un an d'intervalle de .71 pour les épreuves de base, et de .82 pour les notes en facteurs et de .83 pour les scores composites.

La validité de structure fut appréciée à partir d'analyses factorielles et la validité externe à partir de corrélations avec d'autres tests (dont ceux de la Batterie Standard Bonnardel). Une étude de validité prédictive avec pour critère la réussite scolaire a donné des coefficients pouvant atteindre .76 (corrélations multiples). La batterie informatisée fut réétudiée en prenant en compte plusieurs paramètres : comparaison des versions papier-crayon et informatique, analyse factorielle en composantes principales, analyse qualitative des attitudes et observation des sujets lors de la passation. Les résultats furent dans l'ensemble satisfaisants. Cette batterie, de par son intérêt pratique et son sérieux méthodologique, a apporté une aide efficace à tous les praticiens qui souhaitaient apprécier différents publics.

Version logiciel

Le logiciel est la traduction la plus fidèle de la batterie de Manzione, dont elle reprend les objectifs et les modèles théoriques. Afin d'éviter les biais susceptibles d'apparaître lors d'une passation informatique, le logiciel a été développé à partir d'une interface ergonomique et interactive (Windows) de façon à reproduire au mieux les conditions dans lesquelles les sujets passent l'épreuve en papier-crayon. La passation a été entièrement informatisée, le sujet devant répondre aux problèmes posés à l'aide de la souris et du clavier. Pour permettre une maîtrise de l'environnement informatique chez les sujets novices, un module d'entraînement préalable peut être proposé. Chaque épreuve est précédée par un ou plusieurs exemples, qui ont pour objectif de vérifier que la personne a bien assimilé les consignes. A partir du moment où l'épreuve démarre, un chronomètre se met en marche et passe à l'épreuve suivante une fois le temps imparti écoulé. Le sujet a la possibilité, comme pour la passation papier-crayon, de faire des corrections, de revenir en arrière sur ses réponses et de sauter des items. Une fois la passation de la batterie achevée, le logiciel traite toutes les réponses et le psychologue est alors en mesure de demander les résultats. Les résultats sont présentés sous forme de profils étalonnés. Pour cela, le psychologue choisit le ou les étalonnages qui lui conviennent. Le système affiche alors le profil avec les notes brutes et les notes étalonnées du sujet. Il est possible de faire différentes comparaisons en appelant différents étalonnages. Le profil et les résultats peuvent être imprimés sur une imprimante laser ou matricielle.

Version psycho-informatique

Passation à partir du cahier de tests, avec réponses données sur une feuille spéciale pour lecteur optique avec une correction aux éditions EAP, par un lecteur optique connecté à un ordinateur.

2.3. Batterie factorielle d'évolution probable

Auteur : Victor Kouteynikoff.

Passation et correction psycho-informatique : R. Simonnet - Sigle BVK.

La batterie factorielle d'évolution probable est composée d'un ensemble de tests collectifs, elle a pour but l'étude du potentiel intellectuel, l'évaluation des caractéristiques mentales et leur évolution probable. Le choix des tests composant cette batterie est le résultat d'infinies précautions qui se traduisent par des fidélités de .70 à .90 et des validités de l'ordre de .70 qui comptent parmi les plus élevées jamais observées en psychologie, et permettent des pronostics à long terme.

Elle se compose des tests suivants :

1° - Tests de raisonnement (KR26 : dessins à compléter ; KR34 : séries numériques).

2° - Tests de vocabulaire (KV15 : compréhension de vocabulaire ; KV42 - KV43 : mots en trop ; KV32 : analogies verbales ; KV51 : gradations verbales, analogies, définitions, mots en trop ; KV530 - KV550 : compréhension verbale).

3° - Test de fluidité verbale (KW11 : trouver le plus grand nombre de mots commençant par une syllabe donnée).

4° - Test spatial (KV52 : visualisation d'une configuration, trouver les figures ayant subi un mouvement).

5° - Test d'aptitude perceptive (KSC12 : repérage de figures ; KSC13 : perception graphique).

Pour l'auteur, le pronostic est une responsabilité du psychologue, c'est la justification de son conseil et d'un contrat qui le liait à ses partenaires. Pour ce faire, il créa un instrument entièrement nouveau, la « batterie factorielle

Kouteynikoff », assortie d'une méthode originale de traitement de l'information résultante, à partir « d'abaques d'évolution probable » aboutissant à un calcul de pronostic. (Voir la description précise dans l'ouvrage : un siècle de psychométrie et de psychologie). La possibilité de tenir compte de l'âge des sujets dans l'appréciation de leurs performances est d'une grande importance car, dans une classe de 6e, par exemple, ces âges s'étalent de moins de 10 ans à plus de 14 ans. Ce sont des «abaques d'évolution probable» construites par l'auteur à partir d'une population importante (plus de 5.000 sujets) qui assurent la transformation des résultats bruts en « note-âge ». Cette note sur 20 situe les résultats bruts par rapport aux résultats des élèves du même âge. Une « note classe » permet, de même, de les situer par rapport aux résultats des sujets ayant l'âge moyen de la classe au moment de l'examen. La comparaison de ces deux notes est intéressante : elle explique la sous-estimation fréquente des élèves les plus jeunes et, inversement, la surestimation temporaire des plus âgés au début de la scolarité secondaire. De plus, un certain nombre de renseignements peuvent être tirés de l'étude méthodique des données chiffrées. La moyenne des notes obtenues dans les facteurs considérés « caractéristiques primaires », rapportée à des barèmes de réussite probable à différents niveaux, situe les chances de réussite de l'élève. On peut ainsi apprécier la longueur des études générales convenant le mieux à chacun, si des conditions normales (santé, milieu, caractère) sont réunies par ailleurs, et les risques courus pour tel niveau d'aspiration : échec à prévoir ou nombre de redoublements à craindre. Le pouvoir prédictif de cette batterie n'est pas son seul avantage. La cohérence de l'ensemble, le large champ d'application, la forte spécificité de chaque test, l'hétérogénéité des aptitudes explorées et la fidélité des épreuves font de cette batterie un précieux instrument de diagnostic, qui ne porte pas seulement sur le type d'intelligence mais débouche aussi sur certains aspects caractériels, d'où la relation possible entre forme d'intelligence et traits de personnalité. On ignore assez souvent, en effet, que certains traits de personnalité {caractère, goûts, centres d'intérêts, .. .) sont dus à des formes d'intelligence.

2.4. Batterie Factorielle Standard

Auteur : Raymond. Bonnardel

Passation et correction psycho-informatique : Robert Simonnet - Sigle BFS

Examen B : (Durée moyenne 4 h 30) : Niveaux ingénieurs et cadres

Ce deuxième examen (B) concerne tous les jeunes en cours d'orientation professionnelle ainsi que toutes les catégories de personnel, y compris les ingénieurs et les cadres. Il a été établi pour permettre d'estimer un très large éventail de capacités.

P.I - Potentiel intellectuel, correspondant à la notion des facteurs 'g ' de SPEARMAN, et 'G' de THURSTONE, et 'Raisonnement' de GUILFORD.

V - Connaissance de la langue française et compréhension verbale.

CPM - Célérité perceptive et mentale groupant les facteurs « P » de Thurstone et « P » et « Q » de la BGA (travaux routiniers de bureau).

CA - Calcul, rapidité dans la résolution d'opérations arithmétiques.
OR - Orthographe.
I.P.C - Intelligence concrète (pratique) au niveau collaborateur.

Note P.I. : potentiel intellectuel, établie au moyen de 3 tests différents comportant des séries d'items de difficultés progressives (durée : 1 h 10) :

Test B53 : trouver une suite logique à partir de figures géométriques abstraites.

Test BV9 : résoudre des problèmes faisant appel à un raisonnement logique à support verbal.

Test BLS4 : découvrir les lois de séries à partir de figures géométriques.

L'expérience a montré que, pour une meilleure estimation au moyen de tels tests de puissance – surtout pour les niveaux les plus élevés – il était préférable d'établir la note en ne considérant que les deux résultats les meilleurs (note A obtenue sur les barèmes de cotation), afin d'éviter dans certains cas l'influence sur la note P.I. d'une défaillance éventuelle du candidat à un moment donné dans un des tests de cette nature. A noter aussi que la compréhension du test BLS4 peut être difficile pour les niveaux relativement faibles. Il est préférable de ne l'utiliser que pour les candidats d'un niveau supérieur. Les tests d'intelligence abstraite (non verbale) sont conçus pour éliminer l'influence du langage et les variables culturelles sur les résultats. Ils sont composés de figures géométriques organisées de façon à permettre un raisonnement inductif ou déductif ou analogique pour trouver le résultat à une suite logique. Ils s'appliquent collectivement ou individuellement. Les tests d'intelligence verbale utilisent le maniement du langage à travers des phrases. Ils évaluent l'aptitude à comprendre le sens des idées exprimées afin d'accéder à un raisonnement déductif ou inductif. Ils s'appliquent collectivement ou individuellement. Dans certains cas, avec l'utilisation de la « Batterie Factorielle Standard Bonnardel », il est possible, à partir de trois tests non verbaux et verbaux, d'obtenir un résultat qui permet l'obtention d'une « note PI » (potentiel intellectuel).

Note V : compréhension verbale, établie au moyen de 3 tests différents (durée totale : 40 minutes).

Test BV8 de vocabulaire, un mot de sens différent à choisir parmi 5 mots.
Test BV50 de compréhension verbale : choisir parmi 5 phrases celle qui se rapproche le plus d'une pensée.

Test BV51 test de forme parallèle au test BV50 : compréhension verbale

Test BV16 épreuve différentielle de compréhension verbale, niveau supérieur. Une pensée et 6 phrases.

Les tests de compréhension verbale. Il existe deux épreuves différentes, la première porte sur la sémantique, la seconde sur le concept. La première, qui évalue le sens des mots et leur utilisation en contexte, vise à en mesurer l'extension dans un sens plus ou moins concret ou dans un sens bien défini. La seconde évalue la maîtrise de l'outil verbal par la compréhension du sens d'une phrase, qui est la condition nécessaire de l'efficacité de la pensée conceptuelle. Leur passation est individuelle ou collective. Le résultat de l'utilisation de deux tests spécifiques permet l'obtention d'une NOTE V (verbale) avec la Batterie Factorielle Standard Bonnardel.

NOTE C.P.M **:** Célérité perceptive et mentale, établie au moyen de 5 tests. Ce sont des tests où interviennent essentiellement à la fois la rapidité et la précision dans des tâches intellectuellement simples. (Durée : (19 minutes)

Test BV4 : indiquer si les deux verbes du couple sont antonymes ou synonymes.

Test BG3 : indiquer parmi 10 figures les 2 figures qui sont identiques.

Test BG9 : parallèle au BG3 : désigner, parmi 10 figures, celle qui est identique à un modèle donné.

Test BG10 : il faut barrer, par rapport à un modèle donné, les cercles identiques.

Test B2C : parmi des séries de 5 chiffres, déterminer la présence de certains couples.

Test BCV : juger si le nombre de voyelles est supérieur, égal ou inférieur au nombre de consonnes.

Cinq tests sont utilisés pour cette note C.P.M., étant donné les fluctuations parfois assez importantes des sujets dans de telles catégories d'épreuves. Ici, on recherche un rendement moyen.

Note CA **:** Résolution de problèmes, établie avec 3 tests (Durée : 13minutes).

Test BAD15 : se compose de 40 additions que le sujet doit résoudre en un temps très court.

Test BMU16 : 25 multiplications doivent être résolues rapidement.

Test BPB17 : 30 problèmes d'arithmétique que le sujet doit résoudre rapidement.

Note OR **:** Orthographe, établie avec 2 tests (Durée totale 25 minutes).

Tests BOR18 : orthographe : vocabulaire, indiquer si l'orthographe d'un mot est correcte ou non.

Test BOR19 : Orthographe : règles grammaticales, recopier des phrases en corrigeant l'orthographe.

NOTE I.P.C : intelligence concrète, établie avec 4 tests « manipulatifs ».

Pour les « niveaux collaborateur » ce sont les seuls tests « manipulatifs » utilisés pour cette catégorie (durée : 30 minutes).

Test B101 : (1ère série) : mesure l'expression analytique et synthétique de la pensée conceptuelle.

Test B20 : (2ème série, niveaux plus élevés) : identique au test B101, appréciation de l'intelligence concrète.

Test B22 : raisonnement et représentation spatiale avec 25 éléments en bois.
Test B43 : raisonnement et structuration spatiale avec 40 éléments en bois.

Toutes ces notes sont données au moyen de barèmes à partir des résultats bruts obtenus dans les diverses épreuves. Etant donné que, d'une part, en vue de leur utilisation pratique, ces notes doivent s'appliquer à des sujets très divers par leur formation et permettre de les comparer et que, d'autre part, il est difficile d'admettre que les capacités de l'ensemble des sujets des divers groupes se répartissent de façon gaussienne, cela du seul fait de l'influence des écarts dus aux différences de scolarité de base dans ces divers groupes, la solution la plus simple est l'utilisation d'un étalonnage de notes allant de 1 à 20 en les répartissant de façon que l'écart quartile des différents groupes se rapproche le plus possible de 2 et les médianes des groupes extrêmes s'axant sur 13 pour le groupe d'ingénieurs et 4 pour un groupe important de candidats apprentis.

Cette solution s'est montrée particulièrement satisfaisante du point de vue pratique, en particulier pour l'utilisation compréhensive de telles notations par les enseignants et les directions du personnel dans les entreprises. Les études concernant l'élaboration et la validation de cette « Batterie Factorielle Standard » furent réalisées sur une population de plus de 100 000 personnes de l'entreprise automobile Peugeot de Sochaux.

Chapitre 11

Domaine conatif –B-

Les tests du domaine conatif sont des tests « papier-crayon ». Ils évaluent les inventaires personnels, les intérêts et motivations scolaires et professionnels, les attitudes et comportements scolaires et professionnels.

Tous ces tests sont essentiellement des questionnaires listant, soit des métiers pour les intérêts professionnels, soit des domaines d'activités, des matières d'enseignement entre lesquels le sujet doit situer son niveau d'intérêt. Ce qui caractérise d'une manière générale ces questionnaires, c'est l'approche un peu indirecte des domaines que l'on cherche à diagnostiquer sur la base de stimuli (questions) nombreux et ayant un sens précis pour le sujet au moment de son examen. Leur passation est individuelle ou collective.

Sont regroupés aussi dans ce domaine les tests scolaires, les tests de connaissances, une batterie de tests informatisés – « Projet-1 ».

Les tests présentés font l'objet d'une simple liste de chacun d'eux dans les domaines précisés. Chaque test est décrit dans l'ouvrage « Un siècle de Psychométrie et de Psychologie » (Editions l'Harmattan)

1. Les tests d'inventaire personnel.

IPH : Inventaire personnel (R.I.A.S.E.C) de J.Holland, adaptation française de J.B. Dupont.

ZHDP : Echelle du développement psycho-social de R Zazzo.

SZP : Test de persévération de R. Zazzo.

ZEB : Epreuve du Bestiaire de R. Zazzo.

GAC : Grille d'analyse du comportement de E.G. Hontarred.

MSAE : Auto-estimation scolaire de J.G. Manzione.

SGTC : Evaluation du niveau de développement mental de F.Tettelin.

EDLTS : Estimation de l'âge mental et du niveau scolaire de G. Bourdie.r

EQS64 : Echelle de quotient scolaire de G. Bourdier.

PRUD : Situation affective et sociale de l'enfant au début de la scolarité de Prudhommeau.

VHP : Acquisition des notions de verticale, horizontale et perspective de R. Baldy.

2. Les tests d'intérêts et motivations scolaires et professionnels.

IRM : Inventaire des intérêts professionnels de Rottwell-Miller.

MAIP : Questionnaire d'intérêts professionnels de J.G. Manzione.

IPPG : Questionnaire d'intérêts professionnels de R. Pasquasy.

STALC : Questionnaire d'intérêt de G.Bastin.

TISS : Questionnaire d'intérêt pour les situations scolaires de D. Pasquier.

IAIP : Inventaire et autoanalyse des intérêts professionnels de B. Devoet et Ph. Gossuin.

GPJ : Inventaire des intérêts et motivations par l'image de H. Giest.

QM : Questionnaire de motivations de Chéné.

Les tests d'attitudes et de comportements

QOAT : Questionnaire des attitudes des agents de maîtrise de J. Thomas.

MMUT : Questionnaire d'aspiration à un mode de vie au travail de J.Thomas.

QCP : Questionnaire sur le vécu de la conduite automobile de A. Parenti.

XC : Questionnaire de compréhension du commandement de Bruce.

XCV : Questionnaire de compréhension de la vente de Bruce.

XIMV : Questionnaire d'intérêts et de motivations de la vente de Bruce.

WBA : Examen des troubles caractériels de C. Biedma.

GBS : Test sonore pour le diagnostic des sujets névrosés et psychotiques de G. Boissier.

GGO. Test d'orientations droite/gauche et des gnosies digitales de N. Galifret-Grajon.

EMT : Test d'attitudes vis-à-vis du travail scolaire de Cantineaux.

Les tests scolaires

AME : Test de niveau en mathématiques de L. Aufaure.

CM2A : Batterie de raisonnement verbal et numérique (niveau CM2) de M. Baert.

BVR6 : Batterie de raisonnement verbal et numérique (niveau 6ème) de M. Baert.

INZ : Batterie prédictive de lecture d'A. Inizan.

LIRE : L'évaluation du savoir lire d'A. Inizan.

CPCM : Test de connaissance pour cours préparatoire de F. Cuiller et H. Maury.

CALIX : Pour savoir lire, contrôle des aptitudes, de A. Girolami,.

BATLM : Evaluation et analyse des acquisitions scolaires (classes élémentaires) de M. Savigny.

ORLEC : Batterie analytique d'orthographe et de lecture, de Beaumont.

MB : Epreuve d'arithmétique pour CP, CE, CM de M. Boully.

TPCP : Test prédictif pour cours préparatoire de D. Pasquier.

TLCP : Test de lecture pour cours préparatoire de D. Pasquier.

TMCP : Test de mathématiques pour cours préparatoire de D. Pasquier.

TMCE : Test de mathématiques pour cours élémentaire de D. Pasquier.

TFCE : Test de français pour cours élémentaire de D. Pasquier.

HS309 : Epreuve graphique d'organisation perceptive de H. Santucci.

RUP : Epreuve d'orthographe de J. Simon.

NBA : Echelle d'évaluation et batterie analytique (lecture – orthographe) de J.C. Ravard.

Les tests de connaissances

DCTA : Connaissances mécaniques de M. Alquier.
CDI : Connaissances en dessin industriel de M. Mortevielle.
CEA : Connaissances en électricité de M. Mortevielle.
MAT : Connaissances en mathématiques de Xydias.
MAFI : Connaissances en français 1ère et seconde de M.T. Visieux.
MAFO : Connaissances en français seconde et 3e de M.P. Mounaix.
MUFU : Connaissances en français 3e et 4e de M.P. Mounaix.
MASA : Connaissances en anglais 1ère et terminale de T.C. Hays.
CHF : Connaissances en hydraulique de Formilor.

Les batteries de tests psycho-informatiques.

Lors de l'utilisation d'un test ou d'une batterie de tests « psycho-informatiques », les réponses sont données, par le candidat, sur une feuille spécialement conçue pour être lue par un lecteur optique. Les réponses sont donc corrigées automatiquement et analysées par un ordinateur qui, équipé d'un algorithme, imprime un bilan détaillé.

Questionnaires d'évaluation du « Projet Personnel : Projet-1 »

Auteurs : Benedetto P, Simonnet, R, Monnier C.
Temps de passation : entre 1 h45 et 2h 15.
Cette batterie de tests est corrigée par le système psycho-informatique.

Bases théoriques de « projet 1 ».

La batterie de tests « Projet 1 » offre une analyse globale des composants du projet professionnel, dans le but d'établir le bilan d'une personne en voie d'orientation. Elle s'adresse aux élèves de 4ème, 3ème et seconde et permet de définir les atouts et ressources mobilisables pour son avenir. Elle s'inscrit dans le cadre d'une psychologie du projet professionnel, qui s'articule en un certain nombre d'étapes ou de stades caractérisés par des tâches à accomplir conformément aux normes sociales. Ces tâches sont à l'origine de la maturité vocationnelle. L'évaluation des intérêts professionnels et des attitudes sociales informe l'élève sur l'existence ou la non-existence de son projet professionnel.

Les questionnaires composant le « projet 1 »

L'efficience intellectuelle générale. Un premier questionnaire évalue l'acte de la pensée logique par lequel l'individu conclut qu'une ou plusieurs propositions impliquent la vérité, la probabilité, ou la fausseté d'une proposition. Le raisonnement est considéré comme une composante de l'intelligence, lié à l'organisation et au fonctionnement des activités cognitives. C'est l'aptitude générale à comprendre le problème et à élaborer une solution.

La nature des intérêts professionnels. Le questionnaire d'intérêts professionnels définit des typologies (RIASEC) caractérisant les individus et l'environnement professionnel (ou groupe de professions). Les réponses à ce questionnaire évaluent le degré d'identification de l'individu à chacune des six catégories professionnelles. Les scores obtenus à chaque catégorie aboutissent à un profil définissant une orientation ou une aspiration socioprofessionnelle. Les réponses aux questions déterminent les 6 orientations suivantes :

L'orientation réaliste (R) est caractérisée par l'attrait pour les activités physiques, l'action directe, la vie en plein air, les tâches concrètes, les professions techniques-pratiques ainsi que par le rejet des situations impliquant des relations interpersonnelles complexes. Les situations et problèmes concrets sont recherchés plutôt que les problèmes abstraits ainsi que les tâches impliquant de l'habileté verbale.

L'orientation « intellectuelle » (I) est caractérisée par l'attrait pour la pensée, le besoin de découvrir et de comprendre (plutôt que le besoin de dominer ou de persuader), ainsi que par la tendance à l'introversion (ou du moins à une certaine réserve sociale) et l'intérêt pour les professions scientifiques (mathématiques, physique, chimie, etc.).

L'orientation « artistique » (A) vise avant tout à l'expression de soi et aux relations avec autrui par le truchement de l'expression artistique. Elle correspond aussi au rejet de l'ordre établi, aux tendances individualistes, à une certaine spontanéité. Elle implique une tendance à manquer d'autocontrôle, où les émotions sont exprimées plus aisément que chez la plupart des gens.

L'orientation « sociale » (S) correspond au besoin d'enseigner et de soigner, à la recherche de situations où les relations interpersonnelles jouent un rôle important, à l'évitement de l'approche scientifique et abstraite et, évidemment, à l'intérêt pour les professions sociales, voire pour l'enseignement.

L'orientation « entrepreneuriale » (E) correspond, grâce, très souvent, à une grande habileté sur le plan verbal, au besoin de dominer et de manipuler ses semblables, elle implique l'intérêt pour le pouvoir, la politique, l'aspiration à détenir les leviers de commande et l'esprit d'entreprise tant dans le secteur privé que dans le secteur public.

L'orientation « conventionnelle » (C) correspond au goût des règles, de l'ordre, à l'autocontrôle, à la maîtrise des pulsions, à l'identification avec le pouvoir et l'Etat, à l'attrait pour les situations interpersonnelles et professionnelles bien structurées, à l'intérêt pour les professions de type administratif (employé de bureau, comptable) et pour les domaines assimilés.

Les attitudes sociales.

Elles regroupent 5 dimensions ; l'autonomie, la projection dans l'avenir, l'insertion sociale, les valeurs du passé, l'altruisme.

Les préférences vis-à-vis de secteurs professionnels spécifiques. Les 21 types d'activités classés par l'ONISEP sont répartis en 21 questions où il est demandé à l'individu s'il aimerait… « beaucoup »… « plutôt plus »… « plutôt moins »… « pas du tout »… pratiquer ces activités, avec la contrainte de ne donner la réponse « beaucoup » que 5 fois au maximum.

Les résultats (psycho-informatiques) du « projet 1 ».

Une première analyse donne à la personne qui a répondu aux questionnaires des informations sur le type d'orientation que ses réponses ont permis de mettre en évidence, et lui précise si les intérêts professionnels sont bien différenciés et, lorsqu'ils le sont, permet de situer l'orientation à partir de la typologie dominante en tenant compte de l'influence que pourrait exercer la première des typologies secondaires si elle a aussi une certaine importance. La deuxième analyse est effectuée en termes d'attitudes sociales. La troisième analyse compare les réponses données au questionnaire des préférences de 21 secteurs d'activités pour donner à la personne des informations sur la cohérence ou l'incohérence de ses choix par rapport à ses intérêts et ses attitudes sociales. La quatrième analyse donne des informations sur son niveau d'efficience intellectuelle par rapport aux exigences de la profession qui a été mise en évidence.

L'interprétation de tous ces résultats est donnée à la personne sous la forme d'un profil psycho-informatique accompagné d'un compte rendu en clair dénommé « Projet Professionnel ». Un entretien doit toujours commenter, à la personne, son bilan avant la remise des documents.

En informatique le MINITEL a devancé l'INTERNET

Comme le précisaient Denise et Robert Simonnet-Guyot dans leur ouvrage « Un siècle de psychologie et psychotechnique », page 289, le « minitel » fit son apparition en 1981 et permit d'utiliser un processus de traitement de l'information contenant des procédures nécessaires à une application (logiciel) donnant la possibilité d'analyser immédiatement, par l'intermédiaire d'un algorithme très performant, les données obtenues à des questionnaires conçus pour répondre à un besoin précis.

Avec le concours des télécoms, sous le nom de « 3617 ORI », les EAP et AGL réalisèrent cette procédure qui donna naissance à des questionnaires psychologiques du domaine conatif. Utilisés, dans le cadre d'une aide à «l'orientation professionnelle », à partir de la synthèse des réponses données à ces questionnaires autorisant des informations objectives, cohérentes, précises, en liaison avec la réalité, les résultats furent largement appréciés par toutes personnes à la recherche d'un emploi.

Cette expérimentation fondée sur une réalité tangible a permis, par la suite, en extrapolant et en modifiant le paradigme, de donner naissance à « PROJET 1 ». Batterie de tests utilisable de façon traditionnelle par des psychologues de « l'Orientation Scolaire et Professionnelle » au profit de jeunes à la recherche de leur avenir, sachant que, comme le précisait «3617 ORI », « Réussir son orientation aide à réussir sa vie ».

En 1989, pour permettre la diffusion de « 3617 ORI » les EAP sponsorisèrent Michel Morin, responsable aux Glénan, et construisirent un petit voilier (6.50 m) lui permettant de réaliser son rêve : participer, sans assistance technique à bord, sauf le sextant, à la mythique course transatlantique en solitaire, la « Mini Transat » (Douarnenez- les Antilles).

Pour quel métier
êtes-vous fait?
36.17
ORI

Chapitre 12

Bilans psycho-informatiques (BPI)

Robert Simonnet

1 - Origine et buts

Le bilan psycho-informatique (BPI) est obtenu à partir de plusieurs tests, élaborés par Robert Simonnet en collaboration avec plusieurs psychologues. Il a été créé pour répondre à la demande de psychologues qui, désireux de mettre en évidence une somme d'informations importantes et pertinentes sur les personnes examinées, souhaitaient avoir une aide quant à la rapidité de correction des épreuves, mais surtout un gain de temps dans l'évaluation des résultats. Le bilan psycho-informatique (BPI) permet d'interpréter et de donner des informations précises et objectives sur les résultats des tests en regard des conditions à remplir (critères) qu'il est toujours difficile de mettre en exergue lorsque les tests ne sont pas utilisés de façon systématique.

Lors de la passation des batteries de tests psycho-informatiques, le candidat utilise une feuille de réponses spécialement conçue pour être lue par un lecteur optique. Le lecteur enregistre les réponses du candidat, puis les transmet à un ordinateur qui les traite à partir d'algorithmes conçus pour prendre en compte tous les éléments fondamentaux sur lesquels sont bâties la recherche et l'étude du test. Cette disposition permet les interprétations mises en évidence par l'auteur du test.

La conception « psycho-informatique » a consisté à concevoir une méthode la plus objective possible pour permettre simultanément un diagnostic des dispositions de l'individu pour un emploi et un pronostic de réussite à cet emploi.

Le cahier psycho-informatique utilise des épreuves standardisées, étalonnées, représentatives de plusieurs critères dont on connaît la concordance entre la réussite dans les épreuves et la possibilité d'atteindre un certain niveau dans chacun des critères. Si la concordance est forte (corrélation grande) entre les résultats dans les épreuves psycho-informatiques et les résultats dans les critères, l'épreuve psycho-informatique devient un instrument de mesure de la réussite ultérieure de l'individu dans chacun des critères.

Si, d'une part, à partir d'une liste des conditions à remplir (critères) connues et les contraintes imposées (exigences) par un emploi, et, d'autre part, avec la mise à disposition d'épreuves suffisamment valides et fidèles pour apprécier des niveaux d'un individu dans chacun des critères, il pourra d'abord être possible de comparer le niveau de l'individu dans chacun des critères d'après les épreuves de l'examen psycho-informatique avec les exigences de l'emploi pour les mêmes critères et, ensuite, savoir si le candidat est capable de satisfaire à l'exécution de cet emploi sans qu'il lui soit nécessaire de le connaître totalement.

Exemple :
...critère A(exigence A') A'1 = réussite au test A1....
Emploi .critère B(exigence B') **Corrélation** B'1 = réussite au test B1..... **Individu**
....critère C(exigence C') C'1 = réussite au test C1....

2 - Domaines psychologiques

Si chaque test de la Batterie Psycho-Informatique (BPI) est spécifique en fonction du choix d'un psychologue qui juge que les résultats obtenus seront en rapport avec les exigences du poste de travail ou de l'emploi qu'il aura définies à partir d'une demande de recrutement ou de formation qui lui a été faite, comme par exemple la BPI « FNAT » (conducteurs de taxis), la BPI « EGC » (écoles de commerce), la BPI « PUERI » (écoles des puéricultrices). Certaines autres batteries psycho-informatiques sont conçues pour des examens standards qui prennent en considération des exigences communes dans un choix de domaines psychologiques bien défini, comme par exemple les batteries « HONIS », « IPSO » ou « IROS ».

Les trois domaines cognitif, conatif et affectif pris en compte dans les BPI standard concernent : l'efficience intellectuelle, la capacité à raisonner ; la motivation à l'action, la stimulation de la volonté qui donne une raison d'agir ; la personnalité, le caractère propre à chaque individu.

3 - Domaine cognitif : efficience intellectuelle

L'efficience intellectuelle est abordée, pour la plupart des bilans psycho-informatiques standards (BPI), par un questionnaire d'intelligence logique TR1 niveau1 (bac et +), TR2 niveau 2 (bac), TR3 niveau 3 (inférieur au bac) qui se compose d'un ensemble de questions liées aux raisonnements : déductif (appliquer la relation trouvée à C de façon à obtenir D ; aptitude à raisonner du général au particulier) ; inductif (trouver la relation existant entre A et B. Aptitude à raisonner du particulier au général) ; analogique (trouver la ressemblance entre deux notions différentes).

Placées de telle sorte qu'elles se succèdent par groupe de quatre, elles laissent aux candidats le temps de s'adapter aux raisonnements de chacune d'elles.

Le test TR1 ou les autres constituent un instrument pratique pour l'évaluation, dans la zone des développements mentaux moyens et supérieurs, un facteur très général d'intelligence. L'élaboration des questions et la graduation de leur difficulté ont nécessité des études préalables. Le modèle qui préside à leur conception est celui des tests d'intelligence logique de Lahy (IL) et de Bonnardel (V1.2 et BV9), destinés au dépistage des insuffisances intellectuelles. Les trois modes de raisonnements reposent sur trois supports (abstrait, verbal et concret) ; le support abstrait utilise des figures géométriques, des chiffres. Le support verbal (syllogismes et proverbes) repose sur une base logique et admet l'analyse et la synthèse ; le support concret rassemble des séries d'images concernant la vie courante.

Le bilan de l'intelligence est présenté sur la feuille de profil psycho-informatique (graphique 1) de la façon suivante :

Une note EIG : Efficience Intellectuelle Générale (EIA + EIV + EIC),
Une note EIA : Efficience Intellectuelle Abstraite,
Une note EIV : Efficience Intellectuelle Verbale,
Une note EIC : Efficience Intellectuelle Concrète.

Sont notés sur (graphique 1), pour chaque note les omissions (OM) ; le nombre de questions auxquelles le candidat n'a pas répondu, limitées à la dernière réponse donnée ; un indice de performance (P : le nombre de bonnes réponses par rapport au nombre de réponses fausses) ; un indice de rapidité (R : le nombre de réponses traitées par rapport au nombre total de questions du test) ; le résultat global (S : total des bonnes réponses). Puis un profil à partir d'un tétronnage ; étalonnage permettant un classement de 0 à 20

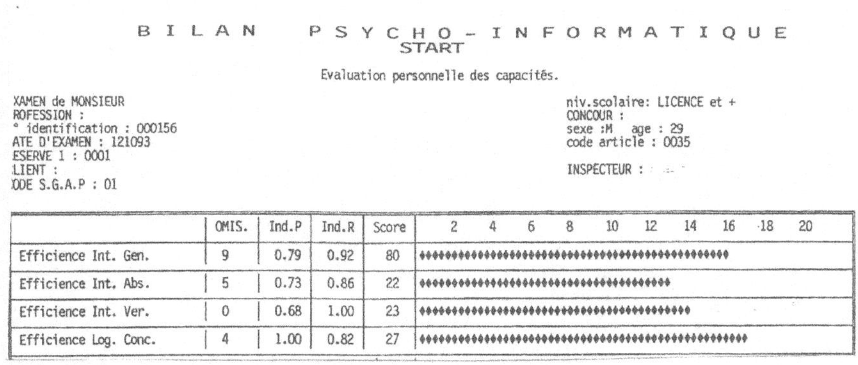

B I L A N   P S Y C H O - I N F O R M A T I Q U E
START

Evaluation personnelle des capacités.

XAMEN de MONSIEUR
ROFESSION :
° identification : 000156
ATE D'EXAMEN : 121093
ESERVE 1 : 0001
LIENT :
ODE S.G.A.P : 01

niv.scolaire: LICENCE et +
CONCOUR :
sexe :M   age : 29
code article : 0035

INSPECTEUR :

	OMIS.	Ind.P	Ind.R	Score	2 4 6 8 10 12 14 16 18 20
Efficience Int. Gen.	9	0.79	0.92	80	
Efficience Int. Abs.	5	0.73	0.86	22	
Efficience Int. Ver.	0	0.68	1.00	23	
Efficience Log. Conc.	4	1.00	0.82	27	

Graphique 1

Seule la note d'efficience intellectuelle générale (EIG) qui reprend toutes les bonnes réponses au questionnaire, est prise en compte par le logiciel pour l'obtention d'une analyse écrite de ce domaine. Les notes partielles EIA, EIV et EIC faisant l'objet d'une analyse personnelle de la part du psychologue.

3.1 - Textes du logiciel prenant en compte la note étalonnée du résultat de l'Efficience Intellectuelle Générale (EIG)

Cas EIG5 (si : EIG = 16-17-18-19-20). Les résultats obtenus dans le domaine de l'efficience intellectuelle sont très largement supérieurs à la moyenne de la population de référence. Cette capacité liée aux structures déductives et inductives s'accorde avec une cohérence logique dans le déroulement de la qualité de jugement. Le raisonnement, en tant qu'acte de pensée logique, très étendu, doit permettre un pronostic valide quant à la réussite dans les secteurs où la capacité d'analyse et la vivacité d'idéation sont indispensables ainsi que pour établir les relations pouvant exister dans les domaines de l'invention, de l'innovation. Attention, cette évaluation positive peut être altérée dans le cas d'une adaptation difficile et/ou d'une motivation très faible.

Cas EIG4 (si : EIG = 13-14-15). Les résultats obtenus dans le domaine de l'efficience intellectuelle sont supérieurs à la moyenne de la population de référence. Ils montrent la possibilité de raisonner juste, c'est-à-dire, de pouvoir trier, de deux propositions considérées comme justes, une autre proposition vraie ou probable. Cette capacité, s'appuyant sur des structures déductives et inductives, permet une cohérence logique dans le déroulement du raisonnement et dans la qualité du jugement avec une possibilité d'abstraction. Ces résultats permettent un pronostic de réussite possible dans les secteurs dans lesquels les actions intellectuelles sont importantes. Néanmoins, cette évaluation peut être invalidée par une motivation trop faible et surtout par un manque d'adaptabilité notoire.

Cas EIG3 (si : EIG = 9-10-11). Les résultats obtenus dans le domaine de l'efficience intellectuelle sont moyens par rapport à la moyenne de la population de référence. Ils montrent une certaine difficulté d'appréhension globale dans laquelle des détails risquent de noyer l'essentiel. Sans avoir d'inaptitude dans le domaine du raisonnement logique, certaines lenteurs peuvent être la cause de difficultés à saisir la signification d'un ensemble et dans l'emploi de procédés symboliques. Une analyse détaillée des efficiences « abstraite » et « verbale » ou « pratique » doit être effectuée afin de pouvoir donner un pronostic valide dans un secteur professionnel bien défini. L'analyse de l'évaluation de l'adaptabilité et de la motivation doit être prise en compte afin d'éliminer tout risque d'erreurs.

Cas EIG2 (si : EIG = 5-6-7-8). Les résultats obtenus dans le domaine de l'efficience intellectuelle sont inférieurs à la moyenne de la population de référence. Ils montrent un risque de confusion, entre le particulier et le général, celui-ci résultant de l'absence de rigueur et de méthode dans l'analyse du problème à résoudre. Avant de conclure définitivement, il est souhaitable d'essayer de comprendre le comportement du candidat afin d'éviter toute élimination hâtive. Attention, toutes difficultés d'adaptabilité ou une motivation à l'action trop faible seront des éléments défavorables qui ne pourront pas contribuer à infirmer cette évaluation.

Cas EIG1 (si : EIG = 1-2-3-4). Les résultats obtenus dans le domaine de l'efficience intellectuelle sont très faibles. Cette évaluation met en évidence des difficultés de raisonnement logique et de compréhension verbale. A ceci peut s'ajouter un manque d'organisation dans le travail, ce qui empêche la perception de l'essentiel du problème à résoudre, le confondant avec le superficiel. La rapidité liée au rythme de travail est bien souvent absente, entraînant une fatigue supplémentaire pour soutenir l'effort lié à l'activité intellectuelle. Les évaluations dans le domaine de l'adaptabilité, ainsi que celle de la volonté, ou motivation à l'action, doivent être examinées avec beaucoup de soin.

3.2 - Textes complémentaires prenant en compte les NOTES EIA, EIV et EIP lorsque la note étalonnée de l'EIG est comprise entre 5 et 15

Cas EIA3 (si : EIA $\geq$ 16). Il faut noter que l'activité cognitive est à l'aise particulièrement dans la résolution des problèmes qui sont abstraits.

Cas EIA1 (si : EIA $\leq$ 5). Il est intéressant de constater que l'activité cognitive éprouve des difficultés dans la résolution des problèmes qui sont plutôt abstraits.

Cas EIV3 (si : EIV $\geq$ 16). Il faut noter que la maîtrise du vocabulaire et la compréhension verbale sont très bonnes, ce qui donne beaucoup de facilités dans tout ce qui touche à la communication.

Cas EIV1 (si : EIV $\leq$ 5). Il est intéressant de constater que la maîtrise du vocabulaire et la compréhension verbale sont faibles, ce qui laisse présager des difficultés dans les domaines de la communication.

Cas EIP3 (si : EIP $\geq$ 16). Il faut noter que l'activité cognitive est efficace dans la résolution des problèmes concrets demandant de l'esprit d'observation, du bon sens et de la logique.

Cas EIP1 (si : EIP $\leq$ 5). Il est intéressant de constater que les références cognitives qui permettent de résoudre des problèmes pratiques sont faibles, ce qui laisse présager des difficultés d'observation et de bon sens.

4 - Domaine conatif : Motivation et Volonté

4.1 - Les différentes composantes de la motivation et de la volonté

La motivation (MG) d'un individu pour se lancer dans une entreprise, dont l'issue est très souvent incertaine, dépend de sa volonté et de sa persévérance (sens de l'effort), de son besoin de réussite auquel peut s'opposer une crainte plus ou moins grande de l'échec. La part de chacune de ces variables dans la tendance résultante (force avec laquelle il va s'engager dans l'action) est pondérée par la probabilité subjective de succès ou d'échec que possède le sujet. Le questionnaire de motivation à l'action QVMA évalue quatre dimensions essentielles qui sont : la volonté, et persévérance face aux obstacles (P) ; l'évènement dépendant de soi (S) ; le besoin de réussite (R) ; la crainte de l'échec (E).

4.2 - Volonté, persévérance, face aux obstacles (P).

Tous les individus possèdent, à des degrés divers, une caractéristique relativement stable qui l'incite à se fixer des buts à atteindre. Quel que soit le but qu'ils se sont fixé, ils développent leur énergie et leur dynamisme pour entreprendre toutes les actions en rapport avec ce but, ce qui l'aide à surmonter les difficultés qu'il peuvent rencontrer dans la réalisation de leurs projets et à persévérer dans l'action entreprise.

4.3 - Evénement dépendant de soi (S).

Lors d'un évènement, il peut y avoir, par le sujet, un contrôle interne lorsqu'un évènement est perçu comme dépendant de sa propre activité. Lorsque l'évènement est perçu comme résultant de la chance ou du hasard, ou dépendant d'autrui ou encore imprévisible, il est enclin à être considéré comme un contrôle externe. Dans le questionnaire, seul l'aspect interne du contrôle est pris en compte afin d'évaluer le sentiment général que peut ressentir le sujet quant à la possibilité d'actions dont il dispose pour agir sur les évènements de son existence.

4.4 - Besoin de réussite (R).

Le besoin de réussite est une tendance générale à entreprendre toutes sortes d'activités afin d'éprouver, de manière anticipée, le plaisir lié à la réussite. Cette tendance encourage, outre la persistance des comportements, la recherche de buts de difficulté moyenne, que l'on peut aussi qualifier de réalistes ; c'est pour ces buts que la personne maximise simultanément la fierté anticipée d'avoir réussi et la probabilité de réussite. Le besoin de réussite incite aussi à la poursuite de tâches informant les personnes sur leurs propres compétences.

4.5 - Crainte de l'échec (E).

Lorsque le but que s'est fixé l'individu (ou l'une des étapes menant à ce but) est sanctionné par un jugement, une évaluation en termes de réussite ou d'échec, celui-ci se comporte différemment suivant que domine en lui le besoin de succès qui l'incite à prendre des risques et à rechercher des situations de compétition, ou la crainte de l'échec qui le pousse à fuir de telles situations. La tendance du succès, excitatrice, la tendance à éviter l'échec, inhibitrice, traduisent des caractéristiques profondes et stables des individus.

4.6 - La motivation globale (MG).

Le bilan de la motivation est présenté sur la feuille du profil psycho-informatique en prenant en compte la motivation globale représentée par les 4 résultats des quatre parties du questionnaire. Sont notés, aussi, sur cette feuille, les résultats de chacune des dimensions spécifiques P, S, R, E.

4.7 - Profil psycho-informatique de la motivation

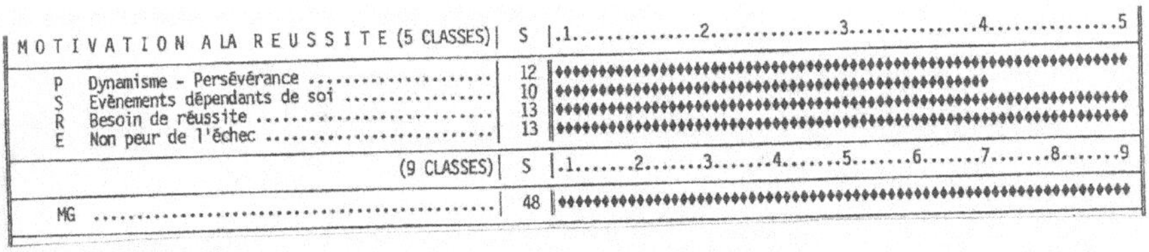

Graphique 2

Le graphique 3 représente le profil de la motivation. Il est réalisé à partir d'un étalonnage en 5 classes pour chacune des 4 parties du test, en 9 classes pour la note de la motivation globale (notes de 1 à 10).

4.8 - Textes du logiciel prenant en compte la NOTE étalonnée » du résultat de la « motivation globale » (MG) :

Cas MG4 (si : MG = 6-7-8-9). L'évaluation de la motivation à s'engager dans l'action est très bonne, elle signifie que la motivation, pour se lancer dans une entreprise dont l'issue pourrait être incertaine, l'intéresse, sans pour autant que vienne s'opposer la crainte plus ou moins grande de l'échec. Ce très bon résultat reste tributaire de la sincérité de son comportement qu'il faut vérifier avec l'évaluation de son adaptabilité.

Cas MG3 (si : MG = 4-5). L'évaluation de la motivation à s'engager dans l'action est bonne. Il possède une volonté qui l'incite à se fixer des buts à atteindre, développer son énergie pour atteindre ces buts et surmonter les difficultés qu'il pourrait rencontrer. Ce bon résultat reste tributaire de la sincérité de son comportement qu'il faut vérifier avec l'évaluation de son adaptabilité.

Cas MG2 (si : MG = 3). L'évaluation de la motivation à s'engager dans l'action est faible. Il ne possède pas la persévérance qu'il faudrait pour atteindre le but nécessaire à la réussite. Il aura tendance à abandonner un travail par simple goût du changement. Cette évaluation doit prendre en compte les résultats de l'adaptabilité et ceux de l'efficience intellectuelle globale pour être complètement valide.

Cas MG1 (si : MG = 1-2). L'évaluation de la motivation à s'engager dans l'action est très faible. Il ne possède aucune volonté lui permettant de se fixer des buts et de se donner les moyens de les atteindre. Son manque de dynamisme aura tendance à lui faire abandonner un travail lorsqu'il rencontrera des difficultés. Cette évaluation doit prendre en compte les résultats de l'adaptabilité et de l'efficience intellectuelle globale pour être totalement valide.

5 - Domaine de l'affectivité (la personnalité)

Le bilan de personnalité s'effectue en prenant en compte les réponses à un questionnaire RSP1 qui a fait l'objet d'une validation par Agnès Fleury à partir du questionnaire IP9 de Brémond, éprouvé sur de très nombreux sujets appartenant à des professions très diverses ayant en commun de vivre et travailler dans des conditions contraignantes ou de risque, dans un contexte stressant et changeant, où ils ont à faire preuve de stabilité émotionnelle et d'esprit de décision, ainsi que d'adaptabilité sur les plans relationnel, professionnel et social.

La passation s'effectue en temps libre en 45 minutes environ. Les réponses sont données par le cochage sur la feuille de réponses à lecture optique, corrigées ensuite par ordinateur, qui donne lieu à l'établissement du bilan avec un profil psycho-informatique. Le test IP9 a été conçu en faisant l'hypothèse d'un continuum entre la personnalité normale et pathologique, hypothèse vérifiée expérimentalement. Son contenu se réfère à des comportements de la vie courante et non à des symptômes psychopathologiques, comme, par exemple, dans le test du « psychorater », évitant ainsi des réactions de rejet rencontrées souvent avec ce genre de questionnaire trop ouvertement destiné à un diagnostic psychiatrique. Chaque question se compose d'un choix entre cinq propositions de réponses, en termes de fréquence ou d'intensité, et non suivant le procédé de « tout ou rien » et de « je ne sais pas ».

L'étalonnage original offre deux seuils, pré-critique et critique (1,5 et 2,5 écarts types au-dessus d'une population générale de référence de plus de 20.000 sujets appartenant à une vingtaine de professions différentes) avec possibilité de détecter la minimisation ou le refus de répondre, conscient ou inconscient (notes subliminales – NSL).

La forme originale du test IP9, comme celle du test RSP1, inspiré du test « psychorater », est l'aboutissement d'études successives de validation interne et prédictive, et comprend 60 questions réparties en 10 échelles cliniques et 7 échelles composites.

Les échelles cliniques sont homogènes tant sur le plan sémantique que statistique (corrélations item-test mais aussi pronostiques). Elles reçurent à l'origine des noms tirés de la terminologie nosographique. Mais la confrontation avec des critères d'adaptation et de réussite ou d'échec a montré que leur contenu devait être décrit en termes de personnalité normale, en évitant autant que possible le vocabulaire psychopathologique, mais mettant en évidence des traits pouvant gêner ou empêcher l'adaptation future au métier postulé, à des degrés divers d'ailleurs suivant le métier. Toutefois, les scores élevés confinent à la pathologie.

5.1 - Liste des échelles

A – Capacité d'activation – Anxiété (risque de résistance au stress).

D – Tendance dépressive (risque de fatigabilité excessive).

HC – Psychosomatisation – Hypocondrie (risque d'altération d'efficience au travail).

H – Personnalité expansive – Hystérie (risque de réaction inadaptée, irrationnelle).

HM – Méticulosité (risque d'altération du fonctionnement social et professionnel).

E – Tendance émotive (risque d'instabilité émotionnelle).

IS – Tendance à l'instabilité (risque de capacité d'attention faible).

P – Personnalité sensitive (risque d'altération des relations interpersonnelles).

S – Schizothymie – tendance à l'isolement (risque de coupure avec les autres).

MSR – Méconnaissance de soi et des réalités (risque de remise en cause difficile).

SN – Sincérité (risque d'une coupure avec la véracité).

Le bilan psycho-informatique donne également les scores à « 7 échelles composites » mises au point de manière opératoire en combinant des réponses données à des questions appartenant à différentes échelles cliniques. Le positionnement du candidat dans ces échelles n'est pas pris en compte dans le bilan psycho-informatique. Il est utilisé par le psychologue lors de l'entretien pour orienter son investigation dans des domaines qui sont susceptibles d'être significatifs pour compléter son pronostic.

5.2 - Profil psycho-informatique de la personnalité

COMPORTEMENT	S	NSL	S1	S2	S3	+	++
A . Risque de réceptivité au stress	9	[♦]					
D . Risque de fatigabilité excessive	12		[♦]				
HC. Risque altération efficience travail	9	[♦]					
H . Risque réaction inadaptée irrationnelle	10		[♦]				
HM. Ris.alt. du fonct. social et professionnel	16			[♦]			
E . Risque d'instabilité émotionnelle	12		[♦]				
IS. Risque de capacité d'attention faible	13			[♦]			
P . Risq. alt. relations interpersonnelles	16		[♦]				
S . Risque de coupure avec les autres	10		[♦]				
MSR. Risque de remise en cause difficile	24				[♦]		
SN. Perception de l'environnement de soi	12		[♦]				
ECHELLES COMPOSITES	**S**	**NSL**	**S1**	**S2**	**S3**	**+**	**++**
DAP. Difficulté d'adaptation psychologique générale	12.0		[♦]				
DRI. Difficulté de relations interpersonnelles	10.0	[♦]					
DRH. Difficulté de relations hiérarchiques	11.0		[♦]				
DAO. Difficulté d'adaptation occupationnelle	14.0		[♦]				
RCA. Risque de consommation abusive	17.0		[♦]				
RPS. Risque de psycho-somatisation	12.0		[♦]				
RAM. Risque d'absenteisme médical	16.0		[♦]				

REPONSE : QUESTION N°107 : 0

Graphique 3

La première partie du graphique 3 reprend chaque échelle du questionnaire, la seconde partie examine les résultats obtenus aux 7 échelles composites.

5.3 -Conditions d'attribution, par le logiciel, d'un repère à partir de profils particuliers « capables de définir une appréciation sous la forme d'une note »

Les résultats expérimentaux obtenus avec le test RSP1 (ou éventuellement le test RSP3) comme ceux du test IP9 sont plus complexes à présenter et à interpréter que ceux des tests du domaine cognitif ou conatif. Ils doivent être considérés à deux niveaux : d'une part, comme pour les autres tests, les corrélations sont observées avec les échelles cliniques et composites, d'autre part, les profils particuliers des sujets. Des repères ont été définis afin de rendre l'exploitation informatique plus cohérente. Les repères sont des éléments stables qui permettent de situer le candidat par rapport à l'ensemble des résultats au questionnaire.

5.4 - Textes du logiciel, prenant en compte chaque repère pour analyser tous les cas possibles. Quatre tendances sont cataloguées au départ de l'analyse : la tendance « A » avec effets préjudiciables (défavorable) ; la tendance « B » réservée ; la tendance « C » favorable à examiner avec attention ; la tendance « D » très favorable.

5.5 - Tendance « A » (défavorable) : Composée de 2 cas particuliers : A1 (avec 1++ et plus dans toutes les échelles cliniques et composites, sauf SN) ; A2 (avec 3 + et plus en A – D – IS – E – P).

5.5.1 - Pour le Cas A1 = note 4. Difficultés d'adaptation très importantes qui peuvent porter sur des domaines de la vie professionnelle mais surtout varier à des degrés divers sans pour autant que les difficultés soient systématiques et permanentes. Il est néanmoins intéressant de noter qu'elles portent sur :

(Si A++) - un risque de réceptivité au stress pouvant agir comme désadaptation.

(Si D++) - une fatigabilité excessive pouvant aller jusqu'au découragement.

(Si HC++) - un risque d'altération de l'efficience au travail dû à l'interférence de préoccupations physiologiques ou physiques.

(Si H++) - un risque de réactions inadaptées de tendances irrationnelles, avec intolérance à la frustration.

(Si HM++) - un risque d'altération du fonctionnement social dans les relations interpersonnelles et professionnelles.

(Si E++) - un risque d'instabilité émotionnelle pouvant créer un blocage dans des situations importantes.

(Si IS++) - un risque de dispersion, lié à l'impossibilité d'attention et d'observation limitant la concentration, avec des réactions impulsives et des difficultés à prolonger l'effort.

(Si P++) - un comportement où la susceptibilité peut provoquer une inadaptation par altération des relations interpersonnelles et hiérarchiques.

(Si S++) - un isolement social ou repli sur soi, risquant d'handicaper le fonctionnement professionnel, cet isolement pouvant aller jusqu'au comportement bizarre.

(Si MSR++) - un risque de refus de se remettre en cause, accompagné d'un manque de ténacité par un niveau d'aspiration très élevé.

(Si DAP++) - des difficultés d'adaptation psychologique générale liées soit à la mauvaise humeur, soit à un tonus différent, soit encore à des manifestations psychologiques diverses.

(Si DRI++) - des difficultés de relations interpersonnelles avec les camarades, les collègues, les collaborateurs.

(Si DRH++) - des difficultés d'adaptation hiérarchique dans le sens ascendant, avec les supérieurs.

Si DAO++) - des difficultés d'adaptation occupationnelle, principalement dans le travail personnel, mais aussi pour les travaux de groupe et les loisirs collectifs.

(Si RCA++) - des risques de consommation aberrante par compensation, dans des conditions de vie difficiles (stress, isolement, promiscuité). Cette compensation pouvant prendre des formes différentes dans des contextes différents, sans qu'il soit possible de les préciser.

(Si RPS++) - des risques de manifestations diverses traduisant un mal-être qui ne peut trouver d'autre exutoire que dans des troubles physiologiques.

(Si RAM++) - des risques d'absentéisme avec un nombre élevé d'absences ou retards pour des motifs variés.

5.5.2 - Pour le Cas A2 = note 5. Difficultés d'adaptation très importantes pouvant porter sur des domaines différents liés :

1 - Si : (A-D-IS ou A-D-E ou A-D-P et plus avec 3+) - à un comportement, où la fatigabilité, associée à des risques de réceptivité au stress ne permettant pas l'effort prolongé non seulement à cause d'une possibilité de découragement

rapide mais aussi par la répugnance à fournir l'effort nécessaire à rétablir l'équilibre, pourrait être à l'origine d'une désorganisation de l'activité professionnelle. Des risques, soit de dispersion de l'attention, soit d'instabilité émotionnelle, soit de sensitivité, peuvent accentuer ce comportement.

2 – Si : (A-IS-E ou A-IS-P et plus avec 3+) - à un comportement, où les risques de réceptivité au stress, associés, d'une part, à une attitude où la dispersion de l'attention rendant difficile l'observation et, d'autre part, à une difficulté de concentration liée à une émotivité mal dirigée, pourraient provoquer une fuite devant les situations à problèmes. De plus, le manque de contrôle des réactions spontanées et une susceptibilité importante risquent d'amplifier d'éventuelles situations de crise.

3 – Si : (A-E-P et plus avec 3+) - à un comportement, où les risques de réceptivité au stress, souvent à l'origine d'une inhibition ou d'une désorganisation de l'activité professionnelle normale, associés à une instabilité émotionnelle se caractérisant par une discontinuité de la conduite avec agitation et manque de concentration, pourraient être à l'origine, dans des situations à responsabilité, d'attitudes mal adaptées.

4 – Si : (D-IS-E ou D-IS-P et plus avec 3+) - à un comportement, où la fatigabilité, associée à un risque de dispersion de l'attention pouvant entraîner un manque du sens des réalités avec incapacité d'assumer des responsabilités, ne peut que nuire à l'activité professionnelle. De plus, une excitabilité importante et une sensitivité excessive peuvent accentuer ces tendances.

5 – Si : (D-E-P et plus avec 3+) - à un comportement, où l'incapacité de concentration et de fixation, par le fait d'une trop forte émotivité mal compensée, associée à une tendance à la fatigabilité rendant impossible l'effort prolongé avec, en plus, une susceptibilité excessive, pourrait entraîner des altérations qui seront néfastes à l'activité professionnelle.

6 – Si : (IS-E-P et plus avec 3+) - à un comportement, où la dispersion de l'attention, associée à un taux d'émotivité élevé limitant le degré de fixation de la concentration, avec, en plus, une susceptibilité excessive, pourrait aboutir à une importante fuite devant les responsabilités.

7 - (Tous les autres cas de A2) - à un comportement mal défini où s'entremêlent plusieurs tendances qui seront à l'origine d'un dysfonctionnement de la vie professionnelle.

5.6- Tendance « B » (réservée) : composée de 4 cas particuliers : B1 avec 2 + en A-D-IS-E-P- (sauf MSR et SN) ; B2 avec 1 + uniquement en E (sauf SN) ; B3 avec 1 + uniquement en IS (sauf SN) ; B4 avec NSL ≥ 5.

5.6.1 - Cas B1 = note 7. Difficultés d'adaptation importantes pouvant porter sur des domaines différents liés à :

1 – Si: (A-D avec 2+) - un comportement, où la fatigabilité, associée à des risques de réceptivité au stress, peut être à l'origine d'une possibilité de découragement et de refus de fournir l'effort indispensable pour rétablir une situation

qui se dégrade. Sans être permanente, cette difficulté d'adaptation n'en demeure pas moins latente et peut se déclencher sans avoir été prévue.

2 – Si : (A-IS avec 2+) - un comportement, où les risques de réceptivité au stress, associés à un défaut général du contrôle de soi avec possibilité d'inhibition, peuvent être à l'origine d'une appréciation minimisée des obstacles à surmonter, ayant pour conséquence un abandon possible de l'effort efficace qu'il faudrait entreprendre. Sans être permanente, cette difficulté d'adaptation reste néanmoins latente.

3 – Si : (A-E avec 2 plus) - un comportement, où les risques de réceptivité au stress, associés à un manque de stabilité émotionnelle, peuvent être à l'origine d'une désorganisation de l'activité professionnelle. Sans être permanente, cette difficulté d'adaptation peut survenir lors de situations quelquefois imprévisibles.

4 – Si : (A-P avec 2+) - un comportement, où les risques de réceptivité au stress, associés à une susceptibilité excessive, peuvent provoquer des réactions pouvant désorganiser une activité professionnelle. Sans être permanente, cette difficulté d'adaptation pourra détériorer progressivement l'ambiance de travail d'une façon insidieuse.

5 – Si : (D-IS avec 2+) - un comportement, où la fatigabilité, associée à un manque de concentration souvent à l'origine d'un refus de fournir l'effort nécessaire, ou d'une dispersion de celui-ci, pourrait avoir pour conséquence l'abandon progressif des tâches difficiles. Sans être permanente, cette difficulté d'adaptation pourra être vécue par l'environnement professionnel comme une situation de conflit.

6 – Si : (D-E avec 2+) - un comportement, où la fatigabilité, associée à une instabilité émotionnelle, sera à l'origine d'un manque de courage nécessaire pour faire face aux difficultés. Celles-ci pouvant apparaître comme impossibles à surmonter. Sans être permanente, cette difficulté d'adaptation pourra se révéler dès la moindre situation à problèmes.

7 – Si : (D-P avec 2+) - un comportement, où la fatigabilité, associée à une sensitivité excessive, sera à l'origine de difficultés relationnelles tant sur le plan interpersonnel que sur celui de la hiérarchie. Sans être permanente, cette difficulté d'adaptation devrait se dévoiler assez rapidement lorsque l'occasion se présentera.

8 – Si : (IS-E avec 2+) - un comportement, où la dispersion de l'attention (attention labile, intérêts fugaces et variés), associée à un manque de stabilité émotionnelle (sensibilité à toutes les sollicitations), peut être à l'origine de l'incapacité d'assumer des responsabilités. Sans être permanente, cette difficulté d'adaptation ne peut que créer une ambiance défavorable à la bonne marche d'une activité professionnelle.

9 - Si : (IS-P avec 2+) - un comportement, où la dispersion de l'attention, associée à une susceptibilité importante qui ne peut qu'être que déconseillée pour tout poste de travail où l'activité aura un aspect relationnel, doit conduire à des situations de conflits, soit sur le plan interpersonnel, soit sur le plan hiérarchique. Sans être permanente, cette difficulté d'adaptation ne devrait pas

être sans conséquence lors du moindre incident pouvant se produire dans le milieu du travail.

10 – Si : (E-P avec 2+) - un comportement, où un manque de stabilité émotionnelle, associé à une susceptibilité importante, ne peut que provoquer des risques de conflits tant sur le plan des relations interpersonnelles que sur celui des relations avec la hiérarchie. Sans être permanentes, ces difficultés d'adaptation seront à l'origine de situations néfastes au bon fonctionnement de l'activité professionnelle.

11 – Pour tous les autres cas, un comportement ambiguë qu'il est difficile de saisir mais qui devrait amener à des risques de conflits relationnels dans le secteur d'activité où il sera présent. Sans être permanente, cette difficulté d'adaptation peut laisser planer un risque non négligeable sur la bonne marche du secteur d'activité.

5.6.2 - Cas B2 = note 8. Si 1+ uniquement en E (sauf SN)) – Difficultés d'adaptation importantes dues essentiellement au manque de courage toujours nécessaire pour faire face à ses problèmes et se relever lors de coups durs. L'excitabilité, due à une émotivité mal dirigée ainsi qu'à un manque de contrôle psycho-physiologique, risque d'être à l'origine d'une dispersion liée au caractère ardu et malaisé de concentration, mais aussi de fixation. Cette dispersion peut être à l'origine d'une certaine inertie du degré d'activité.

5.6.3 - Cas B3 = note 9. (Si 1+ uniquement en IS (sauf SN)) – Difficultés d'adaptation importantes dues à un risque d'impossibilité d'observation et d'attention du fait d'un manque de contrôle des réactions spontanées ; cette dispersion se réfère surtout à une difficulté de fixation et de concentration pouvant amener la personne à survoler les problèmes qu'elle a à résoudre sans en approfondir le contenu. Difficultés à prolonger un effort mais aussi incapable d'un travail prolongé, il pourrait en résulter un défaut général de contrôle avec, soit des possibilités d'inhibition, soit des conduites impulsives.

5.6.4 - Cas B4 = note 9. (Si NSL $\geq$ 5) – Il semblerait, soit que les questions n'ont pas été bien comprises, soit que les réponses minimisent au maximum certains handicaps possibles. Sans qu'il soit possible d'affirmer l'une de ces deux possibilités, il est indispensable de procéder à un entretien très sérieux, puisqu'il est impossible d'évaluer les risques de difficultés d'adaptation qui semblent néanmoins importants.

5.7 - Tendance « C » favorable, (à examiner avec attention**).** Composée de 12 cas particuliers :

C1 – résultats avec 1+ uniquement en A (sauf SN).
C2 - résultats avec 1 + uniquement en D (sauf SN).
C3 - résultats avec 1 + uniquement en H (sauf SN).
C4 - résultats avec 1 + uniquement en HM (sauf SN).
C5 - résultats avec 1 + uniquement en HM (sauf SN).

C6 - résultats avec 1 + uniquement en P (sauf SN).
C7 - résultats avec 1 + uniquement en S (sauf SN).
C8 - résultats avec 1 + uniquement en MSR (sauf SN).
C9 - tous les autres cas avec plusieurs + (sans SN).
C10 - 4 résultats ou plus en S3 (sauf pour les échelles SN et MSR).
C11 – SN < S2 et MSR >S2 (avec plus de 4 résultats en NSL et S1).
C12 – résultats en NSL et S1 > 5.

Tous les cas de C1 à C8 inclus :

L'évaluation des capacités d'adaptation, assez bonne dans l'ensemble, laisse néanmoins apparaître quelques lacunes dans le domaine soit relationnel, soit dans le domaine personnel, ou dans les deux domaines. Sans être très importantes quant à l'intensité, celles-ci méritent d'être approfondies lors de l'entretien. Elles portent sur :

Cas C1 = note 12 : une certaine appréhension de l'avenir, un risque de manque de confiance en soi, ou encore une réceptivité au stress relativement importante.

Cas C2 = note 12 : d'éventuelles idées tristes, quelques difficultés de concentration avec un risque de fatigue physique qui n'est pas forcément perçu comme tel mais peut entraîner un isolement social.

Cas C3 = note 12 : une préoccupation excessive de petits maux qui, dans un premier temps, peut paraître anodine mais pourrait, si elle devait persister, être à l'origine d'un état anxieux et conduire à un risque d'altération de l'efficience au travail.

Cas C4 = note 12 : une tendance à exprimer exagérément des émotions, les besoins de se faire valoir et d'attirer l'attention avec des risques de mauvaise humeur et éventuellement une attitude exigeante et des réactions inadaptées.

Cas C5 = note 12 : une certaine altération de l'humeur qui peut être tantôt excitée (euphorique), tantôt triste ou encore osciller entre les deux. Ces changements d'humeur risquent de gêner le fonctionnement social dans les relations interpersonnelles.

Cas C6 = note 12 : une tendance à une susceptibilité importante face aux échecs, pouvant entraîner une conception obstinée et agressive de son bon droit. Cette légère surestimation de soi pourrait être à l'origine de mésententes sur des plans interpersonnels ou hiérarchiques.

Cas C7 = note 12 : une tendance au retrait ou légère fermeture aux contacts sociaux avec éventuellement des attitudes plutôt excentriques cherchant à éviter les situations compétitives. Ce détachement pourrait être à l'origine d'un dysfonctionnement professionnel lorsque les responsabilités sont à prendre.

Cas C8 = note 12 : une tendance à donner une image de soi valorisante en essayant de contrôler son comportement le mieux possible. Cette tendance à bien se maîtriser n'est pas une contre-indication si elle est isolée, mais si elle est associée à plusieurs notes de S3, ou encore à plusieurs notes en NSL ou S1, et/ou à une note en SN faible, la tendance à la survalorisation de soi est à craindre du fait que le refus de se remettre en question est latent.

Sans le «texte chapeau »

Cas C9 = note 11 : pas de tendance d'inadaptation professionnelle ou relationnelle très marquée, mais de petits risques dans des situations où des conflits peuvent surgir. L'entretien doit porter sur l'analyse du comportement lorsque lui seront présentées des situations où il devra s'impliquer.

Cas C10 = note 13 : un risque à quelques inadaptations dues à des tendances qui peuvent être en sommeil dans les domaines où la note est en S3. La moindre conjoncture défavorable d'une situation professionnelle précaire risque d'en activer les effets. Sans pouvoir être formel quant à l'échéance virtuelle, le risque existe et l'entretien devra porter sur les attitudes du candidat dans des situations extrêmes.

Cas C11 = note 10 : il est difficile d'évaluer avec précision les difficultés d'adaptation, le candidat ayant répondu au questionnaire, soit avec une certaine réserve de façon à ce que n'apparaissent pas des éléments qu'il s'imagine être confidentiels (ce qui est rare), soit qu'il ait volontairement biaisé les réponses pour altérer la lecture des résultats en pensant qu'ils seraient en sa faveur. Ces contractions constatées, l'investigation systématique de la sincérité devient obligatoire lors de l'entretien. Ces contractions, si elles n'étaient pas volontaires, ne peuvent se produire que chez des sujets instables ou incohérents.

Cas C12 = note 11 : le candidat n'a pas voulu se dévoiler en restant très neutre dans ses réponses au questionnaire. Le comportement est flou pour ne pas dire insaisissable. Il semble que, soit le candidat a une connaissance de lui-même faussée, soit qu'il n'est pas capable de comprendre le sens des questions et qu'il répond par la négative de peur de se tromper. L'entretien devient indispensable pour essayer de cerner d'éventuelles inadaptations qui pourraient être latentes dans un tel comportement.

5.8 - Tendance « D » (très favorables) : composée de 5 cas particuliers :

- D1 – si S1 = 7 ou 8 avec NSL = 0 : sauf pour SN et MSR.
- D2 – si S3 = 0 avec NSL = 0 avec S1 = 4 ou 5 ou 6 : sauf SN et MSR.
- D3 – si S3 = 0 avec NSL = 0 et avec S1 <5 : sauf SN et MSR.
- D4 - Tous les autres cas.
- D5 - S3 < 3 avec NSL = 0 et avec S1 < 5 : sauf SN et MSR.

Cas D1 = note 15 : l'évaluation du comportement du candidat ne laisse apparaître aucun risque lié à des difficultés d'adaptation, même si cette évaluation laisse présager que celui-ci a répondu d'une façon neutre pour, peut-être, éviter de se dévoiler ; un entretien devrait confirmer ou infirmer cette hypothèse.

Cas D2 = note 16 : l'évaluation du comportement ne laisse apparaître aucun risque pouvant induire des difficultés d'adaptation ; l'entretien devrait confirmer un équilibre de la personnalité qui pourrait s'avérer neutre.

Cas D3 = note 17 : l'évaluation du comportement ne laisse apparaître aucun risque pouvant présager des difficultés d'adaptation; l'entretien devrait confirmer un équilibre de la personnalité caractérisé par l'absence de traits dominants.

Cas D4 = note 18 : l'évaluation du comportement ne laisse apparaître aucun signe qui puisse permettre de mettre en doute une bonne adaptation.

Cas D5 = note 19 : l'évaluation du comportement ne laisse apparaître aucun risque susceptible de prédire des difficultés d'adaptation; l'entretien devrait confirmer un bon équilibre de la personnalité.

5.9 - Prise en compte des résultats et méthode d'analyse

Le très grand nombre de bilans psycho-informatiques (BPI) a généré une méthode d'analyse des résultats qui semble être, avec le temps, la plus judicieuse. En commençant par l'observation minutieuse du domaine de la personnalité, il est possible d'obtenir un aperçu synthétique des risques susceptibles de mettre en évidence des comportements qui seront rédhibitoires si les résultats sont franchement contraires à ce qui serait souhaitable, ce qui est relativement rare. Plus souvent, l'observation permettra de rendre compte dans quelle mesure certains comportements à risque pourront faire l'objet d'une conduite d'entretien clairement définie et structurellement mieux organisée.

Lors des premières utilisations des batteries psycho-informatiques, l'efficience intellectuelle (domaine cognitif) faisait l'objet d'une analyse prioritaire mais il est arrivé que des résultats, favorables à une bonne intégration du candidat dans un secteur d'activité professionnelle qui avait été défini, furent, à plusieurs reprises, en contradiction avec des attitudes sociales inadaptées, comme, par exemple, le refus de se remettre en question, à cause d'une personnalité introvertie. Prenant en compte cette anomalie, il devenait évident que les traits de comportement (domaine de la personnalité) qui pouvaient être soit défavorables, soit favorables, devaient être pris en compte prioritairement.

6. - Quelques documents statistiques

6.1 - Efficience Intellectuelle (graphique 4)

Le test TR2, comme le TR1, non affecté par le facteur culturel, mesure l'aptitude d'apprendre par la compréhension et non par la mémorisation.

Le TR1 a été utilisé dans plusieurs régions de France, en 1997, lors d'un concours d'admission, pour l'entrée dans une Ecole de Commerce, sur 1569 candidats d'un niveau scolaire bac.

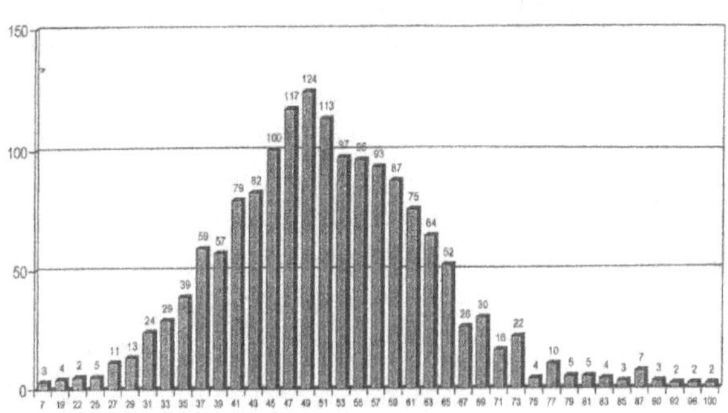

Graphique 4

6.2 - La motivation à l'action (graphique 5)

Répartition des résultats au questionnaire de motivation à l'action QVMA utilisé en 1995, sur 2074 candidats, d'un niveau scolaire inférieur au bac, répartis dans la France entière, lors d'un concours d'admission dans des centres d'apprentissage. La moyenne était de 24,74 et l'écart-type (sigma) de 5,97. La motivation existe dans cette population pour les sujets dont la note est > 23 et qui manifestent de ce fait un besoin de réussite.

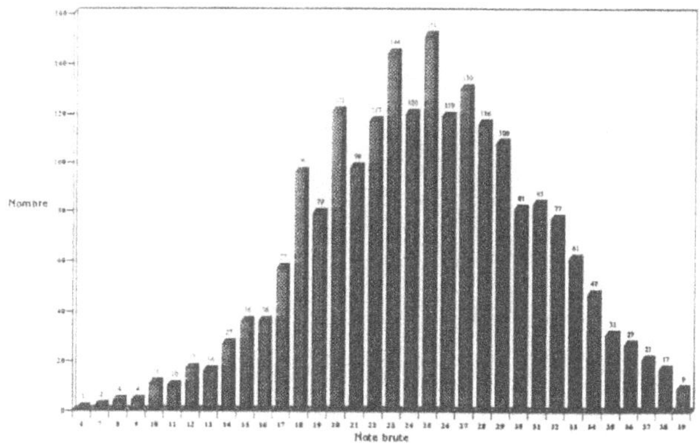

Graphique 5

6.3 - Méconnaissance de soi et des réalités (graphique 6)

L'échelle MSR du test RSP1 a un rapport étroit avec la méconnaissance de soi (MSR). Le graphique 6 représente l'histogramme de cette échelle pour une population de 2448 personnes, entre 25 et 45 ans, et d'un niveau scolaire bac à bac +2. La moyenne était de 40,4 et le sigma 6,89.

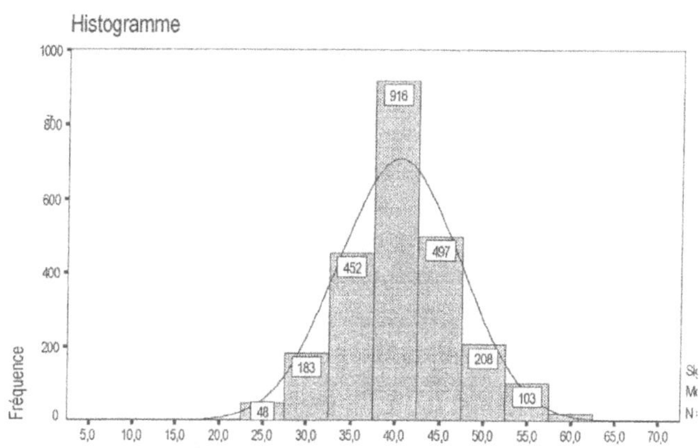

Graphique 6

6.3 - Echelle de « sincérité (graphique 7)

L'une des échelles du test RSP1 a un rapport étroit avec la sincérité (SN).

Le graphique 7 représente l'histogramme de cette échelle. Comme l'échelle précédente, elle a été utilisée sur une population de 2448 personnes, entre 25 et 45 ans, et d'un niveau scolaire bac à bac +2. La moyenne était de 59,6 et l'écart-type de 9,12.

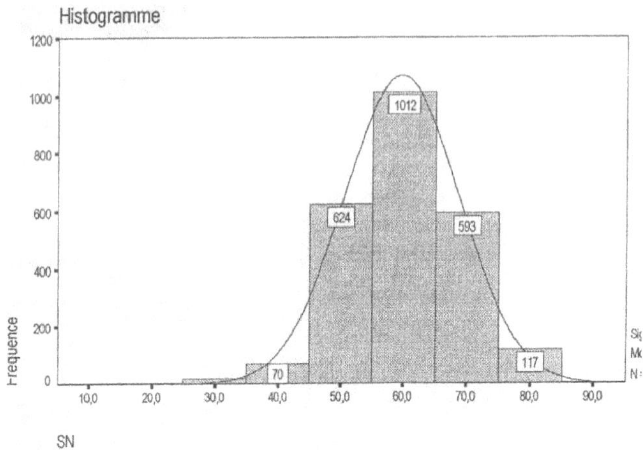

Graphique 7

7. – Bilan Psycho-Informatique BPI

Note « Potentiel intellectuel » (P.I.) de la batterie factorielle Bonnardel.

7.1 -Le test d'efficience intellectuelle – B53 (graphique 8)

Le test d'intelligence B53, composant avec les tests BV9 et BLS4 de la batterie psycho-informatique « potentiel intellectuel » (note P.I..), est une épreuve orientée sur l'aspect dynamique de l'intelligence, la hiérarchie d'un grand nombre d'activités professionnelles étant plus conditionnée par le dynamisme intellectuel mis en œuvre dans la résolution des problèmes qui se posent journellement, que par l'intelligence spéculative et contemplative. La sensibilité pour les différents niveaux et en particulier les plus élevés est obtenue par une graduation très étudiée de la gamme des items. Comme le montre le graphique 8 (courbe de Gauss), représentatif du résultat des 4068 élèves de 3ème ayant passé ce test, leur moyenne est de 30,66 pour un écart- type (écart à la moyenne) de 8,50.La répartition des notes est significative d'une bonne sensibilité du test.

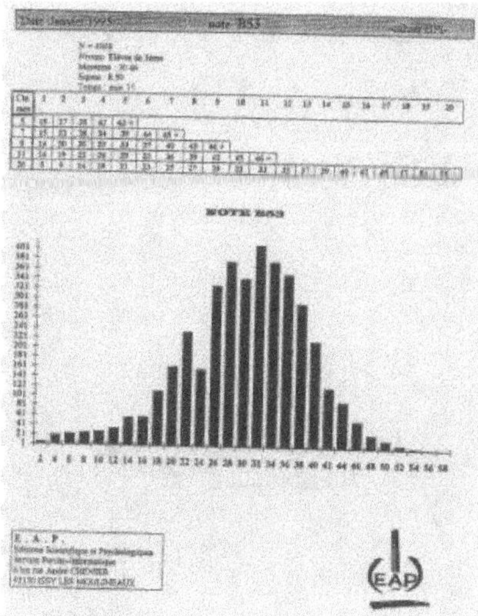

Graphique 8 (B53)

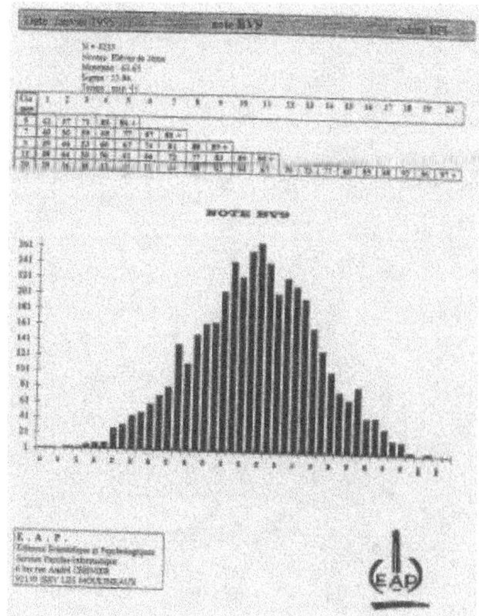

Graphique 9 (BV9)

7.2 - Le test d'efficience intellectuelle – BV9 (graphique 9)

Le test BV9 est une épreuve utilisée pour évaluer, à partir des niveaux relativement faibles jusqu'aux niveaux les plus élevés, un facteur très général d'intelligence plus spécialement sous l'angle logique et analytique. Il permet une bonne discrimination de tous des niveaux scolaires jusqu'aux diplômés des grandes écoles. L'aptitude logique est l'essentiel de l'activité intellectuelle. C'est l'instrument de la pensée. Le raisonnement juste est celui qui doit conduire aux jugements vrais, c'est-à-dire aux jugements qui se vérifient par l'expérience ou par la réalisation des prédictions établies sur ce jugement. Comme le montre le graphique 9, il est représentatif du résultat des 4235 élèves de 3ème ayant passé ce test, leur moyenne étant de 63,6 et l'écart-type (écart à la moyenne) de 13,84.

7.3 - Le test d'efficience intellectuelle – BLS4 (graphique 10)

Le test BLS4 est basé sur la loi des séries, « non verba », il utilise des figures géométriques conçues de façon à donner une large dispersion des résultats, afin de diminuer la possibilité de trouver la solution au hasard. Il permet de comparer des individus quant à leur capacité de mobilisation immédiate, de leur qualité d'observation et de la clarté de leur raisonnement, ainsi que de juger de l'efficacité avec laquelle ils peuvent développer une méthode logique de raisonnement par analogie liée à des opérations d'analyse et d'intégration contenues dans les processus de pensée supérieure. Les résultats du graphique 10 portent sur 4235 élèves de 3ème ayant passé ce test, laissant apparaître une moyenne de 63,65 et un écart-type (écart à la moyenne) de 13,84.

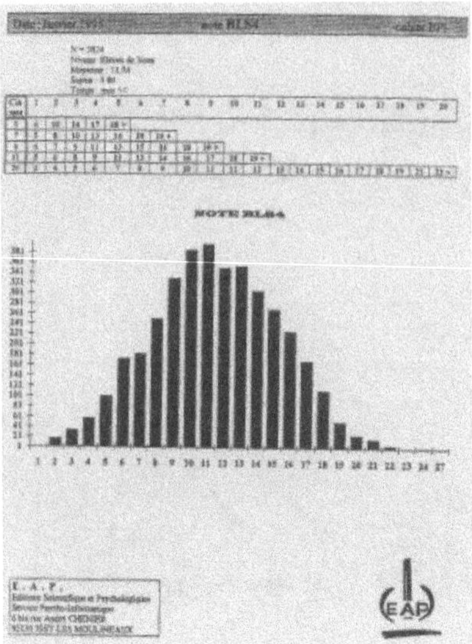

Graphique 10 (BLS4)

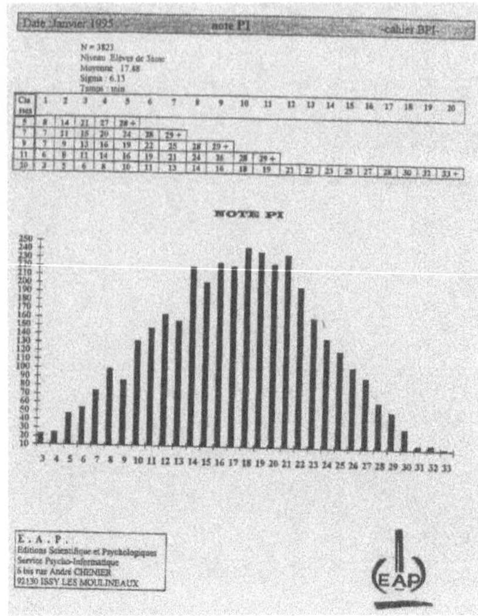

Graphique 11 (NOTE PI)

7.4 - La note Potentiel Intellectuel – P.I. (graphique 11)

Le potentiel intellectuel (note PI) correspond à la notion de facteur « g » de Spearman, « G » de la batterie de l'USES ; « I » et « R » de Thurstone et Raisonnement de la batterie de Guildford-Zimmerman. La note PI est établie au moyen de 3 tests comportant chacun des séries d'items de difficultés progressives : B53, BV9, BLS4.

L'expérience a montré que, pour la meilleure estimation au moyen de tests de « puissance », surtout pour les niveaux élevés, il était préférable d'établir une note en ne considérant que les deux résultats les meilleurs afin d'éviter, pour certains cas, l'influence sur la note PI d'une défaillance éventuelle du candidat à un moment donné dans un des tests de cette nature.

Pour les autres niveaux l'utilisation des trois notes est conseillée. La compréhension du test BLS4 peut être difficile pour les niveaux relativement faibles. La note PI est obtenue au moyen de barèmes à partir des résultats bruts dans les trois épreuves.

La note PI s'est révélée au cours de toutes les études la plus représentative d'un facteur général intellectuel et la plus efficace pour pronostiquer le niveau de réussite possible tant dans les études scolaires et universitaires que sur le plan professionnel, sous la condition que les trois tests BV9, B53, BLS4 soient utilisés conjointement. Bien que portant sur des questions de contenus très différents, les corrélations observées entre les trois tests montrent qu'ils mettent en jeu de façon tout à fait prépondérante un facteur d'intelligence très générale. Lors d'une étude portant sur 1250 cas (hommes de 20 à 30 ans), les corrélations obtenues furent les suivantes : entre BV9 et B53 = .78, entre BV9 et BLS4 = .74, entre B53 et BLS4 = .78.

Même s'il est difficile d'admettre que les capacités de l'ensemble des sujets des divers groupes se répartissent de façon gaussienne, cela du fait des écarts dus aux différences de scolarité de base dans ces divers groupes, la solution la plus simple fut l'utilisation d'un étalonnage de note allant de 1 à 20 en les répartissant de façon que l'écart quartile des différents groupes se rapproche le plus possible de 2 et les médianes des groupes extrêmes s'axant sur 13 pour le groupe des ingénieurs et 4 pour un groupe important de candidats apprentis.

La courbe de Gauss (graphique 11) date de 1995, elle a été calculée à partir d'une population de 3.823 élèves de 3ème. La moyenne est de 17,48 et l'écart-type (sigma) est de 6,13.

Chapitre 13

« On a inauguré un laboratoire de psychotechnique »

Un exemple concret de l'utilisation des tests
Le premier laboratoire de psychotechnique à la STCRP/ RATP

Inauguration le 7 janvier 1925
Extrait du journal « L'Auto » du 8 janvier 1925

Hier, vers 15 heures, a eu lieu l'inauguration officielle du laboratoire de psychotechnique de la S.T.C.R.P. devenue ultérieurement la R.A.T.P.

Photo 248

Photo 249

M. Painlevé (rangée inférieure, de droite à gauche, n°3), président de la chambre, accompagné de MM Moro-Giafferi (à sa gauche sur la photo), sous-secrétaire d'Etat à l'Enseignement technique ; Paul Morain, préfet de police ; Naudin, préfet de Seine ; Mariage, président du conseil d'administration ; Bacqueyrisse, directeur général de la S.T.C.R.P. ; Famechon, directeur du service des permis de conduire automobiles ; J.M. Lahy, psychologue, (rangée supérieure, de droite à gauche, n°4); Gaston Guyot, ingénieur A.M., (rangée sup. de droite à gauche, n°2), et d'autres, furent reçus par les membres du laboratoire de la rue du Hainaut, qui leur firent les honneurs, et leur exposèrent le fonctionnement de leur si intéressant système.

Les personnalités officielles prirent le plus vif intérêt aux expériences qui furent faites sous leurs yeux et aux appareils qui leur furent présentés, et félicitèrent chaleureusement Lahy, savant modeste et sympathique, des résultats réellement remarquables déjà obtenus par lui. Lorsque la cérémonie fut terminée, Lahy voulut bien nous donner quelques précisions extrêmement curieuses sur sa méthode et son organisation.

1 - Seize ans d'études

La « psychotechnique » consiste à mesurer d'une façon précise, au cours d'un examen (1 h 30 environ), les qualités de présence d'esprit, de sang- froid, de nervosité d'un homme et d'évaluer d'une manière certaine ses aptitudes à un travail déterminé.

Il ne faudrait pas croire que ce soit une science naissante et que l'inauguration d'hier soit la première ligne écrite au haut de la première page d'un grand registre tout neuf... Contrairement à ce que font beaucoup de gens, Lahy a voulu attendre que son système ait fait ses preuves et soit définitivement au point pour le présenter de façon officielle.

Il y a plus de seize ans que Lahy commença ses travaux. C'était en 1908, et la Compagnie des tramways de l'est parisien s'y étant intéressée, il fut appelé à examiner un certain nombre de machinistes.

Photo 250

Photo 251

Les résultats furent si notables que, bien vite, la renommée de la science nouvelle passa les mers et qu'en Amérique certaines personnes s'acharnèrent sur ces données. Puis, vint la guerre de 1914/1918. Lahy qui était au front appliqua ses principes à une sélection de mitrailleurs et rendit ainsi d'incalculables services. Lorsque la tourmente fut passée, il reprit ses études pour le compte de la S.T.C.R.P., qui, à sa demande, lui adjoignit un ingénieur des « Arts et Métiers », Gaston Guyot, capable d'étudier et de construire des appareils appelés « tests ». 220 machinistes furent examinés avec les tests par Lahy qui les classa d'après les indications fournies par les « tests ». Par ailleurs, Guyot, sans connaître le classement de Lahy, les classa par un examen pratique d'après leur façon de conduire, leurs qualités professionnelles. Résultats remarquable : les deux classements coïncidèrent presque intégralement. C'était la consécration définitive du système.

Les appareils réalisés par G. Guyot furent installés au laboratoire du docteur Toulouse, à l'Ecole des hautes études, puis furent transportés l'année suivante, rue du Hainaut.

2 - A travers le laboratoire

Le laboratoire se compose de quatre pièces. Les deux premières servent à examiner les candidats avant qu'ils aient appris à conduire, avant qu'ils ne soient jamais montés sur le siège de conduite d'un autobus, ou sur la plateforme d'un tramway: c'est de cet examen que résulte la première sélection. La première pièce est une « chambre claire ». On y mesure, au moyen d'un dynamomètre spécial, la fatigabilité du sujet, sa suggestibilité motrice, son appréciation des vitesses et des distances. La deuxième pièce est une « chambre obscure » où l'on mesure « l'attention diffusée » du sujet, c'est-à-dire la justesse et la vitesse de ses réactions de pieds et de mains, à la suite d'une excitation extérieure. La troisième est la chambre des enregistreurs où s'inscrivent les graphiques des passations des tests dans les deux premières. La quatrième, c'est le « banc d'essai » pour le classement des conducteurs déjà en fonctions, après qu'ils ont satisfait à toutes les épreuves réglementaires. La quatrième pièce se compose d'une plateforme de tramway absolument identique à celles en usage dans les voitures de la S.T.C.R.P. avec tous les appareils de conduite habituels, freins, leviers et d'autres. L'examiné y manœuvre, comme s'il était dans une des rues de Paris ; seulement, tous ses gestes sont enregistrés, et l'on constate aussi de manière indiscutable, de quelle façon, et avec quelle précision, il les exécute.

3 - Les résultats obtenus

Avant qu'on ne fasse subir aux candidats conducteurs de la S.T.C.R.P. les épreuves de psychotechnique, la proportion de ceux qui, dans les écoles, étaient déclarés inaptes, était de 20 %. Maintenant qu'une première sélection se fait dans le laboratoire, le déchet des élèves n'est plus que de 4,3 %. On conçoit l'économie considérable qui en résulte pour la S.T.C.R.P.: économie d'argent, mais aussi de vies humaines, car que d'accidents sont évités par l'élimination des incapables. Des horizons très vastes s'ouvrent indiscutablement devant la psychotechnique, science d'avenir, aux applications illimitées; et il est à peu près certain qu'on reconnaîtra bientôt la nécessité d'en appliquer les principes aux mécaniciens des chemins de fer, aux conducteurs de taxis, et, en général, à tous ceux qui, de par leurs fonctions, tiennent entre leurs mains, journellement, de nombreuses existences. Et ceux qui la créèrent auront droit, largement, au respect et à la reconnaissance de tous.

4 - Création d'une structure autonome : les EAP

La réussite de ce laboratoire se répercuta d'abord en Europe puis à travers le monde. Durant les mois qui suivirent, déjà plusieurs projets de création de laboratoires identiques furent élaborés. Pour répondre à ces demandes, J.M. Lahy et G. Guyot décidèrent d'assurer la réalisation des appareils (tests) et créèrent le 9 février 1927, devant Me Legay, notaire à Paris, une Société (association en participation dans les termes des articles quarante-sept à cinquante du code du commerce). L'association ainsi formée avait pour objet : « le contrôle avant livraison par les constructeurs des appareils de psychologie, de physiologie et de psychotechnique. L'étude et la mise au point d'instruments nouveaux. Le cas échéant, la construction et la vente des- dits appareils ». L'association prenait la dénomination : « Etablissements d'applications psychotechniques » (EAP), sise à Chaville (Seine-et-Oise), au 27, avenue Lazare-Hoche. Le gérant seul connu des tiers sera Monsieur Gaston Guyot.

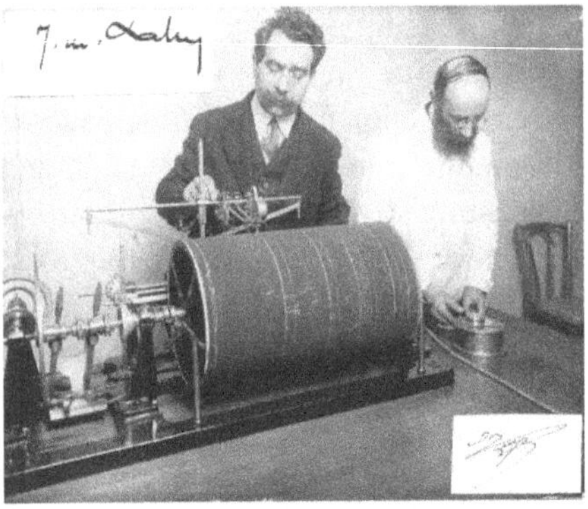

APPAREILS ET INSTRUMENTS DE PRÉCISION
POUR LABORATOIRES DE PSYCHOTECHNIQUE
DE PSYCHOLOGIE — DE PHYSIOLOGIE
ÉTUDES ET CONSTRUCTION D'APPAREILS SPÉCIAUX

Établissements d'Applications Psychotechniques

27, Avenue Lazare-Hoche, CHAVILLE S.-&-O.

Téléphone : 228, à CHAVILLE

Fournisseurs des Laboratoires du Ministère de la Marine, du Ministère de l'Éducation nationale, du Département de la Seine, du Conservatoire national des Arts et Métiers, des Hôpitaux, des Compagnies de Chemins de fer, des Sociétés de Transports en commun de France et de l'Étranger.

Photo A **Photo B**

C'est alors que fut demandé à Guyot, non seulement de fabriquer les tests, mais aussi d'organiser les centres d'examens tant en France: chemins de fer ; ministère de la Marine ; industries (Renault, Citroën) ; services de transports, qu'à l'étranger : Belgique ; Pologne ; Roumanie ; Espagne, etc…

Les trois axes d'activités des EAP, qui portaient sur la gestion (liée aux actions de décision), la production (liée aux éditions et aux fabrications diverses), et les missions (liées aux actions non commerciales) sont résumés dans l'ouvrage de Robert et Denise Simonnet-Guyot : « Un siècle de psychométrie et de psychologie », Editions L'Harmattan, Paris.

Sur la photo A, à gauche Lahy (1872-1943), contrôlant le fonctionnement du test de « suggestibilité », à côté duquel Guyot (1879-1943) vérifie les enregistrements des résultats. Sur la photo B, la première carte commerciale de l'Entreprise EAP.

5 - Les tests du laboratoire depuis l'origine

5.1 - Le test « d'Attention Diffusée » (AD)

Les premières études réalisées sur le travail des conducteurs de véhicules automobiles mirent en évidence que « l'attention » devait être considérée comme l'aptitude psychologique fondamentale.

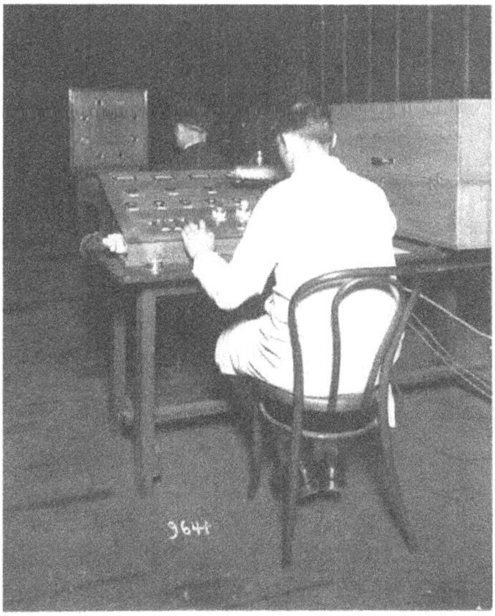

Photo C

La situation, dans laquelle se trouve le conducteur qui conduit un véhicule est un complexe formé d'excitations visuelles et auditives qui s'enchevêtrent et se succèdent à des cadences irrégulières sur le fond mobile des images de la rue. Le conducteur doit choisir entre ces excitations et y répondre par des réactions de ses différents membres sur lesquels s'exerce aussi un choix. Cette forme d'attention est différente de toutes les autres et il a été convenu d'appeler l'attitude du conducteur de véhicule « attention diffusée ».

Afin de reproduire en laboratoire « l'état psychologique » du conducteur à son poste de conduite, Guyot a réalisé l'appareil dénommé « test dit d'attention diffusée » qui reprenait toutes les idées et recherches élaborées par Lahy. Durant l'épreuve, le sujet reçoit des excitations visuelles qui lui sont transmises, soit par un psychologue, soit par un opérateur formé à cette technique, comme le montre la photo C sur laquelle on perçoit, placé devant le psychologue, le candidat. Les excitations visuelles proviennent de six lampes (deux blanches, deux vertes et deux rouges), et d'excitations auditives données par deux sonneries, l'une avec un timbre métallique, l'autre avec un timbre qu'il est possible d'identifier au bois.

Les réactions des pieds sont: l'abaissement du pied gauche sur la pédale de gauche; le relâchement du pied droit qui est en appui sur la pédale de droite. Ces deux mouvements peuvent avoir lieu séparément ou simultanément. La réaction de la main consiste à exercer une pression avec le pouce sur le bouton de la presselle tenue dans cette main. Sur la photo D, on aperçoit distinctement les deux pieds du candidat en position d'appui et de relâchement. Sur la photo E, sur laquelle est présenté le même candidat en situation d'examen, il est possible de distinguer les positions des mains et des pieds prêts à exécuter les mouvements qui lui seront demandés.

Photo D **Photo E**

L'épreuve comprend deux séries de 90 excitations, distribuées ultérieurement automatiquement. La première série ne comporte que des excitations visuelles ; la seconde des excitations visuelles et auditives. De plus, existe une perturbation liée à l'émission de sons très sonores (klaxon), durant le déroulement de la deuxième partie de la seconde série.

Les appareils furent adaptés aux révolutions technologiques durant les décennies qui suivirent. La photo F présente le test construit en 1950, et la photo G le même test réalisé en 1969. Avec l'arrivée de l'informatique, le programme de l'AD sera intégré en 1989 dans un appareil qui regroupera tous les programmes des tests de réactions psychomotrices.

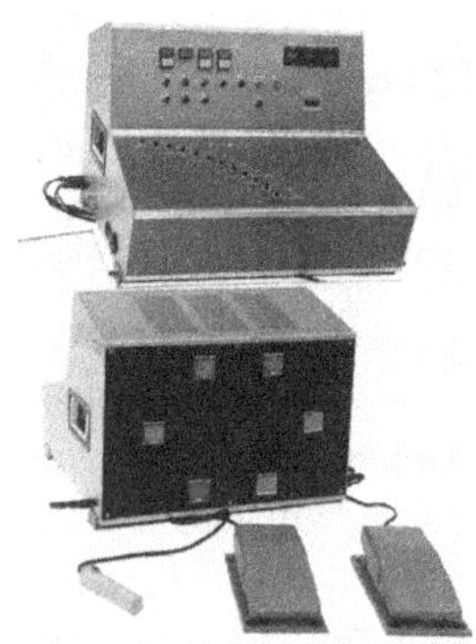

Photo F **Photo G**

5.2 - Le test « d'Attention Concentrée à réactions manuelles » (MA)

Pendant l'action de conduite, le conducteur doit pouvoir rejeter de sa pensée tout ce qui ne concerne pas cette action, mais conserver en « arrière- pensée » les connaissances qui pourraient être utilisées dans des phases ultérieures. L'esprit est alors en attente et disponible pour percevoir tout ce qui pourrait ne pourrait pas être en rapport avec les conditions adéquates d'une conduite sans risque d'accident. Lahy, pour évaluer la « concentration » des candidats à ce poste de travail, avait conçu un appareil en reprenant les bases d'un test très classant dans le dépistage des personnes prédisposées aux accidents, imaginé par Giese, mais en modifiant les types de stimuli.

Ce test dénommé « d'attention concentrée à réactions manuelles » se composait d'une bande de papier qui défilait plusieurs fois devant une fenêtre, durant un temps déterminé et précis, sur laquelle étaient imprimées des lignes composées de séries de lettres (photo H).

L'épreuve comportait deux parties: la première, l'apprentissage qui avait pour but de familiariser le sujet avec les conditions de l'expérience; la seconde, le test (photo I) qui consistait à faire défiler 150 séries de 5 lettres, le candidat devait appuyer sur une presselle à chaque fois qu'il percevait la lettre « S » ou la lettre « Z » puis, relâcher immédiatement. Une batterie de compteurs enregistrait les réponses justes et les réponses fausses.

Photo H

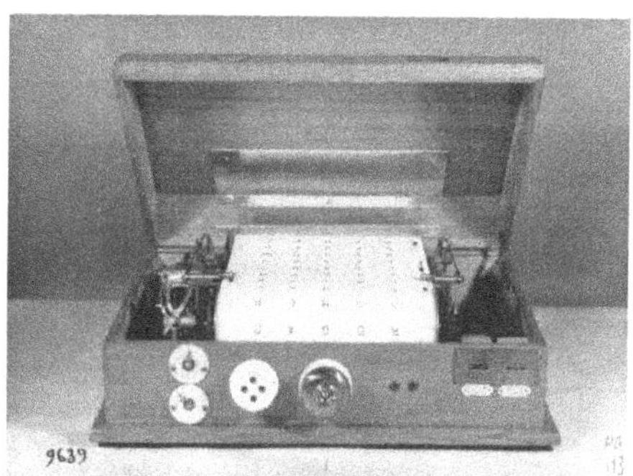

Photo I

5.3 - Le test des « Temps de Réaction Simple » (chronoscope)

Le « temps de réaction » a toujours été défini comme le délai minimum d'une réponse volontaire déterminée par rapport à un stimulus donné. Le temps, facteur important dans les principes de la nature quels qu'ils soient, intervient nécessairement dans tous les processus physiologiques mis en jeu dans les fonctions supérieures aussi bien que dans tous les processus psychophysiologiques ou plus purement psychiques, et ceci d'autant plus qu'ils sont plus complexes.

La mesure de « temps de réaction » a toujours occupé une place importante pour l'évaluation des réflexes et la détermination de leurs caractéristiques : rapidité, régularité, fatigabilité. Pour être valide, il avait été décidé à cette époque que la réponse au test (dénommé aussi chronoscope) devait être exécutée obligatoirement par la main, à une suite de 32 stimuli standardisés, qui ne pouvaient être que, soit visuels (lumière), soit auditifs (son).

La rapidité du temps de réaction était considérée par Lahy comme une valeur « consultative ». Les sujets, dont la moyenne était égale ou supérieure à 21 centièmes de seconde aux temps de réaction auditif, passés en chambre noire (35 stimuli, on ne tenait pas compte des 5 plus lents), étaient éliminés si leur lenteur de réaction n'était pas compensée par une supériorité très affirmée (classement dans le premier décile) dans un autre test. Ce seuil placé à 21 centièmes de seconde éliminait environ 4% des candidats à l'apprentissage du métier de conducteur

La photo J présente un appareil très ancien datant, approximativement, des années 1910. L'examinateur, dont on aperçoit la main à droite sur la photo, frappe sur la table avec un maillet qui, relié à l'appareil, déclenche électriquement la mise en fonctionnement de l'aiguille. Le candidat, dont on aperçoit la main à gauche sur la photo, doit répondre le plus rapidement possible en appuyant sur le bouton de la presselle.

Le test présenté sur la photo K date des années 1930. A cette époque, le « chronoscope » était doté d'un carter métallique. Le candidat répond avec sa main à 32 stimuli qui ne sont pas encore automatisés. Ils le seront ultérieurement avec l'arrivée de l'électronique vers 1960, en attendant cette date ils seront distribués, selon la loi du hasard, dans un intervalle de 2 à 4 secondes. Sur cette photo, l'examinateur est Denise Guyot, fille de Gaston Guyot, qui, formée au métier d'opérateur, examine un candidat.

Photo J

Photo K

5.4 - Le test du « Tourneur »

Outre l'aptitude qu'indique le nom du test et qui engage des fonctions psychomotrices très complexes, l'exécution de cette épreuve fait intervenir, dans une large mesure, des facteurs intellectuels tels que le raisonnement qui dirige l'apprentissage des mouvements de dissociation, auquel s'ajoute un effort d'attention soutenue.

Le test du « Tourneur », présenté sur la photo L, date des années 1925. C'est un document d'archive, un appareil de ce type n'existe certainement plus aujourd'hui. La présentation de ce test a subi plusieurs transformations durant les années qui suivirent, pour atteindre une présentation proche de sa forme définitive vers 1933. Il était composé d'un système de pantographe permettant de laisser une trace représentative de la façon dont le sujet avait effectué son travail.

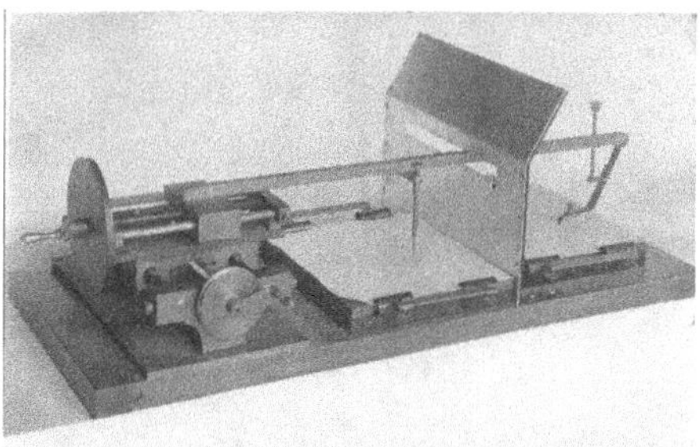

Photo L

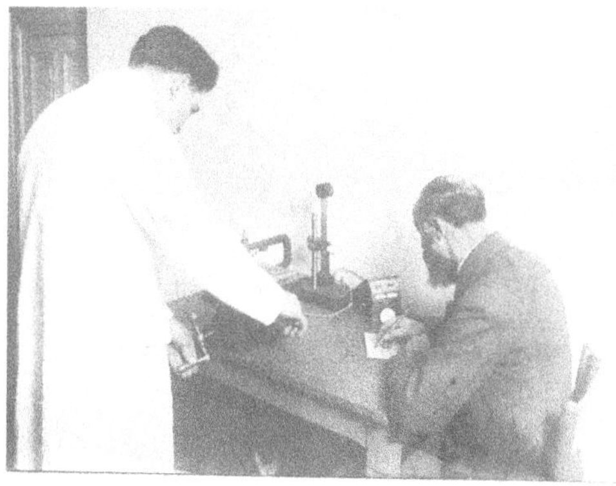

Photo M

Ultérieurement, il se composera d'un « chariot de tour », avec deux manivelles, au moyen desquelles le sujet devra faire suivre, à un pointeau, un tracé rectiligne et curviligne, isolé de la plaque métallique qui le supporte. Pour remplacer l'ancien pantographe, un dispositif inclus dans le nouvel appareil permettra l'inscription du tracé exécuté par le candidat. Tout contact du pointeau avec la partie métallique constitue une erreur dont le nombre et la durée sont enregistrés par des compteurs électriques. L'épreuve est chronométrée.

La photo M présente la passation du test avec un appareil, à peine visible, datant de 1933. Guyot examine un candidat et note les résultats au cours de la passation.

5.5 - Le test du « Traçage » (mouvements coordonnés)

Le test du « Traçage », dénommé ultérieurement, vers 1970, le test des « mouvements coordonnés de Lahy (MCL) », est basé sur des mouvements d'ajustement, très simples dans la première partie de l'épreuve, et plus complexes dans la seconde. Il permet de déceler chez les sujets des troubles « neuro-moteurs » qui s'expriment par des tremblements des mains comme, par exemple, dans l'éthylisme, ou des troubles de la « stabilité psychomotrice » qui se manifestent par des gestes saccadés, inhibés, brusques ou subchoréiques.

La photo N présente l'appareil, composé d'une tablette mobile munie de deux poignées, il devra être déplacé d'avant en arrière. Cette tablette mobile comporte un tracé sinueux continu en ébonite de 3 mm de largeur. Au-dessus de cette tablette, un pointeau fixe est supporté par un col de cygne solidaire du socle.

L'expérience, comme le montre la photo O, consiste à faire glisser, comme le fait le candidat sous le contrôle de l'opérateur Denise Guyot, la tablette mobile de façon à ce que le pointeau ne quitte pas la ligne d'ébonite. Chaque contact avec la partie métallique est considéré comme une erreur. Sont pris en compte, la rapidité, le nombre et la durée des erreurs.

Photo N

Photo O

5.6 - Le test du « Pointage »

Le test du « Pointage » est une épreuve qui n'exige qu'un travail purement moteur ne faisant appel qu'à des mouvement simples d'ajustement à un rythme déterminé. Il permet de déceler, outre la précision du geste, comme le montre la photo P, la stabilité et la résistance du comportement à la monotonie.

Deux fenêtres rectangulaires laissent apparaître des plots de 6 mm de diamètre posés, sur les derniers appareils, irrégulièrement sur la paroi d'un cylindre tournant. A l'origine, les plots étaient remplacés par des trous sur une bande de papier qui, en se déroulant, permettait les frappes d'un stylet dans chaque trou, derrière lesquels une pièce métallique assurait les contacts. La photo Q, datant des années 1932, sur laquelle Denise Guyot, faisant office de psychologue, et son père Gaston Guyot, faisant office de candidat, donnent une idée du fonctionnement du test. L'épreuve consiste en la présentation de 100 séries de plots.

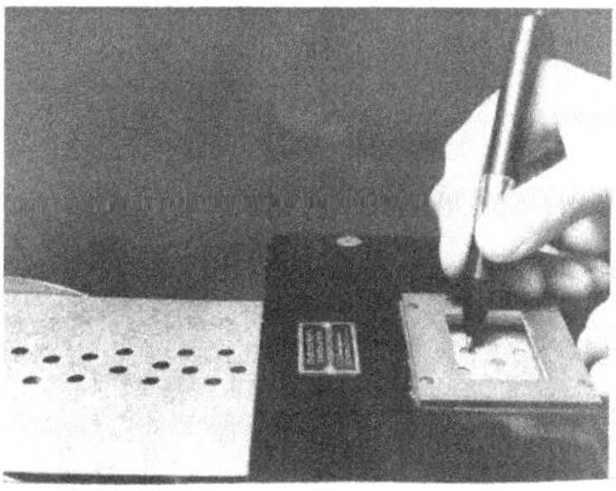

Photo P **Photo Q**

5.7 - Le test de la « Poinçonneuse »

Le test de la « Poinçonneuse », photo R, est une épreuve destinée à mesurer la rapidité et la précision dans un travail simple, monotone, ainsi que l'agilité motrice. En situation d'examen (photo S), le sujet actionne avec sa main droite le levier qui descend la tige sur la bande transparente, qui a été, auparavant, placée à un endroit très précis avec sa main gauche, et la perfore. Chaque erreur est enregistrée. Les résultats furent en redondance avec ceux du test du « Traçage ». Les demandes de la part des psychologues s'estompèrent et la production fut abandonnée entre les années 1936 et 1939.

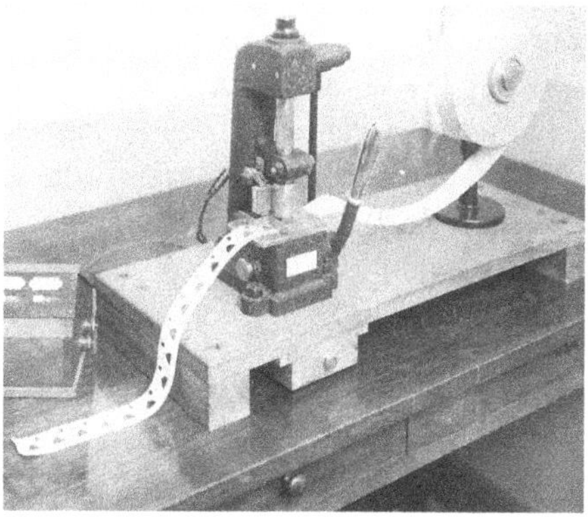

Photo R **Photo S**

5.8 - Le test « Tachodomètre » et le test « Psychogalvanomètre »

Le test « Tachodomètre » (photoT) est une épreuve d'appréciation de vitesses et de distances. Il est destiné à la sélection des conducteurs de véhicules et permet de mesurer avec quelle exactitude un chauffeur est capable d'apprécier, dans la profondeur de son champ visuel axial, le point de rencontre de deux masses mobiles se déplaçant l'une vers l'autre ou en directions opposées à des vitesses égales ou différentes. Ultérieurement, le test prévoyait que cette appréciation pouvait se faire : en vision diurne, en vision crépusculaire, en vision nocturne.

Le « tachodomètre » se composait à l'origine de trois voies ferrées en miniature, fonctionnant simultanément sur une table. Le sujet doit apprécier le point de rencontre des trains marchant à des vitesses différentes et en sens directs ou inverses. La photo T laisse entrevoir l'un des premiers « tachodomètres», sur lequel des disques noirs, verts et rouges se déplacent transversalement L'expérience consiste à appuyer sur une presselle au moment précis de la rencontre des mobiles. Les résultats sont enregistrés sur des compteurs.

Photo T

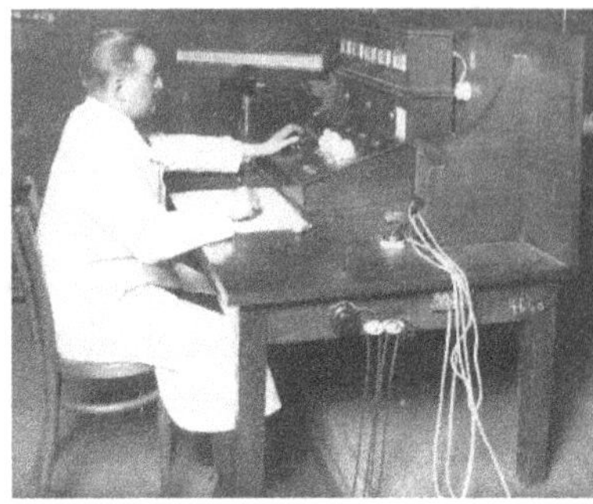

Photo U

Le « Psychogalvanomètre » est un générateur d'impulsions électriques. La technique à cette époque permettait de mettre au point un appareil d'une assez grande précision destiné à mesurer et enregistrer les variations de l'impédance cutanée. Les applications du « Psychogalvanomètre » furent nombreuses tant en psychologie qu'en psychiatrie et audiométrie. Ce matériel, qui n'est pas un test, était surtout utilisé par Lahy pour la recherche de l'émotivité. Cet appareil (photo U), souvent appelé « l'appareil de détection du mensonge », ne fut utilisé que pendant un temps très court dans le laboratoire de la S.T.C.R.P., juste le temps pour constater qu'il n'avait guère d'utilité.

5.9 - Le test de « Suggestibilité »

Lors de la passation du test de « Suggestibilité », le sujet, les yeux bandés, et le psychologue ou l'opérateur tournent ensemble deux poulies avec une manivelle, solidaires ou non à la volonté de l'opérateur, dont les rotations sont absolument quelconques. Leurs variations se traduisent sur un tambour noirci, par une densité plus ou moins grande de hachures (provenant de vibrations de diapasons).

L'opérateur solidarise les deux poulies: le sujet modifie le rythme de son mouvement pour s'accorder avec le sien. L'opérateur désolidarise les deux poulies, à l'insu du sujet: celui-ci modifie encore son rythme.

La façon dont le sujet obéit ou résiste à ces impulsions extérieures, mesure la suggestibilité.

Photo V **Photo W**

Sur la photo V, Lahy règle le test de suggestibilité afin de ne pas laisser au hasard les variations des résultats du prochain examen. Sur la photo W, Guyot nous permet de comprendre la passation du test de suggestibilité.

5.10 - Le test « Dynamographe » enregistreur

Le « Dynamographe » (photo X) est utilisé pour mesurer la force et l'endurance du sujet par l'intermédiaire d'un effort localisé dans la main. L'appareil utilisé est un dynamographe manométrique amplificateur, commandé par une poire en caoutchouc remplie d'eau, tenue par le sujet. La pression exercée par la main fait dévier l'aiguille de l'appareil qui inscrit les phases de l'expérience sur une bande de papier d'un enregistreur mû par un moteur électrique.

Photo X **Photo Y**

Le test consiste à demander au candidat de prendre la poire dans le creux de sa main et la comprimer de façon à faire dévier l'aiguille de l'appareil au maximum, et de maintenir cette pression le plus longtemps possible. Deux valeurs sont prises en compte, la force maximale (pression initiale), et l'endurance (temps qui s'écoule entre le début et la fin de l'effort). L'enregistrement graphique permet une analyse détaillée des fluctuations de l'effort du sujet.

La photo X présente l'appareil dans une position horizontale, ils seront présentés verticalement au cours des années suivantes. Sur la photo Y, un candidat exécute le test sous le contrôle de Denise Guyot.

5.11 - Test du dénombrement des passagers

Ce test se compose d'une dizaine de photographies représentant un intérieur d'autobus dans lequel des passagers, en nombre différent, sont présents.

Le peu d'informations concernant ce test, qui semble ne pas avoir dépassé le stade expérimental, nous provient de Denise Guyot qui se souvenait d'études réalisées vers les années 1930. Il semblerait qu'à l'origine ce test avait pour but de savoir si le candidat conducteur pouvait, d'un simple coup d'œil, considérer si l'autobus était complet ou non, ceci afin de réduire le nombre d'arrêts. Lorsqu'un passager voulait descendre, il appuyait sur un bouton, qui, relié à une sonnerie dans la cabine du conducteur, le prévenait qu'un passager désirait « descendre à la prochaine ». Si le véhicule était complet et que personne ne voulait descendre, il pouvait continuer de rouler sans s'arrêter, ce qui économisait considérablement la mécanique, les freins, l'embrayage, la boîte de vitesse et réduisait la fatigue du conducteur.

6 - Utilisation des résultats d'un candidat à l'ensemble des tests

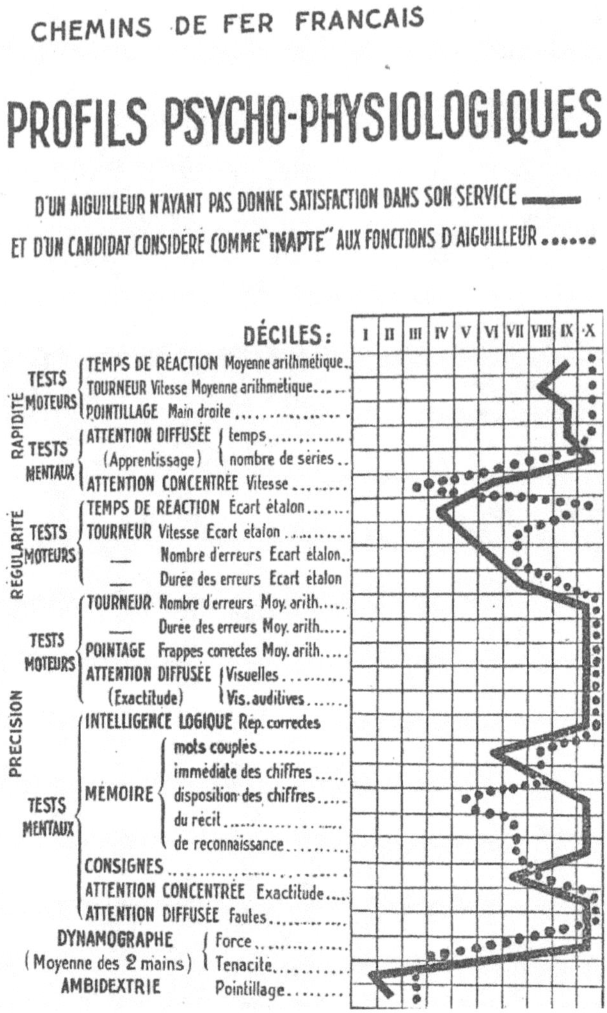

Profil AB

Un dossier sur lequel sont rassemblées toutes les notes permet de pouvoir chiffrer et tracer un profil sur une feuille spécialement conçue « feuille de profil » pour laisser apparaître les points forts et les points faibles. Le profil AB rassemble les résultats de deux personnes. Le profil en trait plein représente les performances d'un aiguilleur dont les résultats ont été notés par la maîtrise du service. Les résultats révèlent une insatisfaction dans son service de la part de cette maîtrise. Le second profil en pointillés représente les résultats des tests passés par un candidat au même poste d'aiguilleur. La comparaison des deux profils dénote une similitude qui laisse prévoir une inadaptation de ce candidat à remplir les fonctions requises.

7 - Etat des lieux de la circulation à Paris et dans la région parisienne

En dix années, entre 1923 et 1933, le nombre d'autobus a augmenté de 34% alors que le nombre d'accidents a diminué de 33%._En ce qui concerne les autres véhicules de Paris et de la région parisienne, dont les conducteurs n'étaient pas soumis à l'examen psychotechnique, leur augmentation a été de 200 %, alors que le nombre d'accidents était lui aussi en augmentation de 145 %.

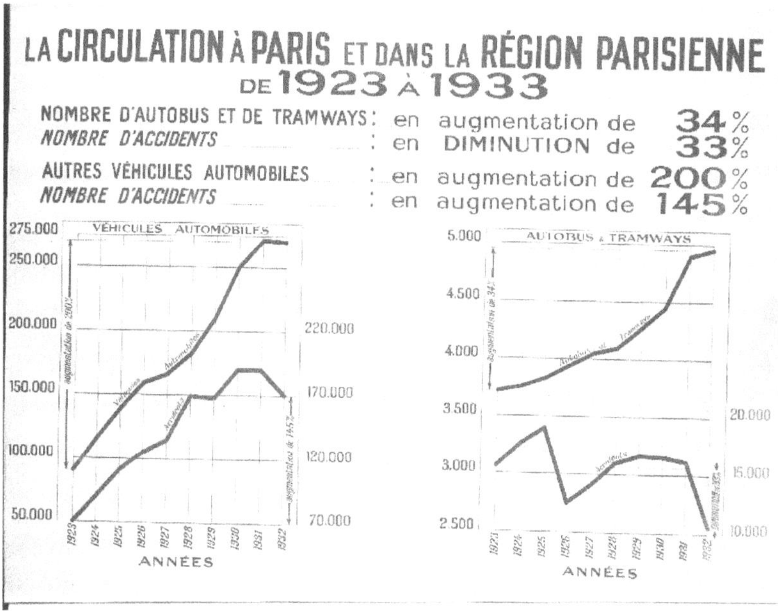

8 - Les activités de la structure autonome (EAP)

Alors même qu'elle n'avait qu'une quinzaine d'années, Denise Guyot prenait conscience que son père, aidé par Lahy, organisait la mise en place de l'atelier de fabrication de leur nouvelle Société (EAP) dans le pavillon qu'elle habitait avec toute sa famille à Chaville.

Il faut se reporter à cette époque pour comprendre que, même si ces deux personnages ont toutes les compétences pour réussir, le succès n'était pas assuré. Intéressée par le projet de son père, elle s'intègre machinalement à cette aventure qui conditionnera toute sa vie. Inconsciemment, elle cheminait déjà vers ce qui sera sa réussite dans l'accomplissement de sa tâche, à savoir, la gestion judicieuse des EAP, et la notoriété donnée à la psychométrie française à travers le monde.

En 1940, elle entre dans la Résistance (réseau ALI-TIR), et participe aux activités d'un réseau de renseignements. En 1943, elle suit les cours de l'INETOP et en sort diplômée en 1945. Durant ses études, elle succède, dans des conditions très difficiles, à son père décédé brutalement le 14 juillet 1943. Lahy décèdera cette même année.

En 1945, l'entreprise passe sous la gérance et la direction de Denise Guyot. Elle va alors diriger la société qui sortira progressivement de sa phase artisanale. En 1956, elle allait pouvoir retrouver l'ambiance scientifique paternelle qu'elle avait connue avec son père par la rencontre de Robert Simonnet qui, comme lui, ingénieur d'une école d'aéronautique (ESTACA), ajoutera à ce titre celui de psychologue-psychotechnicien après cinq années d'études au Conservatoire des Arts et Métiers (CNAM), et qu'elle épousera par la suite.

En 1958, afin de satisfaire au respect de la déontologie de la profession par un équilibre professionnel qui existait à la création des EAP dans le Conseil d'Administration (C.A.), avec la présence d'un éminent psychologue (Lahy) et celle d'un éminent ingénieur (Grandes Ecoles : Guyot), Denise Guyot, gérante des EAP, pria le professeur Raymond Bonnardel d'intégrer le C.A. de l'époque. Il y restera jusqu'à son décès, le professeur Pierre Goguelin le seconda pendant sa retraite, puis lui succéda jusqu'en 1995.

En 1973, Denise Simonnet-Guyot cède la gérance et la direction des EAP à Robert Simonnet. Pendant 30 années, à la direction d'une entreprise qui comptera entre 15 et 25 personnes, dont la renommée fut mondiale, elle participa, avec Robert Simonnet, à de nombreuses missions, expositions internationales et congrès, qui la conduisirent à Rome, Moscou, Belgrade, Madrid, Mexico, Djakarta, et bien d'autres capitales où elle diffusa la pensée française associée au savoir psychologique de notre pays. Elle avait été faite Chevalier dans l'Ordre national du mérite en 1980 au congrès de l'ACOF. Elle a reçu la médaille du mérite UNC en 2013 pour son engagement dans la résistance.

Professionnellement active jusqu'au dernier jour de sa vie et, mémoire de sa profession, la photo XX la présente en 2014 dans sa centième année, pendant le congrès de l'ACOF, à la mairie de Strasbourg, où elle félicite et remercie Madame le maire adjoint d'avoir dans sa ville un hôpital, hautement compétent, qui l'a guérie d'un cancer il y a quarante années.

Une de ses dernières pensées retrouvée sur son bloc-notes : « Le savoir à la fin d'une vie permet à la mémoire de chacun de construire la mémoire collective pour le bénéfice de tous ».

Photo XX

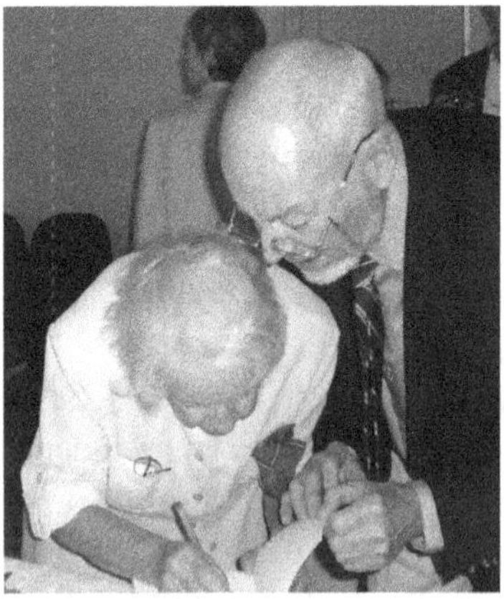

Photo YY

Le lecteur trouvera des compléments et de très nombreux développements dans le livre de Denise Guyot (1914-2016) et Robert Simonnet, « *Un siècle de psychométrie et de psychologie. Etablissements d'applications psychotechniques* », Paris, L'Harmattan, 2008. Comme le mentionnait Bernard Lespes, psychologue : « ils ont écrit un livre-témoignage exceptionnel sur cette aventure séculaire. Il représente un vécu peu ordinaire…un siècle au cours duquel Denise et Robert Simonnet-Guyot ont fait connaître et diffusé la science et les outils professionnels des psychologues français dans le monde entier ». La Photo YY résume, à elle seule, la journée de la signature du livre.

Chapitre 14

Le passé, le présent et l'avenir de la psychotechnique

Si, comme le précise le philosophe : « le passé éclaire le présent, et illumine l'avenir », cette longue description de l'historique des tests, et notamment le chapitre « Un exemple concret de l'utilisation des tests : le premier laboratoire de psychologie de la STCRP/RATP », nous aident à comprendre le fondement de la psychotechnique. Ce complet recensement, et plus particulièrement celui des tests-appareils de psychotechnique durant le XXè siècle, amènent plusieurs réflexions : l'évolution ergonomique des postes de travail (I) ; l'évolution technologique de ceux-ci (II) ; comment envisager l'avenir ? (III).

1 - L'évolution ergonomique des postes de travail.

Les conditions de travail ont subi pendant le XXe siècle des améliorations considérables grâce aux études des ergonomes qui n'ont pas ménagé leur peine pour soustraire les travailleurs aux fatigues souvent dues à des positions de leur corps peu rationnelles. La conduite des véhicules, et plus particulièrement celle des véhicules de transports en commun, furent, dès l'instant où la sécurité était primordiale, les premières à être prises en compte, et furent très pertinentes.

Il est facile, en ce début du XXIe siècle, de comparer ce qu'était la conduite d'un autobus en 1920 et celle des autobus en 2000, et non seulement des autobus mais aussi des camions routiers de 35 tonnes qui circulent sur le réseau routier européen. La première constatation concerne la force pour exercer ce métier. Il fallait être de bonne constitution physique pour manœuvrer le volant d'un autobus de 1920, avec en plus la complexité de la conduite en elle-même ; le rétropédalage pour monter les vitesses ; et le double pédalage pour les descendre, auxquels venaient s'ajouter des efforts permanents pour éviter de ne plus pouvoir soutenir une vigilance de tout instant. Les tests de suggestibilité, de force et d'endurance du premier laboratoire de psychotechnique de la RATP furent, durant la décennie 1950-1960, progressivement abandonnés, les véhicules ayant commencé à être équipés de nombreuses améliorations notoires.

A l'avenir, dans ce domaine, on parle, grâce à Google et à d'autres, non seulement de voiture autonome mais de camion autonome et, pourquoi pas, d'autobus autonome. Des images de camions se déplaçant, en toute sécurité, sont présentées sans personne au volant, pendant que son conducteur fait la sieste. Puisque plusieurs études ont démontré que 90% des accidents sont imputables à une défaillance humaine, cette nouvelle technique semble prometteuse.

Pour le moment, il faut encore des chauffeurs derrière les volants. Comment les tests de cette catégorie professionnelle très représentative, puisqu'ils sont liés à la sécurité des conducteurs, des passagers, mais aussi des personnes extérieures, évolueront-ils par la suite ? Quel pronostic est-il possible de prévoir pour l'avenir ? Sachant que les comportements humains seront, statistiquement, toujours les mêmes, les prises en compte d'analyses psychologiques nouvelles devront être élaborées avec l'aide des évolutions technologiques.

2 - L'évolution technologique.

Cette évolution s'est toujours appuyée sur l'ensemble des savoirs mettant en œuvre les nouvelles découvertes qui, par des applications scientifiques, sont à l'origine de techniques liées au fonctionnement et de l'aspect pratique du nouveau test quant à sa présentation.

Il faut remarquer que l'évolution technologique, qui a été conséquente tout au long du dernier siècle, a toujours été prise en compte par Gaston Guyot, puis par Denise Guyot, devenue Simonnet-Guyot, et enfin par Robert Simonnet, gérants et directeurs successifs des EAP.

La « psychotechnique » est à la psychologie ce que le matériel médical est à la médecine. Ce terme « psychotechnique », tant décrié pendant de nombreuses années, et remplacé par « psychologie appliquée », ou encore par « psychologie du travail », reste pourtant, sémantiquement, très proche d'une réalité qui semble avoir été prise en considération par les psychologues des premiers laboratoires, et remise à l'honneur dans cet ouvrage.

Les modifications, liées à des changements de matière comme notamment le métal remplaçant le bois dans les années 1930, ou le plastique remplaçant le métal dans les années 1960, comme le cas pour certains tests, si elles ont été permanentes tout au long du siècle, ne sont pas considérées comme significatives d'une évolution. Dans un autre domaine, celui des «tests instruments », il est acquis qu'ils n'ont jamais fait l'objet de modifications importantes. Il n'en est pas de même pour les « tests-appareils » qui ont subi, par l'évolution des techniques, des modifications importantes quant à leur présentation et leur fonctionnement. Il est intéressant de définir les principales étapes, les époques et l'origine de ces évolutions technologiques. On peut en répertorier quatre et les classer de la façon suivante : passage de l'utilisation de la mécanique à l'utilisation de l'électromécanique (1948) ; puis de l'électromécanique à l'électronique première génération (1963), puis à l'électronique seconde génération (microprocesseurs) (1971) ; enfin à l'informatique (numérique) (1988).

Chaque passage d'une étape à une autre a nécessité des vérifications statistiques concernant les résultats obtenus pour chaque nouveau test afin d'être certain qu'il mesurait bien la même chose. La première des transformations très importantes fut l'arrivée du « microprocesseur » avec, par exemple, pour le test RCB (réactions complexes Bonnardel), le remplacement d'un cylindre tournant présentant les stimuli dans une petite fenêtre (présentation progressive), par une présentation programmée des mêmes stimuli sur un écran « selfcan » (présentation spontanée). Cette amélioration technique, a été à l'origine de deux études expérimentales successives, des résultats obtenus pour la première n'étant pas satisfaisants, les utilisateurs disposant de l'ancien et du nouveau test RCB, ne pouvant utiliser le même étalonnage pour classer les candidats.

Par la suite, la deuxième transformation très importante fut la généralisation progressive de l'ordinateur intégrant le numérique, l'adaptation du test de coordination, dissociation des mouvements des mains (oméga), sur l'écran de l'ordinateur, fut un moment historique. Conjointement, le développement du « bilan informatique » fut à l'origine d'un changement important dans l'analyse du pronostic.

3 – Comment envisager l'avenir ?

Les deux paragraphes précédents laissent entrevoir que rien ne sera plus comme avant. La science, avec le numérique, avance à grands pas et ne laisse plus à l'individu le temps de s'adapter par une réflexion qui paraît toujours amputée d'un élément imprévu.

Pour pouvoir raisonner concrètement, il faut prendre comme modèle le cas du premier laboratoire de psychotechnique de la RATP. Les « tests-appareils » de la batterie Lahy en 1927 étaient au nombre de dix (AD, MA, TOT, TR, PTD, PC, DE, SUG, TAC, GAL) et furent réduits au nombre de sept en 1945 (AD, MA, CCRS, TOT, TR, IL). Entre-temps, les études réalisées par Bonnardel, s'étant appuyé sur les évolutions technologiques de son époque, ont, en 1950, un demi-siècle plus tard, limité les « tests-appareils » au nombre de cinq (B101, RCB, B19, OMB, SNB).

Si, en ce début du XXIe siècle, les tests de « l'examen Bonnardel » restent toujours statistiquement valides pour le recrutement des candidats à des postes de sécurité, comme tous les autres examens psychotechniques, sa durée est longue et risque de ne plus correspondre quantitativement à la demande toujours en hausse. Sa qualité psychométrique devra en faire un examen de recours en cas de litige.

L'arrivée de la robotisation avec le numérique oblige à repenser l'examen psychotechnique qui deviendra un examen sans la technique, c'est-à-dire un « examen psychologique ». En prenant encore comme exemple l'examen de sécurité, la nouvelle méthodologie pourra être semblable pour les autres examens de recrutement. L'examen « psychologique » remplaçant l'examen « psychotechnique » posera des problèmes méthodologiques complexes, et sera à l'origine d'un changement de paradigme. Les exigences définies ultérieurement furent concrétisées par des normes d'aptitudes et par les performances d'une population de référence, en l'occurrence les conducteurs à des postes de sécurité. Le problème était complexe mais l'analyse factorielle avait permis de le faire avancer en dégageant un certain nombre de facteurs de base permettant de décrire des capacités d'un sujet avec une remarquable économie de moyens. C'est ainsi que Bonnardel a pu ramener à trois facteurs ce qu'il a appelé les capacités à réussir l'examen de sécurité ; facteur cognitif (intelligence concrète), facteur de dissociation des mouvements (psychomoteur), facteur de vigilance (réactions psychomotrices).

C'est ce schéma psychotechnique qu'il faudra réinterpréter en schéma psychologique avec une nouvelle batterie de tests permettant l'obtention d'un bilan psycho-informatique dont le pronostic de réussite sera appréhendé de façon différente.

3.1 - Le Bilan psycho-informatique (Voir chapitre12)

Les exigences liées à la conduite d'un véhicule découlaient d'un travail manuel dont les capacités étaient logiquement évaluées par un examen psychotechnique avec des « tests-appareils ». Il en sera autrement, la nouvelle évaluation sera obtenue par un examen psychologique avec des « tests papier-crayon », ce qui change complètement l'approche méthodologique. L'analyse devra se faire d'une façon globale à partir d'une somme importante de paramètres (obtenus par l'ordinateur) ne laissant qu'un choix entre un « oui, aucun risque » et le « non, trop d'incertitudes », qu'il aura fallu valider statistiquement à l'aide de l'examen psychométrique Bonnardel qui permet des pronostics objectifs dans les trois domaines psychologiques qu'il avait étudiés scientifiquement.

3.2 - L'examen psychologique, la batterie de tests papier-crayon

L'intelligence pratique ou concrète du domaine cognitif qui était obtenue, dans le cas précis des postes de sécurité, par le test des cubes B101, devra faire l'objet d'une étude factorielle avec une épreuve papier-crayon, spécialement créée pour obtenir la corrélation importante avec le B101.

La dissociation des mouvements du domaine psychomoteur ne pouvant pas être remplacée par un test papier-crayon, elle pourrait être remplacée par deux tests spatiaux afin d'explorer un facteur d'adaptation. Sans qu'on puisse dire a priori s'il s'agit d'un facteur important pour le problème considéré, le choix de ces deux tests devra mettre en jeu la visualisation dans l'espace de différentes images géométriques.

Le test de vigilance du domaine des réactions psychomotrices ne pouvant être remplacé, deux épreuves d'attention de type « barrage de signes » devront faire l'objet d'études importantes.

Un questionnaire de personnalité de détection des troubles de la personnalité (tendances psychopathologiques) pouvant entraîner des difficultés d'adaptation à la formation ou à l'emploi complétera cette batterie de tests.

Un questionnaire, évaluant la volonté liée à la motivation, à l'action de se lancer dans une entreprise dont l'issue est incertaine, mettant en évidence : l'application et la persévérance, le besoin de réussite et l'absence de peur de l'échec, sera ajouté à cet ensemble.

L'ensemble des tests ainsi retenus constitueront une batterie d'études dite « batterie expérimentale ». Il s'agira de déterminer les tests valides, c'est-à-dire ceux qui sont effectivement capables de mesurer ou d'apprécier les critères, et, ainsi, de permettre de diagnostiquer le niveau atteint par chaque individu dans chaque critère. Par comparaison avec l'exigence dans le critère, on pourra alors porter un pronostic sur la réussite de l'individu dans le travail.

ANNEXES

I Index des photos

II Index alphabétique des auteurs des tests

III Index alphabétique des tests par sigle avec auteur et date

IG	Imitation de gestes	Lézine (1953)	167
JPS45	Psychothérapie	Aufaure (1969)	172
KLT	Débilité mentale	Laurent et Kettler (1970)	166
KO	Eploration mentale	Kohs (1932)	203
LBP1	Bloc puzzle	Laborde (1976)	199
LMB	Coordination mouvements	Bonnardel (1953)	92
LV	Leviers	Meili (1955)	201
MA	Attention concentrée	Lahy (1930)	69
MCL	Mouvements conjugués	Lahy (1931)	96
MRPK	Rééquilibration	Klingebiel (1958)	177
NEMI	Intelligence QI	Zazzo (1964)	160
OKZ	Orthokinésimètre	Bize (1965)	111
OMB	Oméga	Bonnardel (1946)	81
OZ	Développement moteur	Ozeretski et Zazzo (1947)	169
PC	Poinçonneuse	Lahy (1928)	99
PIG	Intelligence pratique	Goguelin (1957)	196
PPI	Poly-psycho-informatique	Simonnet (1988)	89
PRG	Polyréactiographe	Simonnet (1971)	74
PTD	Pointage	Lahy (1930)	106
RCB	Réactions complexes	Bonnardel (1954)	71
RP	Rondelles	Piorkowski (1934)	206
RPCG	Coup d'œil	Goguelin (1957)	114
SNB	Sinusoïde	Bonnardel (1946)	101
SUG	Suggestibilité motrice	Lahy (1925)	139
TAC	Tachodomètre	Lahy (1929)	129
TDP	Trouble du langage	Ferrand (1982)	174
TDG	Tourneur tridimensionnel	Goguelin (1957)	94
TLP	Dépistage langage	Piterman (1973)	173
TMA	Kinésigraphe automatique	Alquier (1946)	180
TMB	Mobiles	Boppe (1961)	131
TMZ	Tests musicaux	Zenatti (1981)	175
TNM	Terman-Merril	Cesselin (1951)	161
TOT	Tourneur	Lahy (1931)	78
TOUR	Latéralité	Royer (1965)	120
TR	Traçage	Lahy (1925)	96
TTCP	Tachistoscope à projection	Guyot (1963)	147
TTCT	Tachistoscope à 2 canaux	Fraisse (1963)	148
TT3CT	Tachistoscope à 3 canaux	Fraisse (1978)	150
TV	Table anthropométrique	Verdun (1972)	153
VHDP	Perception/décision	Vom-Hofe (1980)	125
VIM	Village imaginaire	Mucchielli (1971)	181
VS	Vision stéréoscopique	Michotte (1938)	146
VTE	Visiotest	Essilor (1976)	144
WG	Raisonnement mécanique	Stenquist (1935)	207
WY	Bloc en 9 morceaux	Wiggly (1943)	202

Table des matières

Index des chapitres

Psychologie et psychanalyse aux éditions L'Harmattan

Dernières parutions

DU BONHEUR À LA SANTÉ
La Rosa Emilio
Cet ouvrage apporte des explications sur les émotions négatives et positives, la mémoire et le fonctionnement du cerveau, permettant ainsi au lecteur de mieux comprendre les processus liés au bonheur et à la souffrance. Les émotions positives et négatives, et les souvenirs jouent un rôle de premier plan dans ces processus. En outre, nous décrivons les éléments qui favorisent et entravent le bonheur.
(19.00 euros, 188 p.)
ISBN : 978-2-343-07374-3, ISBN EBOOK : 978-2-336-39724-5

LA RECHERCHE DU SENS EN ANALYSE EXISTENTIELLE ET LOGOTHÉRAPIE
Abrami Léo Michel - Préface de Georges-Elia Sarfati
Voici l'un des rares livres de langue française consacrés à l'analyse existentielle. Cet ouvrage formule dans un langage clair une transmission située au plus près des fins de la thérapie. L'idée de thérapie est comprise ici au double sens antique du terme, il s'agit d'enrichir la relation d'aide d'un ensemble de vues inédites sur la conduite de l'analyse (sens clinique) et de donner des bases plus solides au dialogue axé sur l'expression de la vérité personnelle (au sens du soin de l'âme socratique).
(Coll. Quête du sens, 14.00 euros, 124 p.)
ISBN : 978-2-343-07968-4, ISBN EBOOK : 978-2-336-39712-2

FRONTIÈRES DU RÉEL OÙ L'ESPACE ESPACE
Salignon Bernard
Là où l'espace espace, c'est là où la source des vents passant entre les choses et les êtres décide de séparer ce qui ne serait que masse compacte, permettant ainsi, en même temps, de voir différemment les objets et le fond dont ils font monde. Ce livre, dans son écriture, trouve d'autres frontières entre esthétique, philosophie et psychanalyse, en les distribuant dans une unité plurielle et singulière.
(Coll. Eidos série Retina, 13.00 euros, 114 p.)
ISBN : 978-2-343-07688-1, ISBN EBOOK : 978-2-336-39815-0

L'ENFANT ET LA FÉMINITÉ DE SA MÈRE
Sous la direction d'Elisabet-Razavet, Georges Haberberg, Dominique Wintrebert
Avec la collaboration de Maryvonne Blouët-Bricoteaux et Laurent Dupont
Préface de François Ansermet
On lira ici comment l'enfant se dépêtre de la féminité de sa mère. Ce travail de recherche s'est forgé à travers des présentations de cas et leur commentaire. Il fait apparaître combien les différentes confrontations du sujet avec la castration et la féminité de sa mère, à différents temps contingents de son existence, sont décisives pour son destin d'« être pour le sexe ». La rencontre avec la castration maternelle conduit au cœur de la structure : il n'y a pas de signifiant pour dire la femme. Mais alors, entre mère et femme, comment l'enfant se débrouille-t-il ?
(Coll. Études Psychanalytiques, 20.00 euros, 182 p.)
ISBN : 978-2-343-07599-0, ISBN EBOOK : 978-2-336-39433-6

ÉLOGE DE NOS ANGOISSES
Essai
Lorin Claude
Stress, angoisses, tourments peuvent-ils être nos alliés ? Oui, répond l'auteur. Toutes sortes d'angoisses nous tenaillent et l'on a oublié qu'elles étaient bénéfiques quant à notre adaptation au monde. D'autres font partie de ce que l'on nomme « les épreuves de la vie ». Pour les surmonter et en faire bon usage, il faut libérer en nous ce que l'auteur nomme « la pulsion de création ». Tracas et tourments s'infléchissent alors sous la poussée intérieure de cette force qui conduit à la création et donne sens à nos vies.
(29.00 euros, 290 p.)
ISBN : 978-2-343-07262-3, ISBN EBOOK : 978-2-336-39523-4

HYPNOSE ET GESTION DE LA DOULEUR
Actes du 7e Congrès de l'Association européenne des praticiens d'hypnose
Sous la direction de Djayabala Varma
Cet ouvrage présente les applications de l'hypnose dans la prise en charge des personnes souffrant de : dysménorrhée fonctionnelle, syndrome de l'intestin irritable, migraine, algodystrophie, fibromyalgie, douleur fantôme et autres douleurs sans cause apparente. L'accompagnement de la femme enceinte et l'accouchement sans douleur par des techniques hypnotiques sont également traités dans ce livre.
(14.50 euros, 136 p.)
ISBN : 978-2-343-07528-0, ISBN EBOOK : 978-2-336-39644-6

DÉSERTS OU LA CRUAUTÉ DU SURMOI
Hurion Roseline
Déserts ou la cruauté du surmoi se veut le langage de ce moment où le surmoi devient le centre de la réalité psychique. Il libère ses forces centrifuges comme autant de points de tension secouant l'ensemble de cette réalité, l'expulsant et la ramenant vers le centre. Va-et-vient qui met le sujet face à ses pensées terrifiantes – les projections de sa peur. Dénonciation de la cruauté du surmoi dont les épiphénomènes gravitent autour de lui.
(15.50 euros, 146 p.)
ISBN : 978-2-343-07785-7, ISBN EBOOK : 978-2-336-39538-8

AU-DELÀ DE LA RÉPÉTITION, L'INVENTION
Transmettre ce que l'on cherche
Gutierrez Yvonne
Yvonne Gutierrez nous livre ses expériences d'analysante et d'analyste au sein des nombreuses institutions qu'elle a fréquentées. Sa critique sans concession et féconde, son questionnement vivifiant pour la pratique et la transmission d'une psychanalyse contemporaine « incarnée » sont au cœur de son ouvrage.
(Coll. Études Psychanalytiques, 20.50 euros, 198 p.)
ISBN : 978-2-343-07622-5, ISBN EBOOK : 978-2-336-39574-6

UNE PETITE HISTOIRE DE LA PSYCHÉ
Ou quelques reflets de l'âme dans le miroir de l'inconscient
Guillaume Jean-Claude
Dans cet ouvrage argumenté et cliniquement documenté, déroulant une conception personnelle de l'évolution psychique, l'auteur nous conduit dans un voyage à travers l'évolution et les diverses manifestations de la psyché humaine. Il s'appuie d'une part, sur l'expérience de sa clinique psychanalytique et, d'autre part, sur une sensibilité artistique et sur des connaissances poétiques vastes et éclairantes. L'appel au poète éclaire de nombreux concepts psychanalytiques et donne une dimension supplémentaire à de très nombreux référents théoriques.
(Coll. Psychologiques, 28.00 euros, 278 p.)
ISBN : 978-2-343-05959-4, ISBN EBOOK : 978-2-336-39525-8

PSYCHANALYSE ET ÉCRITURE
Rencontre avec Pascal Quignard
Sous la direction de Joseph Rouzel
Une magnifique journée de rencontre avec Pascal Quignard a permis à des cliniciens de (re)poser cette énigme : l'inconscient, ça s'écrit comment ? Réunis autour de Pascal Quignard et Joseph Rouzel on trouvera ici des textes de Françoise Wilder, Sylvie Bassot-Svetoslavsky, Thierry Azema, Isabelle Pignolet de Fresnes, Serge Bedère, Nicole Malinconi, Jacques Cabassut, Luc Diaz, Claude Allione.
(Coll. Études Psychanalytiques, 16.50 euros, 150 p.)
ISBN : 978-2-343-07698-0, ISBN EBOOK : 978-2-336-39600-2

LES MÉNINES
Ou l'art conceptuel de Diego Vélasquez
d'Hérouville Xavier
Lors du séminaire du 11 mai 1966 Jacques Lacan évoque *Les Ménines* de Vélasquez comme support iconographique de son cycle d'étude sur la remise en question du statut de l'objet par l'expérience analytique. Au cours du séminaire suivant, Michel Foucault qui vient de publier Les mots et les choses est son invité surprise. La confrontation des deux maîtres du structuralisme s'annonce comme une joute oratoire titanesque. Le surréaliste contre le constructiviste. Lacan contre Foucault. Quelle affiche !
(Coll. Ouverture Philosophique, série Esthétique, 14.50 euros, 132 p.)
ISBN : 978-2-343-07070-4, ISBN EBOOK : 978-2-336-39499-2

VIE DE COUPLES, ENSEMBLE POUR LA VIE
Jean-Yves Philippe
Thérèse et Gérard, Virginie et Benjamin, Camille et Olivier sont trois couples d'âges et de parcours différents qui se retrouvent au sein du mouvement des Équipes Notre-Dame. Chacun d'eux a ressenti à un moment donné le besoin de participer à ce réseau pour répondre aux questionnements sur la vie maritale et ses difficultés. Avec eux et les professionnels, religieux ou laïcs, qui composent les Équipes Notre-Dame, nous découvrons une forme de thérapie de couple.
(20 euros)
ISBN : 978-2-336-31059-6

CHIRURGIE ESTHÉTIQUE & FRONTIÈRES DE L'IDENTITÉ
Godefroy Michel - Préface de Gérard Flageul
La chirurgie esthétique permet-elle à un sujet de franchir les frontières de son identité ou bien de mieux les comprendre ? Quelle est, à la lumière d'une pratique psychiatrique et psychanalytique, la valeur psychologique profonde de l'acte de chirurgie plastique et esthétique ? L'étude de cas cliniques permet de mieux comprendre ce qu'il en est pour les acteurs en présence : l'entourage, le chirurgien, le psychiatre et le patient.
(Coll. Eidos série Retina, 15.50 euros, 148 p.)
ISBN : 978-2-343-07289-0, ISBN EBOOK : 978-2-336-39169-4

AUX BORDS DU DIVAN
Aspects cliniques du trauma
Sous la direction de Christine Loisel-Buet
Avec la participation de Hélène Avyn, Christelle Bouchire, Émeline Caret, Bertrand Drothiere, Isabelle Marlière et Catherine Weyrich
Les auteurs de cet ouvrage travaillent avec des patients dans différentes institutions ou en libéral. Ils ont tous la boussole analytique chevillée au corps. Ils écoutent, accueillent les silences et les trous de langage. Ils accompagnent tout au long d'un chemin parfois ardu qui oblige à faire preuve d'inventivité. La psychanalyse n'est ni un dogme ni une théorie dépassée. La clinique dite « du trauma » pousse à trouver des pratiques différentes, à élaborer chaque jour une clinique vivante.
(Coll. Psychologiques, 24.00 euros, 238 p.)
ISBN : 978-2-343-07004-9, ISBN EBOOK : 978-2-336-39257-8

ABORDS DU RÉEL
Une exploration de l'ombilic des rêves
Abibon Richard
Richard Abidon fait retour à la démarche de Freud qui inventa la psychanalyse en empruntant la voie royale de l'interprétation de ses rêves. L'auteur transcrit ici ses propres rêves et en fait l'analyse publiquement, seule transmission possible d'une expérience singulière au plus près de l'inconscient, aux « abords du réel ». Avec rigueur, humour et simplicité il nous entraîne irrésistiblement dans ce périple singulier qui touche en chacun de nous l'universel de la structure de l'inconscient.
(Coll. Psychanalyse et civilisations, 34.00 euros, 328 p.)
ISBN : 978-2-343-06603-5, ISBN EBOOK : 978-2-336-39399-5

TOUT CE QUE TU FAIS POUR LA PERSONNE SANS LA PERSONNE, TU LE FAIS CONTRE LA PERSONNE
Vers une redéfinition de la fonction paternelle
Godebski Jean
Nos sociétés occidentales sont en pleines mutations : fin du patriarcat, démocratie participative, éthique procédurale... Chaque citoyen a le devoir de se faire entendre. Pourtant, malgré des exemples très forts, nos institutions d'accueil et de soins semblent figées dans un maternage engloutissant, un ravage ! Faire pour la personne sans la personne reste leur marque de fabrique. Multiple, plus précoce et moins autoritaire, l'évolution de la fonction paternelle, aujourd'hui, est-elle un obstacle ou un progrès pour pouvoir enfin faire avec l'Autre ?
(Coll. Psychologiques, 14.00 euros, 126 p.)
ISBN : 978-2-343-07501-3, ISBN EBOOK : 978-2-336-39310-0

LES FRONTIÈRES DES RÊVES
Sous la direction de François Soulages & Anikó Àdám
Le rêve établit-il une frontière entre l'Innenwelt et l'Umwelt ? Tout dépend de ce que l'on entend par «frontière» : mur ou porte, barrière ou pont, mécanique ou vivant, mort ou vie ? Réfléchir aux différentes frontières des rêves, c'est donc s'instruire sur le rêve lui-même. Et il n'y a pas que la psychanalyse qui nous y aide : la littérature, le cinéma, la photographie, la musique, mais aussi les religions et les mythes sont autant de corps qui incarnent les rêves et leurs frontières ; sans parler de notre vie personnelle, et pas seulement de notre vie nocturne.
(Coll. Eidos série Retina, 14.00 euros, 124 p.)
ISBN : 978-2-343-07327-9, ISBN EBOOK : 978-2-336-39253-0

PEUT-ON CHANGER ?
Comment trouver sa route ? (Nouvelle édition)
Declerck Michèle
Peut-on changer ? Telle est bien la question à laquelle ne peut se soustraire aucune thérapie, quelle qu'elle soit. Tout dépend de ce que changer veut dire : il y a le changement utopique, le changement parcimonieux, le changement qu'on attend des autres. Et puis il y a le changement en profondeur, celui qui demande un effort, une vraie motivation, un apprentissage de soi et une longue préparation. En fait, la vraie question reste : jusqu'où veut-on changer ? Dans tous les cas, le changement n'est jamais simple, jamais facile, compte tenu de tous les liens qui nous retiennent...
(20.50 euros, 200 p.)
ISBN : 978-2-343-07214-2, ISBN EBOOK : 978-2-336-39112-0

L'HARMATTAN ITALIA
Via Degli Artisti 15; 10124 Torino
harmattan.italia@gmail.com

L'HARMATTAN HONGRIE
Könyvesbolt ; Kossuth L. u. 14-16
1053 Budapest

L'HARMATTAN KINSHASA
185, avenue Nyangwe
Commune de Lingwala
Kinshasa, R.D. Congo
(00243) 998697603 ou (00243) 999229662

L'HARMATTAN CONGO
67, av. E. P. Lumumba
Bât. – Congo Pharmacie (Bib. Nat.)
BP2874 Brazzaville
harmattan.congo@yahoo.fr

L'HARMATTAN GUINÉE
Almamya Rue KA 028, en face
du restaurant Le Cèdre
OKB agency BP 3470 Conakry
(00224) 657 20 85 08 / 664 28 91 96
harmattanguinee@yahoo.fr

L'HARMATTAN MALI
Rue 73, Porte 536, Niamakoro,
Cité Unicef, Bamako
Tél. 00 (223) 20205724 / +(223) 76378082
poudiougopaul@yahoo.fr
pp.harmattan@gmail.com

L'HARMATTAN CAMEROUN
BP 11486
Face à la SNI, immeuble Don Bosco
Yaoundé
(00237) 99 76 61 66
harmattancam@yahoo.fr

L'HARMATTAN CÔTE D'IVOIRE
Résidence Karl / cité des arts
Abidjan-Cocody 03 BP 1588 Abidjan 03
(00225) 05 77 87 31
etien_nda@yahoo.fr

L'HARMATTAN BURKINA
Penou Achille Some
Ouagadougou
(+226) 70 26 88 27

L'HARMATTAN SÉNÉGAL
10 VDN en face Mermoz, après le pont de Fann
BP 45034 Dakar Fann
33 825 98 58 / 33 860 9858
senharmattan@gmail.com / senlibraire@gmail.com
www.harmattansenegal.com

L'HARMATTAN BÉNIN
ISOR-BENIN
01 BP 359 COTONOU-RP
Quartier Gbèdjromèdé,
Rue Agbélenco, Lot 1247 I
Tél : 00 229 21 32 53 79
christian_dablaka123@yahoo.fr

Achevé d'imprimer par Corlet Numérique - 14110 Condé-sur-Noireau
N° d'Imprimeur : 134577 - Dépôt légal : décembre 2016 - *Imprimé en France*

www.ingramcontent.com/pod-product-compliance
Lightning Source LLC
LaVergne TN
LVHW011254061026
849535LV00005B/1254
* 9 7 8 2 3 4 3 1 0 1 6 7 5 *